水文工程建设与水利技术应用

孙兰兰　赵嘉诚　寇宝峰　主编

U0335496

吉林科学技术出版社

图书在版编目（CIP）数据

水文工程建设与水利技术应用 / 孙兰兰 , 赵嘉诚 ,
寇宝峰主编 . -- 长春 : 吉林科学技术出版社 , 2022.12
ISBN 978-7-5744-0122-8

Ⅰ . ①水… Ⅱ . ①孙… ②赵… ③寇… Ⅲ . ①水利水
电工程 Ⅳ . ① TV

中国版本图书馆 CIP 数据核字 (2022) 第 246617 号

水文工程建设与水利技术应用

主　　编	孙兰兰　　赵嘉诚　寇宝峰
出 版 人	宛　霞
责任编辑	李红梅
封面设计	刘梦杏
制　　版	刘梦杏
幅面尺寸	170mm×240mm
开　　本	16
字　　数	445 千字
印　　张	26.25
印　　数	1-1500 册
版　　次	2023年8月第1版
印　　次	2023年8月第1次印刷

出　　版	吉林科学技术出版社
发　　行	吉林科学技术出版社
地　　址	长春市南关区福祉大路5788号出版大厦A座
邮　　编	130118
发行部电话/传真	0431-81629529　81629530　81629531
	81629532　81629533　81629534
储运部电话	0431-86059116
编辑部电话	0431-81629510
印　　刷	廊坊市印艺阁数字科技有限公司

书　　号	ISBN 978-7-5744-0122-8
定　　价	85.00 元

前　言

　　水是生命之源、生产之要、生态之基，是人类社会发展中最不可或缺的因子。水具有利、害两重性，决定了人类发展须不断兴水利、除水害。水利作为公益性、基础性、战略性行业，水安全关系到防洪安全、供水安全、粮食安全、经济安全、生态安全、国家安全，水利的地位和作用在国家事业发展中日益突出。

　　随着政府多年来对水文工程建设的不断规范和管理，水文工程建设已经有了非常大的进步和提高，但水文基础设施工程建设有着分散、规模小等有别于其他水利工程的特点，在实施中也会遇到很多意想不到的具体问题。因此，水文基础工程设施建设与管理必须结合当地实际，在现有的规范性文件及标准下，不断创新，开拓更符合实际、更具操作性和可行性的建设管理体系。

　　当前时代背景之下，我国科学技术获得了飞速发展，在水利工程项目建设实施的过程当中引进新型科学技术，能够提高工程管理水平和管理质量。在水利工程项目建设实施过程中，施工技术的重要性正日益凸显，对于整个工程建设质量和建设效果提高发挥着关键性作用。这要求水利工程项目要持续加大科学技术的有效投入，同时需要促使相应施工技术得到改进、完善和成熟，促进我国水利工程项目不断发展，提高水利事业的社会效益及经济效益。

　　本书重视知识结构的系统性和先进性，在编写上突出以下特点：第一，内容丰富、详尽、系统、科学。第二，实践操作与理论探讨齐头并进，结构严谨，条理清晰，层次分明，重点突出，通俗易懂，具有较强的科学性、系统性和指导性。

　　在本书的策划和写作过程中，参阅了国内外有关的大量文献和资料，从中得到启示；同时也得到了有关领导、同事、朋友及学生的大力支持与帮助，在此致以衷心的感谢！本书的选材和撰写还有一些不尽如人意的地方，加上作者学识水平和时间所限，书中难免存在缺点和谬误，敬请同行专家及读者指正，以便进一步完善提高。

目 录

第一章　水文与水资源基础知识

第一节　水文与水资源学概述

一、水资源

水资源是指可资利用或有可能被利用的水源，这个水源应具有足够的数量和合适的质量，并满足某一地方在一段时间内具体利用的需求。根据全国科学技术名词审定委员会公布的水利科技名词中有关水资源的定义，水资源是指地球上具有一定数量和可用质量能从自然界获得补充并可资利用的水。

（一）水资源的重要性

水不仅是构成身体的主要成分，而且还有许多生理功能。

水的溶解力很强，许多物质都能溶于水，并解离为离子状态，发挥重要的作用；不溶于水的蛋白质和脂肪可悬浮在水中形成胶体或乳液，便于消化、吸收和利用。水在人体内直接参与氧化还原反应，促进各种生理活动和生化反应的进行，没有水就无法维持血液循环、呼吸、消化、吸收、分泌、排泄等生理活动，体内新陈代谢也无法进行。水的比热容大，可以调节体温，保持恒定，当外界温度高或体内产热多时，人体内的水可以通过出汗的方式排出体外，帮助散热，天气冷时，由于水储备热量的潜力很大，人体不致因外界寒冷而使体温降低。水的流动性大，一方面可以运送氧气、营养物

1

质、激素等，另一方面又可通过小便、出汗的方式把代谢产物及有毒物质排泄出去。水还是体内自备的润滑剂，如眼泪、唾液、关节囊分泌的润滑液都是相应器官的润滑剂。

成年人体液由水、电解质、低分子有机化合物和蛋白质等组成，广泛分布在组织细胞内外，构成人体的内环境。其中细胞内液约占体重的40%，细胞外液占20%（其中血浆占5%，组织间液占15%）。水是机体物质代谢必不可少的物质，细胞必须从组织间液摄取营养，而营养物质溶于水才能被充分吸收，物质代谢的中间产物和最终产物也必须通过组织间液运送和排出。

在地球上，人类可直接或间接利用的水，是自然资源的一个重要组成部分。天然水资源包括河川径流、地下水、积雪和冰川、湖泊水、沼泽水、海水，按水质划分为淡水和咸水。随着科学技术的发展，可被人类所利用的水逐渐增多，例如海水淡化、人工催化降水、南极大陆冰的利用等。由于气候条件变化，各种水资源的时空分布不均，天然水资源量不等于可利用水量，人们往往采用修筑水库和地下水库来调蓄水源，或采用回收和处理的办法利用工业和生活污水，扩大水资源的利用范围。与其他自然资源不同，水资源是可再生的资源，可以重复多次使用；并出现年内和年际量的变化，具有一定的周期和规律；储存形式和运动过程受自然地理因素和人类活动所影响。

（二）淡水来源

1.地表水

地表水是指河流、湖泊或淡水湿地。地表水由经年累月自然的降水和下雪累积而成，并且自然地流失到海洋或者经由蒸发进入大气层，以及渗流至地下。

虽然任何地表水系统的自然水来源仅来自该集水区的降水，但仍有许多因素影响此系统中总水量的多寡。这些因素包括湖泊、湿地、水库的蓄水量，土壤的渗流性，此集水区中地表径流的特性。人类活动对这些因素有着重大的影响。人类为了增加存水量而兴建水库，为了减少存水量而放光湿地的水分。人类的开垦活动以及兴建沟渠则可增加径流的水量与强度。

当下可供使用的水量是必须考量的。一部分的用水需求是暂时性的，如许多农场在春季时需要大量的水，在冬季则丝毫不需要。为了给这类农场供水，需要表层的水系统通过一整年的收集存储，并在短时间内释放。另一部分的用水需求则是经常性的，比如发电厂的冷却用水。为了提供水与发电厂，表层的水系统需要一定的容量来储存水，当发电厂的水量不足时补足即可。

2.地下水

地下水是贮存于包气带以下地层空隙，包括岩石孔隙、裂隙和溶洞之中的水。

水在地下分为许多层段，这便是所谓的含水层。

3.海水淡化

海水淡化是一个将海水转化为淡水的过程。最常见的方式是蒸馏法与逆渗透法。就当今来说，海水淡化的成本较其他方式高，而且提供的淡水量仅能满足极少数人的需求。该法仅对干旱地区的高经济用途用水有其经济价值存在。

不过，随着技术的发展，海水淡化的成本越来越低，其中太阳能海水淡化技术日益受到人们的关注。

（三）水资源的特征

1.周期性

必然性和偶然性，水资源的基本规律是指水资源（包括大气水、地表水和地下水）在某一时段内的状况，它的形成都有其客观原因，都是一定条件下的必然现象。但是，从人们的认识能力来讲，和许多自然现象一样，由于影响因素复杂，人们对水文与水资源发生多种变化的前因后果的认识并非十分透彻，故常把这些变化中能够做出解释或预测的部分称为必然性。例如，河流每年的洪水期和枯水期，年际间的丰水年和枯水年；地下水位的变化也具有类似的现象。由于这种必然性在时间上具有年的、月的甚至日的变化，故又称为周期性，相应地分别称为多年期间，月的或季节性周期等。而将那些还不能做出解释或难以预测的部分，称为水文现象或水资源的偶然性的反映。任一河流不同年份的流量过程不会完全一致；地下水位在不同年份的变化也不尽相同；泉水流量的变化有一定差异。这种反映也可称为随机性，其规律要由大量的统计资料或长系列观测数据分析总结。

相似性，主要指气候及地理条件相似的流域，其水文与水资源现象具有一定的相似性。湿润地区河流径流的年内分布较均匀，干旱地区则差异较大；表现在水资源形成、分布特征上也具有这种规律。

特殊性，是指不同下垫面条件产生不同的水文和水资源的变化规律。如同一气候区，山区河流与平原河流的洪水变化特点不同；同为半干旱条件，河谷阶地和黄土原区地下水赋存规律不同。

2.有限资源

海水是咸水，不能直接饮用，所以通常所说的水资源主要是指陆地上的淡水资源，如河流水、淡水、湖泊水、地下水和冰川等。陆地上的淡水资源只占地球上水体总量的2.5%左右，其中近70%是冰川，即分布在两极地区和中、低纬度地区的高山冰川，还很难加以利用。人类比较容易利用的淡水资源，主要是河流水、湖泊水以及浅层地下水，储量约占全球淡水总储量的0.3%，只占全球总储水量的十万分之七。据研究，从水循环的观点来看，全世界真正有效利用的淡水资源每年约有9 000km³。

地球上水的体积大约有136 000 000km³。海洋占了132 000 000km³（约97.2%）；冰川和冰盖占了25 000 000km³（约1.8%）；地下水占了13 000 000km³（约0.9%）；湖泊、内陆海和河里的淡水占了250 000km³（约0.02%）；大气中的水蒸气在任何已知的时候都占了13 000km³（约0.001%），也就是说，真正可以被利用的水源不到0.1%。

（四）水资源的现状

中国水资源总量为2.8万亿m³，居世界第五位。我国2014年用水总量为6 094.9亿m³，仅次于印度，位居世界第二位。由于人口众多，人均水资源占有量只有2 100m³左右，仅为世界人均水平的28%。另外，中国属于季风气候，水资源时空分布不均匀，南北自然环境差异大，其中北方9省区，人均水资源不到500m³，实属缺水地区；特别是城市人口剧增，生态环境恶化，工农业用水技术落后，浪费严重，水源污染，更使原本贫乏的水资源"雪上加霜"，进而成为国家经济建设发展的瓶颈。全国600多个城市中，已有400多个城市存在供水不足问题，其中缺水比较严重的城市达110个，全国城市缺水总量为60亿m³。

据监测，当前全国多数城市地下水受到一定程度的点状和面状污染，且有逐年加重的趋势。日趋严重的水污染不仅降低了水体的使用功能，进一步加剧了水资源短缺的矛盾，对我国正在实施的可持续发展战略带来了严重影响，而且还严重威胁城市居民的饮水安全和人民群众的健康。

水利部预测，2030年中国人口将达到14.5亿人，届时人均水资源量仅有1 750m³。在充分考虑节水的情况下，预计用水总量为7 000亿~8 000亿m³，要求供水能力比当前增长1 300亿m³至2 300亿m³，全国实际可利用水资源量接近合理利用水量上限，水资源开发难度极大。

中国水资源总量少于巴西、俄罗斯、加拿大、美国和印度尼西亚，居世界第6位。若按人均水资源占有量这一指标来衡量，则仅占世界平均水平的1/4，排名在第110名之后。缺水状况在中国普遍存在，而且有不断加剧的趋势。

中国水资源总量虽然较多，但人均占有量并不丰富。水资源的特点是地区分布不均，水资源组合不平衡；年内分配集中，年际变化大；连丰连枯年份比较突出；河流的泥沙淤积严重。这些特点造成了中国容易发生水旱灾害，水的供需产生矛盾，也决定了中国对水资源的开发利用、江河整治的任务十分艰巨。

1.我国水资源现状和三种解决途径

中国经济发展向来是走先污染、再治理的老路子，经济飞速发展的十年，水资源紧缺和水污染问题已经到了迫在眉睫的关头。我国水资源面临先天不足和后天污染的双重困境。

第一，我国的水资源总体偏少。在全球范围内，我们属于轻度缺水国家。中国用全球7%的水资源养活了全球21%的人口。专家估计中国缺水的高峰将在2030年出现，因为那时人口将达到14.5亿人，人均水资源的占有量将为1 760m³，中国将进入联合国有关机构确定的中度缺水型国家的行列。

第二，我国水资源空间分布十分不均匀。华北地区人口占全国的1/3，而水资源只占全国的6%。我国的西南地区，人口占全国的1/5，但是水资源占有量却在46%。所以，水资源差距最大的年份，水资源占有量最多的省份西藏与天津相比，人均水资源占有量直接的差距是一万倍。

第三，我国的问题是资源性缺水及水污染严重。我国每年没有处理的水的排放量是2 000亿t，这些污水造成了90%流经城市的河道受到污染，75%的湖泊富营养化，并且日益严重。所以在南方地区，资源不缺水，但是水质性缺水。

第四，我们的地下水过度取用。北京地下水位从新中国成立初期的5m变成当前的50m，地下水位每年下降将近1m，因此造成了地面的沉降。从国际上来看，安全取用地下水，应该是安全取用地下水的补给量的一部分，但我们不仅吃光了"利息"，而且还在吃"老本"。

第五，水生态环境破坏严重。最后一个问题是水浪费严重，我们每一万元GDP的用水量是世界平均水平的五倍。讨论中国的水市场，就要从这5个方面来讨论，这个市场是非常大的。仅是污水处理的市场，预计就超过5 000亿元人民币。如果包括以上五项，总数不会少于2万亿元人民币。

在全国范围内，无论是政府还是民间慈善机构，抑或企业家，都在努力解决日益逼近的饮水问题，也通过三种不同的途径开始了艰巨的饮水治理之路。

2000年，全国妇联等单位承办了"情系西部·共享母爱"世纪爱心行动大型公益活动，募捐善款1.16亿元，用于设立"大地之爱·母亲水窖"项目专项基金，"母亲水窖"项目被载入国务院《中国农村扶贫开发白皮书》，这是第一次全国较大范围的解决饮水问题的行动。

来自另外一个方向的力量就是政府部门，广州早在2005年就进行过水污染普查，国内于2008年推出完整的《中华人民共和国水污染防治法》，开始进行全国性的水污染整治，对水污染严重的长江、黄河、珠江流域进行大力整治。当前各大流域污染已经得到控制改善，由于治理水污染周期较长，牵涉面大，至少需要10年以上才能取得明显效果。

与此同时，20世纪80年代末出现的净水器开始崭露头角，一些社会人士希望通过净水技术的普及，推广一种廉价而方便的净水解决方案——净水器。

当前，政府和企业所采取的方式卓有成效，而社会民间力量效果次之。政府推动大范围污染治理，净水器企业推动家庭饮水治理。两者均由面到点，顾全大局又兼顾个体。实际上随着健康意识的提高，民间力量经过引导可以发挥重要的纽带作用。中国的饮水困境有赖点、线、面三个方向综合推进，只有这样，困扰中国几十年的饮水之患才能彻底得到解决。

2.水资源的供需矛盾

中国地表水年均径流总量约为2.7万亿m^3，相当于全球陆地径流总量的5.5%，居世界第5位，低于巴西、俄罗斯、加拿大和美国。中国还有年平均融水量近500亿m^3的冰川、约8 000亿m^3的地下水及近500万km^3的近海海水。当前中国可供利用的水量年约1.1万亿m^3，而1980年中国实际用水总量已达5 075亿m^3，占可利用水资源的46%。

新中国成立以来，在水资源的开发利用、江河整治及防治水害方面都做了大量的工作，取得较大的成绩。

在城市供水上，当前全国已有300多个城市建起了供水系统，自来水日供水能力为4 000万t，年供水量100多亿m^3；城市工矿企业、事业单位自备水源的日供水能力总计为6 000多万t，年供水量170亿m^3；在7 400多个建制镇中有28%建立了供水设备，日供水能力约800万t，年供水量29亿m^3。

农田灌溉方面，全国现有农田灌溉面积近8.77亿亩，林地果园和牧草灌溉面积约0.3亿亩。有灌溉设施的农田占全国耕地面积的48%，但它生产的粮食却占全国粮食总产量的75%。

防洪方面，现有堤防20多万km，保护着5亿亩耕地和100多个大、中城市。现有各型水库8万多座，总库容4 400多亿m^3，控制流域面积约150万km^2。

水力发电方面，中国水电装机近3 000万kW，在电力总装机中的比重约为29%，在发电量中的比重约为20%。

然而，随着工业和城市的迅速发展，需水量不断增加，出现了供水紧张的局面。据1984年196个缺水城市的统计，日缺水量合计达1 400万m³，水资源的保证程度已成为某些地区经济开发的主要制约因素。

水资源的供需矛盾，既受水资源数量、质量、分布规律及开发条件等自然因素的影响，同时也受各部门对水资源需求的社会经济因素的制约。

中国水资源总量不算少，而人均占有水资源量却很贫乏，只有世界人均值的1/4（中国人均占有地表水资源约2 700m³，居世界第88位）。按人均占有水资源量比较，加拿大为中国的48倍、巴西为16倍、印度尼西亚为9倍、美国为5倍，而且也低于日本、墨西哥、法国、澳大利亚等国家。

中国水资源南多北少，地区分布差异很大。黄河流域的年径流量只占全国年径流总量约2%，为长江水量的6%左右。在全国年径流总量中，淮河、滦河及辽河三流域只分别约占2%、1%及0.6%。黄河、淮河、滦河、辽河四流域的人均水量分别仅为中国人均值的26%、15%、11.5%、21%。

随着人口的增长，工农业生产的不断发展，水资源的供需矛盾日益加剧。从20世纪初到20世纪70年代中期，全世界农业用水量增长了7倍，工业用水量增长了21倍。中国用水量增长也很快，至20世纪70年代末期，全国总用水量为4 700亿m³，为新中国成立初期的4.7倍。其中城市生活用水量增长8倍，而工业用水量（包括火电）增长22倍。北京市20世纪70年代末期城市用水和工业用水量，均为新中国成立初期的40多倍，河北、河南、山东、安徽等省的城市用水量，到20世纪70年代末期都比新中国成立初期增长几十倍，有的甚至超过100倍。因而水资源的供需矛盾就异常突出。

由于水资源供需矛盾日益尖锐，产生了许多不利的影响。首先是对工农业生产影响很大，例如，1981年，大连市由于缺水而造成工业产值损失6亿元。在中国18亿亩耕地中，尚有8.3亿亩没有灌溉设施的干旱地，另有14亿亩的缺水草场。全国每年有3亿亩农田受旱，西北农牧区尚有4 000万人口和3 000万头牲畜饮水困难。其次对群众生活和工作造成不便，有些城市对楼房供水不足或经常断水，有的缺水城市不得不采取定时、限量供水，造成人民生活困难。再次超量开采地下水，引起地下水位持续下降，水资源枯竭，在27座主要城市中有24座城市出现了地下水降落漏斗。

3.水利与洪涝

由于所处地理位置和气候的影响，中国是一个水旱灾害频繁发生的国家，尤其是洪涝灾害长期困扰着经济的发展。据统计，从公元前206年至1949年的2 155年间，共发生较大洪水1 062次，平均两年即有一次。黄河在2 000多年中，平均三年两决口，百年一改道，1887年的一场大水造成93万人死亡，全国在1931年的大洪水中丧生370万人。新中国成立以后，洪涝灾害仍不断发生，造成了很大的损失。因此，兴修水利、整治江河、防治水害实为国家的一项治国安邦的大计，也是十分重要的战略任务。

新中国成立40多年，共整修江河堤防20余万km，保护了5亿亩耕地。建成各类水库8万多座，配套机电井263万眼，拥有6 600多万kW的排灌机械。机电排灌面积4.6亿亩，除涝面积约2.9亿亩，改良盐碱地面积0.72亿亩，治理水土流失面积51万km²。这些水利工程建设，不仅每年为农业、工业和城市生活提供5 000亿m³的用水，解决了山区、牧区1.23亿人口和7 300万头牲畜的饮水困难，而且在防御洪涝灾害上发挥了巨大的作用。

随着人口的急剧增加和对水土资源不合理的利用，导致水环境的恶化，加剧了洪涝灾害的发生。特别是1991年入夏以来，在中国的江淮、太湖地区，以及长江流域的其他地区连降大雨或暴雨，部分地区出现了近百年来罕见的洪涝灾害。截至当年的8月1日，受害人口达到2.2亿人，伤亡5万余人，倒塌房屋291万间，损坏605万间，农作物受灾面积约3.15亿亩，成灾面积1.95亿亩，直接经济损失高达685亿元。在这次大面积的严重洪灾面前，应该进一步提高对中国面临洪涝灾害严重威胁的认识，总结经验教训，寻找防治对策。

除了自然因素外，造成洪涝灾害的主要原因有：

（1）不合理利用自然资源

尤其是滥伐森林，破坏水土平衡，导致生态环境恶化。如前所述，中国水土流失严重，新中国成立以来虽已治理51万平方千米，但当前水土流失面积已达160万平方千米，每年流失泥沙50亿吨，河流带走的泥沙约35亿吨，其中淤积在河道、水库、湖泊中的泥沙达12亿吨。湖泊不合理的围垦，面积日益缩小，使其调洪能力下降。据中科院南京地理与湖泊研究所调查，20世纪70年代后期，中国面积1平方千米以上的湖泊有2 300多个，总面积达7.1万平方千米，占国土总面积的0.8%，湖泊水资源量为7 077亿立方米，其中淡水2250亿立方米，占中国陆地水资源总量的8%。新中国成立以后的30多年来，中国的湖泊已减少了500多个，面积缩小约1.86万平方千米，占现有湖泊面积的26.3%，湖泊蓄水量减少513亿立方米。长江中下游水系和天然水面减少，1954年以来，湖北、安徽、江苏以及洞庭、鄱阳等湖泊水面因围湖造田等缩小了约1.2万平方千米，大大削弱了防洪抗涝的能力。另外，河道淤塞和被侵占，行洪能力降低，因大量泥沙淤积河道，使许多河流的河床抬高，减少了过洪能力，增加了洪水泛滥的机会。如淮河干流行洪能力下降了3 000m³/s。此外，河道被挤占，束窄过水断面，也减少了行洪、调洪能力，加大了洪水危害程度。

（2）水利工程防洪标准偏低

中国大江大河的防洪标准普遍偏低，当前除黄河下游可预防60年一遇洪水外，其余长江、淮河等6条江河只能预防10～20年一遇洪水。许多大中城市防洪排涝设施差，经常处于一般洪水的威胁之下。广大江河中下游地区处于洪水威胁范围的面积达73.8万平方千米，占国土陆地总面积的7.7%，其中有耕地5亿亩，人口4.2亿，均占全国总数的1/3以上，工农业总产值约占全国的60%。此外，各条江河中下游的广大农村地区排涝标准更低，随着农村经济的发展，远不能满足当前防洪排涝的要求。

（3）人口增长和经济发展导致受灾程度不断加深

由于人口不断增长以及社会经济发展，致使人类受灾程度大幅度增加，而抵御洪涝灾害的能力却不断减弱。新中国成立后，人口增加了几倍，尤其是东部地区人口密集，长江三角洲的人口密度为全国平均密度的10倍。全国1949年工农业总产值仅466亿元，至1988年已达24 089亿元，增加了51倍。乡镇企业得到迅猛发展，东部、中部地区乡镇企业的产值占全国乡镇企业的总产值的98%，因经济不断发展，在相同频率洪水情况下所造成的各种损失却成倍增加。例如，1991年太湖流域地区5～7月降雨量为600～900mm，不及50年一遇，并没有超过1954年大水，但所造成的灾害和经济损失都比1954年严重得多。

4.水是最重要的天然溶剂

（1）水体富营养化是一种有机污染类型，由于过多的氮、磷等营养物质进入天然水体使水质恶化

施入农田的化肥，一般情况下约有一半氮肥未被利用，流入地下水或池塘湖泊，大量生活污水也常使水体过肥。过多的营养物质促使水域中的浮游植物如蓝藻、硅藻以及水草大量繁殖，有时整个水面被藻类覆盖而形成"水华"，藻类死亡后沉积于水底，微生物分解消耗大量溶解氧，导致鱼类因缺氧而大批死亡。水体富营养化会加速湖泊的衰退，使之向沼泽化发展。

海洋近岸海区，发生富营养化现象，使腰鞭毛藻类（如裸沟藻和夜光虫等）等大量繁殖、聚集在一起，使海水呈粉红色或红褐色，称为赤潮，对渔业危害极大。渤海北部和南海已多次发生赤潮。

（2）有毒物质的污染

有毒物质包括两大类：一类是指汞、镉、铝、铜、铅、锌等重金属；另一类则是有机氯、有机磷、多氯联苯、芳香族氨基化合物等化工产品。许多酶依赖蛋白质和金属离子的络合作用才能发挥其作用，因而要求具有某些微量元素（如锰、硼、锌、铜、钼、钴等），然而，不合乎需要的金属，如汞和铅，甚至必不可少的微量元素的量过多，如锌和铜等，都能破坏这种蛋白质和金属离子的平衡，从而削弱或者终止某些蛋白质的活性。例如，汞和铅与中枢神经系统的某些酶类结合的趋势十分强烈，因而容易引起神经错乱，如精神失常、精神呆滞、昏迷以至死亡。此外，汞和一种与遗传物质DNA一起发生作用的蛋白质形成专一性的结合，这就是汞中毒常引起严重的先天性缺陷的原因。

这些重金属与蛋白质结合不但可导致中毒，而且能引起生物累积。重金

属原子结合到蛋白质上后，就不能被排泄掉，并逐渐从低浓度累积到较高浓度，从而造成危害。典型的例子就是曾经提到过的日本的水俣病。经过调查发现，金属形式的汞毒性并不很大，大多数汞能通过消化道排出体外而不被吸收。然而水体沉积物中的细菌吸收了汞，使汞发生化学反应，反应中汞和甲基团结合产生了甲基汞（CH_3Hg）的有机化合物，它和汞本身不同，甲基汞的吸收率几乎为100%，其毒性几乎比金属汞大100倍，而且不易被排泄掉。

有机氯（或称氯化烃）是一种有机化合物，其中一个或几个氢原子被氯原子取代，这种化合物广泛用于塑料、电绝缘体、农药、灭火剂、木材防腐剂等产品。有机氯具有两个特别容易产生生物累积的特点，即化学性质极端稳定和脂溶性高，而水溶性低。化学性质稳定说明既不易在环境中分解，也不能被有机体所代谢。脂溶性高说明易被有机体吸收，一旦进入就不能排泄出去，因为排泄要求水溶性，结果就产生生物累积，形成毒害。典型的有机氯杀虫剂如DDT、六六六等，由于它们对生物和人体造成严重的危害已被许多国家所禁用。

（3）热污染

许多工业生产过程中产生的废余热散发到环境中，会把环境温度提高到不理想或生物不适应的程度，称为热污染。例如，发电厂燃料释放出的热有2/3在随蒸气再凝结过程中散入周围环境，消散废热最常用的方法是由抽水机把江湖中的水抽上来，淋在冷却管上，然后把受热后的水还回天然水体中去。从冷却系统通过的水本身就热得能杀死大多数生物。而实验证明，水体温度的微小变化对生态系统有着深远的影响。

（4）海洋污染

随着人口激增和生产的发展，中国海洋环境已经受到不同程度的污染和损害。

1980年调查表明，全国每年直接排入近海的工业和生活污水有66.5亿t，每年随这些污水排入的有毒有害物质为石油、汞、镉、铅、砷、铝、氰化物等。全国沿海各县施用农药量每年约有1/4流入近海，5万多t。这些污染物危害很广，长江口、杭州湾的污染日益严重，并开始危及中国最大渔场舟山渔场。

海洋污染使部分海域鱼群死亡、生物种类减少，水产品体内残留毒物增加，渔场外移、许多滩涂养殖场荒废。例如，胶州湾1963—1964年海湾潮间带的海洋生物有171种；1974—1975年降为30种；80年代初只有17种。莱州湾的白浪河口，银鱼最高年产量为30万kg，1963年约有10万kg，如今已基本绝产。

（5）在工业生产过程中，需消耗大量的水

不同的工矿企业对水质均有一定的要求，若使用被污染的水就会造成产品质量下降、损坏设备，甚至停工停产；如果对污水进行处理，就需增加水处理费用，从而直接影响产品的成本。

污水灌溉可造成大范围的土壤污染，破坏农业生态系统。酸碱进入水体使水体的pH值发生变化，破坏其自然缓冲作用，消灭或抑制细菌及微生物的生长，阻碍水体自净，还可腐蚀船舶，大大增加水体中的一般无机盐类和水的硬度。水中无机盐的存在能增加水的渗透压，对淡水生物和植物生长有不良影响。

二、水文学的定义、研究对象、研究内容及其分类

水文学是研究地球上各种水体的存在、分布、运动及其变化规律的学科，主要探讨水体的物理、化学特性和水体对生态环境的作用。水体是指以一定形态存在于自然界中的水的总称，如大气中的水汽，地面上的河流、湖泊、沼泽、海洋、冰川以及地下水。各种水体都有自己的特征和变化规律，因此，按水体在地球圈层的分布情况，水文学可分为水文气象学、地表水文学和地下水文学；按水体在地球表面的分布情况，地表水文学又可分为海洋水文学和陆地水文学。

（一）水文气象学

水文气象学即运用气象学来解决水文问题，是水文学与气象学间的边缘

学科，主要研究大气水分形成过程及其运动变化规律，亦可解释为研究水在空气中和地面上各种活动现象（如降水过程、蒸发过程）的学科。如可能最大降水的推求，即属于水文气象学中的问题。

1.研究内容

在水文循环中，下渗、地下水及地面径流等，纯属水文学的研究范畴；而降水和蒸发，则为水文学和气象学共同关注的问题。从水文气象学的角度研究降水和蒸发主要有以下三个问题：与洪水预报相关的降水监测和预报，可能最大降水量的估算，蒸发量的估算。

（1）降水的监测和预报

除通过水文和气象部门的水文站、气象站和雨量站用雨（雪）量器直接测量雨（雪）量和降水强度外，对于无测站的广大地区，采用天气雷达估算降水及卫星云图估算降水与实测降水量相结合的办法进行监测。

（2）可能最大降水（PMP）

可能最大降水指特定流域范围内一定历时（为50年一遇、100年一遇）可能的理论最大降水量。这是大型水利工程枢纽设计的重要参数。计算可能最大降水量的方法一般有统计学方法、气象成因法和暴雨移置法。

（3）流域总蒸发

流域总蒸发指流域或区域内水体（江、河、湖、库）蒸发、土壤蒸发、植物蒸散、冰雪蒸发和潜水蒸发的总和。通常由流域多年平均降水量与径流量的差值求得。

2.研究方法

测定降雨量和降雨强度的方法有直接测定（降雨用雨量器、雪深用量雪尺测量）和间接测定（雷达、卫星云图估算）两种。

（1）雨量器测量

根据降雨类型以及降雨资料的预期用途，用雨量器测量降水，雨量站网必须有一定的空间密度、观测频次和传递资料的时间。中国的雨量观测站，水文部门约2万个，气象部门约2 400个（均未包括台湾地区的测站，也未包括气象哨和其他专业部门的站），站点分布尚不够均匀，大部分集中在东部地区。

（2）天气雷达估算降雨

和雨量器观测相比，天气雷达具有覆盖面积大、分辨率高的优点，其有效半径一般为200多千米，可提供一定区域上降雨量和降雨时空分布的资料。一个带有计算机的雷达可提供一定面积上的降雨强度和降雨总量（见雷达测量降水）。20世纪70年代以来，天气雷达已在很多国家的洪水预报警报和城市水资源管理上发挥了重要作用。

（3）卫星云图估算降雨

气象卫星观测以其瞬时观测范围大，资料传递迅速的优点胜于雷达观测。20世纪70年代初期，一些国家曾根据卫星云图照片并与天气雷达资料相比照，估计长历时和短历时降雨量。20世纪70年代末以来，欧洲和美洲的一些国家，对卫星云图可见光波段的反射辐射和红外窗区波段（见大气窗区）的辐射强度进行数字化，利用增强显示的数字化云图估算降雨量已取得了一定的成效，进而由估算的降雨量推算洪水也已开始试验。该方法往往由于非降水云的云层覆盖，难以分辨出降水云而影响对降雨的估算。这一缺点通过卫星载微波辐射仪（见微波大气遥感）有可能得到解决。此外，由卫星云图还可以标出积雪范围和粗估雪深。

3.降水预报

就降水预报而言，水文气象学与气象学没有什么不同。水文气象学的降雨（或融雪）预报是针对河道防汛、水库防洪、兴利调度以及工程施工的实际需要而进行的专业化预报。降雨（融雪）、洪水、洪灾三者既有内在联系又有本质差别。降雨（融雪）不等于洪水，必须在一定流域下垫面和水系情况下才能造成洪水。洪水也不等于洪灾，造成洪灾有多方面原因。因此水文气象预报图将大气环流等气象条件与水文特征紧密联系起来，把降雨的天气模型与洪水模型结合起来（在积雪地区则要考虑融雪率及其径流问题）。一般在进行降雨预报的同时，还根据河流流域地貌、流域水分状况、水利工程质量和标准以及降雨和径流的关系等因素，针对防洪要求做出未来暴雨、洪水可能发生地区的预报；鉴别和判断流域发生非常洪水的可能性；洪水发生后，预测洪水发展趋势，以及库区来水预报等。为了提高暴雨落区、落点、落时预报的精度，已发展一种以气象卫星、气象雷达、常规气象观测资料相结合的暴雨监视和短时预报（见天气预报），预报时效为几小时到十几小时，预报精度较高。它有可能将降雨预报和洪水预报完全结合起来，从而延长洪水预报时效并提高洪水预报精度。

（1）可能最大降水（PMP）

PMP是指特定流域范围内一定历时可能的理论最大降水量。这种降水量对于大型水利枢纽的设计运用是十分重要的。一般这些工程要采用可能最大洪水（PMF）作为保坝标准。推求可能最大洪水的方法之一，是先确定可能最大降水。确定可能最大降水的方法很多，概括起来主要有两种。一种是暴雨（或融雪）频率分析，即根据实测的和调查的暴雨（或融雪）资料，推算出极为稀遇频率的降水量，一般称为统计学方法。另一种是根据形成暴雨的基本因素——水汽和动力条件，拟订合理的模式，使这些影响因素的指标极大化，取其在气象上所能接受的物理上限值，然后将这些指标组合在一起，构成更严重的、但在气象上和水文上可接受的时序，一般称为气象成因法。此外，还有暴雨移置法等。中国可能最大降水的估算工作自1975年后得到了迅速的发展。1977年有关部门编绘了"中国可能最大24小时点雨量等值线图（试用稿）"以及相应的"中国实测和调查最大24小时点雨量分布图""中国年最大24小时点雨量均值等值线图"和"中国年最大24小时变差系数等值线图"等。

（2）水面蒸发和流域总蒸发

水面蒸发指某一地区大水体的水面蒸发量，一般用蒸发器测定水面蒸发，但由于蒸发器与实际水体的自然条件不同，器测的蒸发量一般均大于自然的水面蒸发，且随器皿的形式、安装方式和不同季节而异，因此必须通过实验，求出蒸发器的折算系数，以此估算实际蒸发量。另外，也可根据蒸发控制因素的观测资料，即通过水体热量平衡、水量平衡等一些气象、水文因素间接计算出水面蒸发量。

流域总蒸发又称陆面蒸发，一般以E表示。系指流域或区域内水体蒸发、土壤蒸发、植物散发、冰雪蒸发和潜水蒸发的总和。通常由流域多年平均的降水量（P）与径流量（R）的差值E=P–R间接求得。流域总蒸发的大小受可能蒸发和供水条件（蒸发面上可以获得水分补充的程度）的制约。在干旱和半干旱地区，由于降水稀少，可能蒸发率大大超过供水能力，流域的年总蒸发接近或等于年降水量。湿润地区，流域总蒸发和本区的水面蒸发接近或相等。半湿润地区的陆面蒸发介于上述两种情况之间，即受供水条件或可能蒸发的控制。就海洋和大陆而言，海洋上的蒸发量大于降水量，大陆上的蒸发量小于降水量，因此必须有海洋向大陆的水分净输送。

（二）海洋水文学

海洋水文学又称海洋学，主要研究海水的物理、化学性质，海水运动和各种现象的发生、发展规律及其内在联系的学科。海水的温度、盐度、密度、色度、透明度、水质以及潮汐、波浪、海流和泥沙等与海上交通、港口建筑、海岸防护、海涂围垦、海洋资源开发、海洋污染、水产养殖和国防建设等有密切关系。

1.研究内容

海洋水文学与海洋交通、海岸防护、海洋资源开发、海区污染与国防建设等均有密切关系，与航海医学、疗养康复医学亦密切相关。海滨疗养事业的建设与发展，如海水的医用价值研究与应用，海滨空气的研究与应用，海滨疗养地的开发、利用与综合建设，均离不开海洋水文学的理论知识。

2.研究方法

简单地说，就是在海岸上安装验潮仪直接进行潮位变化的测量。验潮站采用设在验潮井上的自记验潮仪来记录潮位的变化，它能连续记录每天升降的潮位。通过验潮仪的记录就能绘出潮汐连续变化曲线，再经过室内的分析就能计算出潮汐调和常数，以及各种潮汐参数，从而获得不同时段的海面高度。在实际操作时，按作业要求，自记验潮仪在验潮井内观测的潮位，必须每天与设在井外的水尺同时观测井内外的实际海面两次，以便把验潮仪记录的潮位相对高度转化到潮位零点上，并检查进水孔是否畅通，确保资料的可信度，防止验潮井内的潮位不反映实际海面高度的情况发生。

（三）陆地水文学

陆地水文学主要研究存在于大陆表面上的各种水体及其水文现象的形成过程与运动变化规律的学科，按研究水体的不同又可分为河流水文学、湖泊水文学、沼泽水文学、冰川水文学、河口水文学等。在天然水体中，河流与人类经济生活的关系最为密切，因此，河流水文学与其他水体水文学相比，发展得最早、最快，目前已成为内容比较丰富的一门学科。河流水文学按研究内容的不同，可划分为以下一些学科。

1.水文测验学及水文调查

研究获得水文资料的手段和方法、水文站网布设理论、水文资料观测与整编方法、为特定目的而进行的水文调查方法及资料整理等。

2.河流动力学

研究河流泥沙运动及河床演变的规律。

3.水文学原理

研究水分循环的基本规律和径流形成过程的物理机制。

4.水文实验研究

运用野外实验流域和室内模拟模型来研究水文现象的物理过程。

5.水文地理学

根据水文特征值与自然地理要素之间的相互关系，研究水文现象的地区性规律。

6.水文预报

根据水文现象变化的规律，预报未来短时期（几小时、几天）或中长期（几天、几个月）内的水文情势。

7.水文分析与计算

根据水文现象的变化规律，推测未来长时期（几十年到几百年以上）内的水文情势。

陆地上的总水量约4 797万km³，只占全球水量的3.5%。但是，地球上大部分生物和人类都生活在陆地，最复杂的水文过程发生在陆地，因此对陆地水的研究有特殊且重要的意义，陆地水文学因而成为水文学最主要的组成部分。

水文循环是陆地水文学研究的基本内容。地表水水文学和地下水水文学是陆地水文学的主要组成部分。陆地侵蚀和河流、水库泥沙问题、陆地水体的环境效应等也是陆地水文学研究的重要课题。

在陆地水文学中进行水文循环研究，就是在全球水文循环系统的背景下，揭示大陆或大陆某一区域（如某流域或某水体）中降水、蒸发、径流和水汽输送间的相互联系以及这种联系的物理机制；揭示地表水、地下水和大气水之间相互转换的物理过程和基本规律。

地表水水文学以地表水体为研究对象。依不同的地表水体，可划分为以下分支学科：河流水文学（也称河川水文学）研究河流的自然地理特征、河流的补给、径流形成和变化规律、河流冰情、河水化学等。湖泊（水库）水文学研究湖泊的形成和演变、湖水运动、湖水化学和物理特性、湖泊沉积、湖泊利用等。沼泽水文学研究沼泽形成和发育的水分条件、沼泽水的化学和物理特性、沼泽中水的运动和水量平衡、沼泽利用等。冰川水文学研究冰川的分布、形成和运动，冰川融水和冰川突发性洪水的形成和预测，冰川水资源的储量、分布和利用等。雪水文学研究积雪的数量和分布，融雪过程及对河流、湖泊、沼泽的补给，融雪洪水的形成和预报等。冰川水文学和雪水文学也可合称为冰雪水文学。区域水文学研究陆地某些特定地区的水文现象及其规律，例如，河口、坡地、平原、喀斯特、干旱地区的水文现象和它们的规律。

地下水水文学是陆地水文学中研究地下水（包括土壤水）的分支学科。主要研究地下水的形成、储存、运动、开发利用与保护；研究土壤水的运动、补给和消退规律。

大陆侵蚀和河流、水库泥沙的研究，已形成河流动力学、泥沙运动力学、河床演变等分支学科。人类活动对陆地水体的干预，是上述各分支学科共同的研究课题。它的研究成果将指导人类改造自然的活动，使其对环境的

19

影响朝着有利于人类，而不是破坏人类生存环境的方向发展。

陆地水文学把发生在陆地上的各种水文现象视为一个整体，以水文循环作为研究的出发点，广泛吸收其他学科的理论和方法，揭示陆地水文现象的基本规律。例如，应用数学、力学的理论和方法，描述水文循环过程中各种水文现象发展演变的确定性规律；应用概率论与数理统计方法，揭示各种水文事件的统计规律；应用地理学方法（如地理比拟法、景观区划法、等值线图法）描述水文现象时空分布规律等。陆地水文学主要靠建立各类水文观测站网，对陆地水体的各种水文现象进行观测以获得水文信息，然后进行分析，得出规律性的认识。

此外，还有研究水体化学与物理性质的水文化学与水文物理学。

（四）地下水文学

地下水文学主要研究地壳表层内地下水的形成、分布、运动规律及其物理性质、化学性质，对所处环境的反应以及与生物关系的学科。

1.水资源学的定义、性质及其主要内容

水资源学是在认识水资源特性、研究和解决日益突出的水资源问题的基础上，逐步形成的一门研究水资源形成、转化、运动规律及水资源合理开发利用基础理论并指导水资源业务（如水资源开发、利用、保护、规划、管理）的学科。

水资源学的学科基础是数学、物理学、化学、生物学和地学，而气象学、水文学（含水文地质学）则是直接与水资源的形成和时空变化、动态演变有关的专业基础学科，水资源的开发利用则涉及经济学、环境学和管理学。水资源学的发展动力是人类社会生存和发展的需要。水资源学研究的核心是人类社会发展和人类生存环境演变过程中水供需问题的合理解决途径。因此，水资源学带有自然科学、技术科学和社会科学的性质，但主要是技术科学，体系上属于水利科学中的一个分支。

水资源学的基本内容包括以下七方面。

（1）全球和区域水资源的概况

这是进行水资源学研究的最基本内容。关于全球水储量和水平衡，20世纪70年代曾由联合国教科文组织在国际水文十年计划中进行过分析。自1977年联合国水会议号召各国进行本国的水资源评价活动之后，有多数国家进行了此项工作，并取得了一定的基础成果。这些成果为了解各国的水资源概况及其基本问题以及世界上的水资源形势提供了依据，也是各国水资源工作的出发点。

（2）水资源评价

水资源评价不仅限于对水文气象资料的系统整理与图表化，还应包括对水资源供需情况的分析和展望等水资源中心问题。各国都在进行水资源评价活动，通过对评价的方向、条件、方法论和范围的经验总结，为指导今后的水资源评价工作提供了科学基础。

（3）水资源规划

水资源规划重点是在对区域水资源的多种功能及特点进行分析的基础上，结合区域的历史、地理、社会和经济特点提出水资源合理开发利用的原则和方法；在区分水资源规划和水利规划关系的基础上，叙述水资源规划的各类模型，包括结合水质和水环境问题的治理和保护规划，以及结合地区宏观经济和社会发展的水资源规划理论和方法等。

（4）水资源管理

水资源管理是在国家实施水资源可持续利用、保障经济社会可持续发展战略方针下的水事管理。涉及水资源的自然、生态、经济、社会属性，影响水资源复合系统的诸方面，因此必须采用多种手段，相互配合，相互支持，才能达到水资源、经济、社会、环境协调持续发展的目的。法律、行政、经济、技术、宣传教育等综合手段在管理水资源中具有十分重要的作用，其中依法治水是根本，行政措施是保障，经济调节是核心，技术创新是关键，宣传教育是基础。

（5）水资源决策

水资源决策包括水资源决策和水利决策的关系和配合、水资源决策的条件和决策支持系统的建立、决策风险分析和决策模型等。

（6）水资源与全球变化

水资源与全球变化包括全球变化对水资源影响的分析、水资源的相应变化与水资源供需关系的分析等。

（7）与水资源学有关的交叉学科

由于水资源问题的重要性和社会性，许多独立学科在介入水资源问题时发展了和水资源学的共同交叉学科，如水资源水文学、水资源环境学、水资源经济学等。虽然从本质上讲这些新的交叉学科属于水文学、环境学和经济学，但都是直接为水资源的开发、利用、管理和保护服务的，带有专门性质，也应在水资源学中有所反映，并说明水资源问题的多方位性。

2.研究内容

地下水水文学的研究内容可归纳为：

（1）地下水的形成

地下水主要来自大气降水和地表水的入渗，在灌区还有灌溉水的入渗。入渗的水在地下经过重新分配（储存、蒸发和水平排泄）组成自然界水文循环的一部分。地下水水文学研究地下水在自然界水循环中的作用，研究它与降水、蒸发、地表水之间的联系和转化，它的补给、排泄、与此有关的水文和水文地质参数（如降水入渗补给系数、给水度等）和地下水资源评价等。

（2）地下水运动

地下水在重力和压力作用下产生渗流运动。地下水运动的基本定律是达西定律，可根据质量守恒原理和达西定律推导出不同条件下地下水运动的数学物理方程。计算地下水运动的基本方法是求出这些方程在各种初始条件和边界条件下的解。利用地下水运动方程的解，可以预测未来某时某地的地下水水位等水文要素，也可以计算导水系数等水文地质参数，为地下水资源评价提供可靠的依据。

（3）地下水水情

地下水水情也称地下水动态，指地下水水位、水量、水质、水温等要素在自然和人为因素影响下发生的变化。研究这些变化规律，建立各要素在时间和空间上的定量关系。通常利用观测站和试验场，进行地下水观测和野外试验，利用取得的资料，计算水文和水文地质参数，评价地下水的补给量、储存量和允许开采量，监测地下水的水质以防止地下水的污染等。

（4）合理开发管理

地下水开发应在查明地下水资源的基础上统筹安排、合理规划。地下水的管理除了制定规划之外，还要建立地下水管理机构；进行水资源的合理调配；规定开采地下水的技术要求；保护水源，防止污染；防止因抽水引起的地面沉降或坍陷、海水入侵，以保证长期安全供水等。地下水水文学内容还包括：包气带、土壤水、潜水、承压水、含水层、泉、地下水运动（达西定律、渗水系数、导水系数、给水度、释水系数、降水入渗补给系数、灌溉水入渗补给系数）、地下水预报、地下水计算（地下水模拟）、地下水开发利用、地下水管理等。

第二节　水文学与水资源学的关系

水资源学与水文学之间既有区别又有密切的联系，常引起一些混淆。总的来说，水文学是水资源学的重要学科基础，水资源学是水文学服务于人类社会的重要应用内容。本节从以上两方面分别阐述二者之间的具体联系。

一、水文学是水资源学的重要学科基础

首先，从水文学和水资源学的发展过程来看，水文学具有悠久的发展历史，是自人类利用水资源以来，就一直伴随着人类水事活动而发展的一门古老学科；而水资源学是在水文学的基础上，为了满足日益严重的水资源问题的研究需求而逐步形成的知识体系，因此，可以近似地认为，水资源学是在水文学的基础上衍生出来的。

其次，从水文学与水资源学的研究内容来看，水文学是一门研究地球上各种水体的形成、运动规律以及相关问题的学科体系，其中，水资源的开发利用、规划与管理等工作是水文学服务于人类社会的一个重要应用内容；水资源学主要包括水资源评价、配置、综合开发、利用、保护以及对水资源的规划与管理，其中，水循环理论、水文过程模拟以及水资源形成与转化机理等水文学理论知识是水资源学知识体系形成和发展的重要理论基础。比如，研究水资源规划与管理，需要考虑水循环过程和水资源转化关系以及未来水文情势的变化趋势。再比如，研究水资源可再生性、水资源承载能力、水资源优化配置等内容，需要依据水文学基本原理（如水循环机理、水文过程模拟）。因此，水文学是水资源学发展的重要学科基础。

二、水资源学是水文学服务于人类社会的重要应用内容

水循环理论支撑水资源可再生性研究，是水资源可持续利用的理论依据。水资源的重要特点之一是"水处于永无止境的运动之中，既没有开始也没有结束"，这是十分重要的水循环现象。永无止境的水循环赋予水体可再生性，如果没有水循环的这一特性，根本就谈不上水资源的可再生性，更不用说水资源的可持续利用，因为只有可再生资源才具备可持续利用的条件。当然，说水资源是可再生的，并不能简单地理解为"取之不尽，用之不竭"。水资源的开发利用必须要考虑在一定时间内水资源能得到补充、恢复和更新，包括水资源质量的及时更新，也就是要求水资源的开发利用程度必须限制在水资源的再生能力之内，一旦超出它的再生能力，水资源得不到及时的补充、恢复和更新，就会面临水资源不足、枯竭等严重问题。从水资源可持续利用的角度分析，水体的总储量并不是都可被利用，只有不断更新的那部分水量才能算作可利用水量。另外，水循环服从质量守恒定律，这是建立水量平衡模型的理论基础。

水文模型是水资源优化配置、水资源可持续利用量化研究的基础模型。通过对水循环过程的分析，揭示水资源转化的量化关系，是水资源优化配置、水资源可持续利用量化研究的基础。水文模型是根据水文规律和水文

学基本理论，利用数学工具建立的模拟模型。这是研究人类活动和自然条件变化环境下水资源系统演变趋势的重要工具。以前，在建立水资源配置模型和水资源管理模型时，常常把水资源的分配量之和看成总水资源利用量，并把总水资源利用量看成一个定值。而现实中，由于水资源相互转换，原来利用的水有可能部分回归到自然界（称为回归水），又可以被重复利用，也就是说，水循环是一个十分复杂的过程，在实际应用中应该体现这一特性，因此，在水资源配置、水资源管理等研究工作中，要充分体现这一复杂过程。

第三节　水文现象及水资源的基本特性

一、水文现象的概念及其基本特性

地球上的水在太阳辐射和重力作用下，以蒸发、降水和径流等方式周而复始地循环着。水在循环过程中的存在和运动的各种形态统称为水文现象。水文现象在时间和空间上的变化过程具有以下特点。

（一）水文过程的确定性规律

从流域尺度考察一次洪水过程，可以发现暴雨强度、历时及笼罩面积与所产生的洪水之间的因果联系。从大陆或全球尺度考察，各地每年都出现水量丰沛的汛期和水量较少的枯季，表现出水量的季节变化，而且各地的降水与年径流量都随纬度和离海距离的增大而呈现出地带性变化的规律。上述这些水文过程都可以反映客观存在的一些确定性的水文规律。

（二）水文过程的随机性规律

自然界中的水文现象受众多因素的综合影响，而这些因素本身在时间和空间上也处于不断变化的过程之中，并且相互影响着，致使水文现象的变化过程，特别是长时期的水文过程表现出明显的不确定性，即随机性，如年内汛、枯期起讫时间每年不同；河流各断面汛期出现的最大洪峰流量、枯季的最小流量或全年来水量的大小等，各年都是变化的。

二、水资源的概念

目前，关于水资源的概念，尚未形成公认的定义。在国内外文献中，对水资源的概念有多种提法，其中具有一定代表性的有以下几种。

（1）在《英国大百科全书》中，水资源被定义为"全部自然界任何形态的水，包括气态水、液态水和固态水的全部水量"。1963年通过的《英国水资源法》中，水资源则被定义为"具有足够数量的可用水源"。

（2）在联合国教科文组织和世界气象组织共同制定的《水资源评价活动——国家评价手册》中，将水资源定义为："可利用或有可能被利用的水源，具有足够的数量和可用的质量，并能在某一地点为满足某种用途而可被利用。"

（3）苏联水文学家O.A.Spengler（斯宾格列尔）在其所著的《水与人类》一书中指出："所谓水资源，通常可理解为某一区域的地表水（河流、湖泊、沼泽、冰川）和地下水储量。水资源储量可分为更新非常缓慢的永久储量和年内可恢复的储量两类，在利用永久储量时，水的消耗不应大于它的恢复能力。"

（4）在《中国水资源初步评价》中将水资源定义为"逐年可得到恢复的淡水量，包括河川径流量和地下水补给量"，并指出大气降水是河川径流和地下水的补给来源。

（5）《中国大百科全书·气海水卷》提出，水资源是"地球表层可供人类利用的水，包括水量（质量）、水域和水能资源。但主要是每年可更新的水量资源"。

上述各定义彼此差别较大：有的把自然界各种形态的水都视为水资源；有的只把逐年可以更新的淡水作为水资源；有的把水资源与用水联系考虑；

有的除了水量之外，还把水域和水能列入水资源范畴之内。如何确切地给水资源下定义呢？这一问题值得进一步探索和研究。

部分学者认为，水资源概念的确定应考虑以下几条原则。

（1）水作为自然环境的组成要素，既是一切生物赖以生存和发展的基本条件，又是人类生活、生产过程中不可缺少的重要资源，前者是水的生态功能，后者则是水的资源功能。地球上存在多种水体，有的可以直接取用，资源功能明显，如河流水、湖泊水和浅层地下水；有的不能直接取用，资源功能不明显，如土壤水、冰川和海洋水。一般只宜把资源功能明显的水体作为水资源。

（2）人类社会各种活动的用水，都要求有足够的数量和一定的质量。随着工农业生产发展以及人民生活水平的提高，人类对水量和水质的要求也越来越高，这就要求有更多的水源具有良好的水质和好的补给条件，能保证长期稳定供水，不会出现水质变坏或水量枯竭的现象。因此，水资源应该与社会用水需求密切联系。社会用水需求包含"水量"和"水质"两方面的含义。也就是说，只有逐年可以更新并满足一定水质要求的淡水水体才可作为水资源。

（3）地表、地下的各种淡水水体均处在水循环系统中，它们能够不断地得到大气降水的补给。参与水循环的水体补给量称为动态水量，而水体的储量称为静态水量。为了保护自然环境、维持生态平衡和保证水源长期不衰，一般只能取用动态水量，不宜过多动用静态水量，静态水量的一部分可作为调节备用水量。水资源的数量应以参与水循环的动态水量（水体的补给量）来衡量。把静态水量计入水资源量的观点完全忽视了水的生态功能，不利于水资源的合理开发和综合利用。

（4）人类对水资源的开发利用，除了采用工程措施直接引用地表水和地下水外，还可通过生物措施利用土壤水，使无效蒸发转化为有效蒸发。农作物的生长与土壤水有密切的关系，不考虑土壤水的利用，就不能正确估计农作物的需水定额。大气降水是地表水、地下水、土壤水的补给来源，所以土壤水和大气降水也应列入水资源的研究范畴。

三、水资源的基本特性

水是自然界的重要组成物质，是环境中最活跃的要素。它不停地运动着，积极参与自然环境中一系列物理的、化学的和生物的作用过程，在改造自然的同时，也不断地改造自身的物理、化学与生物学特性，并由此表现出水作为地球上重要自然资源所独有的性质特征。

（一）资源的循环性

水资源与其他固体资源的本质区别在于其所具有的流动性，它是在循环中形成的一种动态资源，具有循环性。这是水资源具有的最基本特征。水循环系统是一个庞大的天然水资源系统，处在不断的开采、补给、消耗和恢复的循环之中，可以不断地供给人类利用和满足生态平衡的需要。

（二）储量的有限性

水资源处在不断地消耗和补充过程中，具有恢复性强的特征。但实际上全球淡水资源的储量是十分有限的。全球的淡水资源仅占全球总水量的2.5%，大部分储存在极地冰帽和冰川中，真正能够被人类直接利用的淡水资源仅占全球总水量的0.8%。从水量动态平衡的观点来看，某一期间的水消耗量应接近于该期间的水补给量，否则将会破坏水平衡，造成一系列环境问题。可见，水循环的过程是无限的，水资源的储量是有限的。

（三）时空分布的不均匀性

水资源在自然界中具有一定的时间和空间分布。时空分布的不均匀性是水资源的又一特性。全球水资源的分布表现为极不均匀性，如大洋洲的径流模数为51.0L/（s·km²），亚洲为10.5L/（s·km²），最高值和最低值相差数十倍。我国水资源在区域上分布极不均匀，总体上表现为东南多，西北少；沿海多，内陆少；山区多，平原少。在同一地区中，不同时间分布差异性很大，一般夏多冬少。

（四）利用的多样性

水资源是被人类在生产和生活活动中广泛利用的资源，不仅广泛应用于农业、工业和生活，还用于发电、水运、水产、旅游和环境改造等。在各种不同的用途中，消费性用水与非常规消耗性或消耗很小的用水并存。因用水目的不同而对水质的要求各不相同，从而使得水资源一水多用，能够充分发挥其综合效益。

（五）利、害的两重性

水资源与其他固体矿产资源相比，最大的区别是：水资源具有既可造福于人类，又可危害人类的两重性。水资源质、量适宜，且时空分布均匀，将为区域经济发展、自然环境的良性循环和人类社会进步做出巨大贡献。水资源开发利用不当，又可制约国民经济发展，破坏人类的生存环境。如水利工程设计不当、管理不善，可造成垮坝事故，引起土壤次生盐碱化。水量过多或过少的季节和地区，往往又产生了各种各样的自然灾害。水量过多容易造成洪水泛滥、内涝渍水；水量过少容易形成干旱等自然灾害。适量开采地下水，可为国民经济各部门和居民生活提供水源，满足生产、生活的需求。无节制、不合理地抽取地下水，往往引起水位持续下降、水质恶化、水量减少、地面沉降，不仅影响生产发展，而且严重威胁人类生存。正是由于水资源的双重性质，在水资源的开发利用过程中尤其要强调合理利用、有序开发，以达到兴利避害的目的。

四、水和水资源的区别

应当指出，"水"和"水资源"两者在含义上是有所区别的，不能混为一谈。地球上各种水体的储量虽然很大，但因技术等限制，还不能将其全部纳入水资源范畴。例如，海洋水量虽然极其丰富，但由于技术原因，特别是经济条件的限制，目前还不能大量开发利用；冰川储水占地球表面淡水储量的68.7%，也难以开发利用；深层地下水的开发利用也有较大的困难。能够作为水资源的水体一般应符合下列条件：其一，通过工程措施可以直接取用，或者通过生物措施可以间接利用；其二，水质符合用水的要求；其三，补给条件好，水量可以逐年更新。因此，水资源是指与人类社会生产、生活用水密切相关而又能不断更新的淡水，包括地表水、地下水和土壤水。地表水资源量通常用河川径流量来表示，地下水和土壤水资源量可用补给量来表示。三种水体之间密切联系而又互相转化，扣除重复量之后的资源总量相当于对应区域内的降水量。

第二章 水文监测与数据管理研究

第一节 水文监测

一、降水与蒸发观测

（一）概述

1.降水

（1）第一类降水

从天空降落到地面上的液态或固态水，如雨、雪、冰雹等。

（2）第二类降水

第二类降水也是广义的降水，包括在地面上、地面物体的表面上或植物覆盖层的表面上着落而成的液体或固体状的水分，如雾、露、霜、雾凇、吹雪等。

2.蒸发

地表和水面的水分，又通过蒸发（包括陆面蒸发、水面蒸发以及植物蒸腾等），不断地进入大气，再通过降水落到地面，由此形成地—气体系内水分的闭合循环。由于自然界中水分的循环处于某种稳定状态，在这种情况下，降落到地球表面的降水量应与蒸发量相等。全球的降水总量估计为5.1×10^{17}kg，由此可见，自然界所发生的水分循环是非常强烈的。

3.降水和蒸发观测的意义

降水量和蒸发量的资料对于我们利用和改造自然，为国民经济建设服务有着重要的作用。

（二）降水量的观测

1.降水量与降水强度

（1）降水量

降水量是指从天空降落到地面上的液态或固态（经融化后）降水，未经蒸发、渗透和流失而在水平面上积聚的深度。

①降水量以mm为单位，取一位小数。

②配有自记仪器的，作降水量的连续记录并进行整理。

③纯雾、露、霜、雾凇、吹雪、冰针的量按无降水处理，当其与降水伴见时也不扣除其量。

（2）降水强度

降水强度是指单位时间的降水量。通常有5min、10min和1h内的最大降水量。降水强度分4类：

①小雨（0.1～2.5mm/h）；

②中雨（2.6～8.0mm/h）；

③大雨（8.1～15.9mm/h）；

④暴雨（＞16.0mm/h）。

降水强度愈大，其持续时间愈短，范围愈小；降水的频率与云的频率、分布有一定的相关关系；锋面连续性降水的时间、雨量和面积较大；夏季局地积状云的小阵雨，其降水量和范围较小。

2.降水量观测的误差来源

用雨量器观测降水量，由于受到观测场环境、气候、仪器性能、安装方式和人为因素等影响，使降水量观测值存在系统误差和随机误差。

误差的来源包括六个方面：

（1）风力误差（空气动力损失）；

（2）湿润误差（湿润损失）；

（3）蒸发误差（蒸发损失）；

（4）溅水误差；

（5）积雪漂移误差；

（6）测记误差。

3.测定降水量的主要仪器

（1）雨量器

①基本组成及各部分的作用。

雨量器由承水器（漏斗）、储水桶（外桶）、储水瓶组成，并配有与其口径成比例的专用量杯。目前，我国所用的雨量器承水口为314cm²。

承水器和储水桶，是用镀锌铁皮或其他金属材料制成的。承水器口为正圆形并镶有铜制金属圈，为内直外斜的刀刃形，其目的在于防止器口变形及雨水溅入。承水器内的漏斗是活动的。漏斗的作用是防止雨量桶中收集到的降水发生蒸发。

储水瓶是有一定容量并有倒水嘴的玻璃瓶；雨量杯为特制的玻璃杯，杯上的刻度一般从0.05mm到10.5mm，每一小格代表0.1mm降水量，每一大格为1.0mm降水量，量杯的刻度大小直接表示了降水量，不必要再进行换算。

②观测时的注意事项。

雨量器安置在观测场内固定架子上，器口要保持水平，口沿离地面高度为70cm，仪器四周不受障碍物影响，以保证准确收集降水。

在冬季积雪较深地区，应在其附近装一备份架子。当雨量器安在此架子上时，口沿距地面高度为1.0~1.2m，在雪深超过30mm时，就应该把仪器移至备份架子上进行观测。

冬季降雪时，须将漏斗从承水器内取下，并同时取出储水瓶，直接用外筒接纳降水。

（2）雨量计

①虹吸式雨量计。

测量原理：当雨水通过承水器和漏斗进入浮子室后，水面即升高，浮筒和笔杆也随着上升（由于笔杆总是做上下运动，因此雨量自记纸的时间线是直线而不是弧线），下雨时随着浮子室内水集聚的快慢，笔尖即在自记纸上记出相应的曲线表示降水量及其强度。当笔尖到达自记纸上限时（一般相当于10mm），室内的水就从浮子室旁的虹吸管排出，流入管下的盛水器中，笔尖即落到零线上。若仍有降水，则笔尖又重新开始随之上升，而自记纸的坡度就表示出了降水强度的大小。由于浮子室的横截面积与承水口的面积不等，因而自记笔所记出的降水量是经过放大了的。

观测时的注意事项：a.虹吸管应经常保持清洁，使发生虹吸的时间小于14秒。因为虹吸过程中落入雨量计的降水将随之排出仪器外，而不计入降水量，虹吸时间过长将使仪器误差加大；b.正在记录时要注意雨量计的型号，因为对于每一种型号的雨量计，其虹吸管的规格都是一定的，不能乱用，任一参数的改变都将影响记录的准确性。

②翻斗式遥测雨量计。

基本组成：翻斗式遥测雨量计是由感应器、记录器等组成的有线遥测雨量仪器。感应器由承水器、上翻斗、计量翻斗、计数翻斗、干簧开关等组成。上翻斗是使不同自然强度的降水调节成近似大小的降水强度，以减小由于翻斗翻转瞬间所接收的雨水量，因不同降水强度所带来的随机性；计量翻斗不直接计数的原因是为了避免信号输出系统的电磁场对雨量计量的影响。记录器由计数器、记录笔、自记钟、控制线路板等构成。

测量原理：利用翻斗每翻转一次的雨量是已知的（可为0.1mm、0.25mm或1mm），而翻斗翻转的次数是可以记录下来的（翻斗每翻转一次就出发一个电脉）。根据记录下来的翻斗翻转的次数，即可遥测出降水量的值以及得到降水量随时间的变化曲线。

③光学雨量计。

基本组成：由一个光源和接收检测装置组成。光源是一个红外发光管。

测量原理：当测量雨滴经过一束光线时，由于雨滴的衍射效应引起光的闪烁，闪烁光被接收后进行谱分析，其谱分布与单位时间通过光路的雨强有关。

（三）蒸发量的观测

1.蒸发量

蒸发量是指在一定口径的蒸发器中，在一定时间间隔内，因蒸发而失去的水层深度。以mm为单位，取一位小数。

2.蒸发量观测存在的问题

降水的测定主要是代表性问题，基本上不存在准确性问题，而蒸发的观测则不仅存在代表性的问题，而且也存在测定的准确性问题。

3.测定蒸发量的主要仪器

（1）小型蒸发器

小型蒸发器为一口径20cm、高约10cm的金属圆盆，口缘镶有角度为40°～45°、内直外斜的刀刃形铜圈，器旁有一倒水小嘴至底面高度距离为6.8cm，俯角10°～15°。为了防止鸟兽饮水，器口附有一个上端向外张开成喇叭状的金属丝网圈。

一般情况下蒸发器安装在口缘距地面70cm高处，冬季积雪较深地区的安置同雨量器。每天20时进行观测，测量前一天20时注入的20mm清水（今日原量）经24小时蒸发剩余的水量，蒸发量计算公式如下：

$$蒸发量＝原量＋降水量－余量$$

当蒸发器内的水量全部蒸发完时，记为＞20.0，此种情况应避免发生，平时要注意蒸发情况，增加原量。

结冰时用称量法测量，其他季节用杯量法或称量法均可。

有降水时，应取下金属丝网圈；有强烈降水时，应随时注意从器内取出一定的水量，以防止溢出。

（2）E-601型蒸发器

E-601型蒸发器主要由蒸发桶、水圈、溢水桶和测针四个部分组成。工作环境温度要求是0～±500℃。

①蒸发桶是一个器口面积为3 000cm^2、有圆锥底的圆柱形桶，器口要求正圆，口缘为内直外斜的刀刃形。

桶底中心装有一根直管，在直管的中部有三根支撑与桶壁连接，以固定直管的位置并使之垂直。直管的上端装有测针座，座上装有器内水面指示针，用以指示蒸发桶中水面高度。

在桶壁上开有溢流孔，孔的外侧装有溢流嘴，用胶管与溢流桶相连通，以承接因降水从蒸发桶内溢出的水量。桶身的外露部分和桶内侧涂上白漆，以减少太阳辐射的影响。

②水圈是装置在蒸发桶外围的环套，用以减少太阳辐射及溅水对蒸发的影响。它由四个相同的、其周边稍小于四分之一的圆周的弧形水槽组成。水槽用较厚的白铁皮制成，宽20cm，内外壁高度分别为13.7cm和15.0cm。每个水槽的外壁上开有排水孔，孔口下缘至水槽均应按蒸发桶的同样要求涂上白漆。水圈内的水面应与蒸发桶内的水面接近。

③溢水桶用金属或其他不吸水的材料制成，它用来承接因暴雨从蒸发桶溢出的水量。用量尺直接观测桶内水深的溢水桶，应做成口面积为300cm²的圆柱桶；不用量尺观测的，所用的溢水桶的形式不拘，其大小以能容得下溢出的水量为原则。放置溢水桶内的箱要求耐久、干燥和有盖。须注意防止降落在胶管上的雨水顺着胶管流入溢水桶内。不出现暴雨的地方，可以不设置溢水桶。

④测针用于测量蒸发器内水面高度。使用时将测针的插杆插在蒸发桶中的测针座上，插杆下部的圆盘与座口相接。测针所对方向，全站应统一。插杆上面用金属支架把测杆平等地固定在插杆旁。测杆上附有游标尺，可使读数精确到0.1mm。测杆下端有一针尖，用摩擦轮升降测杆，可使针尖上下移动，对准水面。针尖的外围水面上套一杯形静水器，器底有孔，使水内外相通。静水器用固定螺丝与插杆相连，可以上下调整其位置,恰使静水器底没入水中。

（3）超声蒸发传感器

超声波测距原理，选用高精度超声波探头，对标准蒸发皿内水面高度变化进行检测，转换成电信号输出。

（四）气象应用

（1）适时适量的降水为农业生产提供了有利条件，比如，清明要明，谷雨要雨。

（2）反常降水带来灾害，比如，长时间、大面积的暴雨，引起洪涝灾害。

（3）军事上，降水对舰艇舱面人员、武器装备的影响；广降雪影响舰艇目力通信。

（4）蒸发对农业、气象和水文气象研究有意义。

（5）蒸发量的观测资料对于我们利用和改造自然，为国防和国民经济建设服务有着重要作用。

二、水位观测

（一）水位观测的定义

水位是指海洋、河流、湖泊、沼泽、水库等水体某时刻的自由水面相对于某一固定基面的高程，单位以m计。水位与高程数值一样，只有指明其所用基面才有意义。计算水位和高程的起始面称为基面。目前全国统一采用黄海基面，但各流域由于历史的原因，多沿用以往使用的基面，如大沽基面、吴淞基面、珠江基面，也有使用假定基面、测站基面或冻结基面的，在使用水位资料时一定要查清其基面。

水位观测（stage measurement）是江河、湖泊和地下水等的水位的实地测定。水位资料与人类社会生活和生产关系密切。水利工程的规划、设计、施工和管理需要水位资料。桥梁、港口、航道、给排水等工程建设也需水位资料。在防汛抗旱中，水位资料更为重要，它是水文预报和水文情报的依据。水位资料，在水位流量关系的研究中和在河流泥沙、冰情等的分析中都是重要的基本资料。

一般利用水尺和水位计测定。观测时间和观测次数要适应一日内水位变化的过程，要满足水文预报和水文情报的要求。在一般情况下，日测1~2次。当有洪水、结冰、流冰、产生冰坝和有冰雪融水补给河流时，增加观测次数，使测得的结果能完整地反映水位变化的过程。水位观测内容包括河床变化、流势、流向、分洪、冰情、水生植物、波浪、风向、风力、水面起伏度、水温和影响水位变化的其他因素。必要时，还测定水面的比降。

水位观测适用于地下水水位监测、河道水位监测、水库水位监测、水池水位监测等。水位观测可以监测水位动态信息，为决策提供依据。

（二）水位观测的目的和意义

（1）水位资料是水利建设、防洪抗旱的重要依据，可用于堤防水库坝高、堰闸，灌溉、排涝等工程的设计，也可用于水文预报工作。

（2）在航道、桥梁、公路、港口、给水、排水等工程建设中，也都需要水位资料。

（3）在水文测验及资料整编中，常需要用水位推算流量。

（三）水位观测的设备及方法

水位观测的常用设备有水尺和自记水位计两类。

1.水尺观测

水尺可分为直立式、倾斜式、悬锤式和矮桩式4种。其中，直立式水尺构造最为简单、观测最为方便，为一般测站所普遍采用。

水位观测包括基本水尺观测和比降水尺观测。在基本水尺观测时，水面在水尺上的读数加上水尺零点的高程即为水位值。可见，水尺零点高程是一个重要的数据，要定期根据测站的校核水准点对各水尺的零点高程进行校核。

水位观测的时间和次数以能测得完整的水位变化过程为原则。当一日内水位平稳（日变幅在0.06m以内）时，可在每日8时定时观测；当一日内水位变化缓慢（日变幅在0.12m以内）时，可在每日8时、20时定时观测（称两段制观测，8时是基本时）；当水位变化较大（日变幅在0.12～0.24m）时，可在每日2时、8时、14时和20时定时观测；当洪水期水位变化急剧时，则应根据需要增加测次。观测时应注意视线水平，读数精确至0.5cm。比降水尺观测的目的是计算水面比降、分析河床糙率等，观测次数视需要而定。

2.自记水位计观测

自记水位计能将水位变化的连续过程自动记录下来，并将所观测的数据以数字或图像的形式远传至室内，使水位观测工作趋于自动化和远传化。目前较常用的自记水位计有浮筒式自记水位计、水压式自记水位计、超声波水位计等。

（1）浮筒式自记水位计

浮筒式自记水位计是一种较早采用的水位计，能适应各种水位变幅和时间比例的要求。

（2）水压式自记水位计

水压式自记水位计的工作原理是测量水压力，即测定水面以下已知测点以上的水柱h的压强p，从而推算水位。

（3）超声波水位计

超声波水位计利用超声波测定水位。是在河床上Z_1高程处安置换能器，测定一超声波脉冲从换能器射出经水面反射，又回到换能器的时间T，根据公式推算水位。

（四）水位观测成果的计算

水位观测数据整理工作包括日平均水位、月平均水位、年平均水位的计算。

1.日平均水位的计算

日平均水位的计算方法主要为算术平均法和面积包围法。

若一日内水位变化缓慢，或水位变化较大，但系等时距人工观测或从自记水位计上摘录，可采用算术平均法计算；若一日内水位变化较大，且是不等时距观测或摘录，则采用面积包围法，即将当日0～24h内水位过程线所包围的面积除以一日时间求得。

如0时或24时无实测数据，则根据前后相邻水位直线内插求得。

2.月、年平均水位的计算

用月（年）日平均水位数的和除以全月（年）天数求得。

三、流量测验

（一）概述

单位时间内流过江河某一横断面的水量称为流量，以m³/s计，它也是河流最重要的水文特征值，在水利水电工程规划、设计、施工、运营、管理中都具有重要意义。

测量流量的方法有很多，在天然河道中测流一般采用流速仪法和浮标法。需要注意的是，两种方法测流所需时间较长，不能在瞬时完成，因此实测流量是时段的平均值。

（二）流速仪法测流

采用流速仪法进行流量测验包括过水断面测量、流速测量及流量计算三部分工作。

1.过水断面测量

过水断面是指水面以下河道的横断面。测量的目的是绘出过水断面图，测量包括在断面上布设一定数量的测深垂线，施测各条测深垂线的起点距和水深并观测水位，用施测时的水位减去水深，即得各测深垂线处的河底高程。有了河底高程和相应的起点距，即可绘出过水断面图。

测深垂线的位置应能控制河床变化的转折点；主槽部分一般应较滩地为密，要求能控制断面形状的变化。

测深垂线的起点距是指该测深重线至基线上的起点桩之间的水平距离。测定起点距的方法有多种，常见的方法有断面索观读法、测角交会法、无线电定位法等。

测量水深的方法随水深、流速大小、精度要求的不同而异。通常有下列几种方法：用测深杆、测深锤、测深铅鱼等测深器具测深，超声波回声测深仪测深等。

各测深重线的水深及起点距测得后，各重线间的部分面积及全断面面积即可求出。当河道横断面扩展至历年最高洪水位以上0.5~1.0m时，称为大断面。它是用于研究测站断面变化的情况以及在测流时不施测断面可供借用的断面。大断面面积分为水上、水下两部分。水上部分面积采用水准仪测量的方法进行；水下部分面积测量与水道断面测量相同。大断面测量多在枯水季节施测，汛前或汛后复测一次，但对于断面变化显著的测站，大断面测量一般每年除汛前或汛后施测一次外，在每次大洪水之后应及时施测。

2.流速测量

（1）流速仪简介

流速仪是测定水流运动速度的仪器，式样及种类很多，有转子式流速仪、超声波流速仪、电磁流速仪、光学流速仪、电波流速仪等。最常见的是转子式流速仪，转子式流速仪又分为旋杯式、旋桨式两种。

（2）测速垂线和测点布设

当用流速仪法测流时，必须在断面上布设测速垂线和测速点以测量断面面积和流速。

根据测速方法的不同，流速仪法测流可分为积点法、积深法和积宽法。最常用的积点法测速是指在断面的各条垂线上将流速仪放至不同的水深点测速。测速垂线的数目及每条测速垂线上测点的多少应根据水深而定，同样，需要考虑资料精度要求，节省人力与时间。国外多采用多线少点测速。国际标准建议测速垂线不少于20条，任一部分流量不得超过总流量的10%。

积点法一般可用一点法（在水面以下相对水深为0.6m或0.5m的位置）、二点法（0.2m及0.8m相对水深）、三点法（0.2m、0.6m及0.8m相对水深）、五点法（0m、0.2m、0.6m、0.8m、1.0m相对水深），其中相对水深是从水面算起的垂线上的测点水深与实际水深的比值。

（3）测点流速的测定

测点流速是在测验断面内任意垂线测点所测得的水流速度。测速时，把流速仪放到垂线测点位置上，待信号正常后开动秒表，记录各测点总转数N和测速历时T，可求得测点的流速，计算公式为：

$$v = K \frac{N}{T} + C$$

式中：v——水流速度，m/s；

N——流速仪在历时T内的总转数，一般以接收到的信号数乘以每一信号所代表的转数求得；

T——测速历时，为了消除流速脉动影响，一般不少于100s，但当受测流所需总时间的限制时，则可选用不少于30s的测流方案；

K、C——流速仪常数，流速仪出厂时由厂家决定并标注于铭牌或说明书中。

3.流量计算

流量计算的步骤是由测点流速推求垂线平均流速，再计算相邻两测速垂线间部分面积上的部分平均流速；由相邻两垂线水深和间距计算部分面积，部分面积与相应部分流速相乘即得部分流量；部分流量之和即为断面流量。

（三）浮标法测流

当使用流速仪测流有困难时，使用浮标测流是切实可行的办法。浮标随水流漂移，其速度与水流速度之间有较密切的关系，故可利用浮标漂移速度（称浮标虚流速）与水道断面面积来推算断面流量。

浮标法测流的方法包括水面浮标法、深水浮标法、浮杆法和小浮标法，分别适用于流速仪测速困难或超出流速仪测速范围的高流速、低流速、小水深等情况的流量测验。测站应根据所在河流的水情特点，按下列要求选用测流方法，制订测流方案。

（1）当一次测流起讫时间内的水位涨落差符合流速仪法测流的一般要求时应采用均匀浮标法测流。

（2）当洪水涨、落急剧，洪峰历时短暂，不能用均匀浮标法测流时，可用中泓浮标法测流。

（3）当浮标投放设备冲毁或临时发生故障，或河中漂浮物过多，投放的浮标无法识别时，可用漂浮物作为浮标测流。

（4）当测流断面内一部分断面不能用流速仪测速，另一部分断面能用流速仪测速时，可采用浮标法和流速仪法联合测流。

（5）当风速过大、对浮标运行有严重影响时，不宜采用浮标法测流。

水面浮标是漂浮于水流表层用以测定水面流速的人工或天然漂浮物。用水面浮标法测流时，应先测绘出测流断面上水面浮标速度分布图。将其与水道断面相配合便可计算出断面虚流量。断面虚流量乘以浮标系数，即得断面流量。

采用浮标法测流的测站，浮标的制作材料、形式、入水深度等应统一。水面浮标常用木板、稻草等材料做成十字形、井字形，下坠石块，上插小旗以便观测。在夜间或雾天测流时，可用油浸棉花团点火代替小旗以便识别。为减少受风面积，保证精度，在满足观测的条件下浮标尺寸应尽可能做得小些。浮标入水部分，表面应粗糙，不应呈流线型。在上游浮标投放断面沿断面均匀投放浮标，投放的浮标数目大致与流速仪测流时的测速垂线数目相当。如遇特大洪水，可只在中泓投放浮标或直接选用天然漂浮物作为浮标。用秒表观测各浮标流经浮标上、下断面间的运行历时T_i，用经纬仪测定各浮标流经浮标中断面（测流断面）的位置（定起点距），上、下浮标断面的距离L除以T_i，即得水面浮标流速沿河宽的分布图。当不能施测断面时，可借用最近施测的断面，从水面虚流速分布图上利用内插法求出相应各测深垂线处的水面虚流速，再求得断面虚流量Q_f，乘以浮标系数K_f即得断面流量Q。

浮标系数的确定有三种途径：一是流速仪与浮标同时测流，两者建立关系分析而求得；二是在高水位同时测流有困难时，采用水位—流量关系曲线上的流量与实测浮标虚流量建立关系分析确定；三是在新设站或没有前两种条件时，根据测验河段的断面形状和水流条件，在下列范围内选用浮标系数（常称为经验浮标系数）：

（1）一般湿润地区的大、中河流可取0.85~0.90，小河流取0.75~0.85；干旱地区的大、中河流取0.80~0.85，小河流取0.70~0.80。

（2）垂线流速梯度较小或水深较大的测验河段宜取较大值，垂线流速梯度较大或水深较小者宜取较小值。

当测验河段或测站控制发生重大改变、浮标形式及材料变化时，应重新进行浮标系数试验，并采用新的浮标系数。

四、泥沙测验

泥沙资料也是一项重要的水文资料，它对河流的水情及河流的变迁有重大影响。

（一）河流泥沙

河流中的泥沙按其运动形式可分为悬移质、推移质和河床质三类。受水流作用而悬浮于水中并随水流移动的泥沙称为悬移质；受水流拖曳力作用沿河床滚动、滑动、跳跃或层移的泥沙叫作推移质；组成河床活动层并处于相对静止而停留在河床上的泥沙叫作河床质。三者可以随水流条件的变化而相互转化。

（二）悬移质测验与计算

描述河流中悬移质的情况常用的两个定量指标是含沙量和输沙率。单位体积浑水内所含悬移质干沙的质量，称为含沙量，用 C_S 表示，单位为 kg/m^3。含沙量的大小主要取决于地面径流对流域表土的侵蚀，它与流域坡度、土壤、植被、季节性气候变化、降雨强度以及人类活动等因素有关。单位时间流过河流某断面的干沙质量，称为输沙率，以 Q_S 表示，单位为 kg/s。断面输沙率是通过断面上含沙量测验配合断面流量测量来推求的。

1.含沙量的测验

在水流稳定的情况下，断面内某一点的含沙量是随时间在变化的，它不仅受流速脉动的影响，而且还与泥沙特性等因素有关。河流含沙量垂线分布均呈上小下大的形式。含沙量的变化梯度还随泥沙颗粒粗细的不同而异，粒径较细的泥沙的垂直分布较均匀，而粗沙则变化剧烈。对于同粒径的泥沙，其垂直分布与流速大小有关。流速大，则分布较为均匀；反之，则不均匀。含沙量的横向分布形式与河床性质、断面形状、河道形势、泥沙粒径以及上游来水情况等各项因素有关。断面上游不远处如有支流汇入，含沙量横向分布还会随支流来水而有一定变化。

含沙量测验一般采用采样器从水流中采取水样。常用的有横式采样器与瓶式采样器。如果水样取自固定测点，称为积点式取样；如果取样时，取样瓶在测线上由上到下（或上、下往返）匀速移动，称为积深式取样，该水样代表测线的平均情况。

不论用何种方式取得的水样，都要经过量积沉淀、过滤烘干、称重等步骤才能得出一定体积浑水中的干沙重量。水样的含沙量可按下式计算，即：

$$C_S = W_S/V$$

式中：C_S——水样含沙量，g/L或kg/m³；

W_S——水样中的干沙重量，g或kg；

V——水样体积，L或m³。

当含沙量较大（含沙量大于20kg/m³）时，也可使用同位素测沙仪测量含沙量。该仪器主要由铅鱼、探头和晶体管计数器等部分组成。应用时只要将仪器的探头放至测点，即可根据计数器显示的数字由工作曲线上查出测点的含沙量。它具有及时、不取水样等突出的优点，但应经常对工作曲线进行校正。

2.输沙率测验

输沙率测验是由含沙量测定与流量测验两部分工作组成的。

（1）悬移质输沙率测验的工作内容

①布置测速和测沙垂线，在各垂线上施测起点距和水深，在测速垂线上测流速，在测沙垂线上采取水样，测沙垂线应与测速垂线重合。一般取样垂线数目不少于规范规定流速仪精测法测速垂线数的1/2。当水位、含沙量变化急剧时，或积累相当资料经过精简分析后，垂线数目可适当减少。但是不论何种情况，当水面宽大于50m时，取样垂线不少于5条；当水面宽小于50m时，不应少于3条。垂线上测点的分布，视水深大小以及要求的精度而不同，可采用一点法、二点法、三点法、五点法等。一年内悬移质输沙率的测次应主要分布在洪水期，能控制各主要洪峰变化过程，平、枯水期应分布少量测次。新设站在前三年内应增加输沙率测次。

②观测水位、水面比降，当水样需做颗粒分析时，应加测水温。

③当需要建立单断沙关系时，应采取相应单样。相应单样的取样方法和

仪器，应与经常的单样测验相同。

（2）断面输沙率及断面平均含沙量的计算

根据测点的水样，得出各测点的含沙量之后，可用流速加权计算垂线平均含沙量。

如果是用积深法取得的水样，其含沙量即为垂线平均含沙量。

当分流、漫滩将断面分成几部分施测时，应分别计算每一部分输沙率，求其总和，再计算断面平均含沙量。

3.单位水样含沙量与单断沙关系

上述所求得的悬移质输沙率测验的是当时的输沙情况，而工程上往往需要一定时段内的输沙总量及输沙过程。如果要用上述测验方法来求出输沙的过程是很困难的。人们在不断的实践中发现，当断面比较稳定、主流摆动不大时，断面平均含沙量与断面上某一垂线平均含沙量之间有稳定关系。通过多次实测资料的分析，可建立其相关关系。这种与断面平均含沙量有稳定关系的、断面上有代表性的垂线或测点含沙量称单样含沙量，简称单沙；相应地，把断面平均含沙量简称断沙。经常性的泥沙取样工作可只在此选定的垂线（或其上的一个测点）上进行，这样便大大地简化了测验工作。

采用单断沙关系的站，在取得30次以上的各种水沙条件下的输沙率资料后，应进行单样取样位置分析。在每年的资料整编过程中，应对单样含沙量的测验方法和取样位置进行检查、分析。单样含沙量测验方法，在各级水位应保持一致。

根据多次实测的断面平均含沙量和单样含沙量的成果，可以以单沙为纵坐标，以相应断沙为横坐标，点绘单沙与断沙的关系点，并通过点群中心绘出单沙与断沙的关系线。

单沙的测次，平水期一般每日定时取样1次；含沙量变化小时，可5～10日取样1次，含沙量有明显变化时，每日应取样2次以上。洪水时期，每次较大洪峰过程取样次数不应少于7次。

五、地下水和墒情监测

（一）地下水监测

地下水监测为地下水监测管理部门对辖区内地下水水位、水质等数据进行监测，以便及时掌握动态变化情况，对地下水进行长期的保护。

1.概述

（1）用途

地下水监测具有测量水位、孔隙压力、渗透性和取水样等多重功能。

（2）特点

①灵活经济有效。拥有快速连接的专利技术，一套测试/取样系统就可以与上百个过滤嘴配套使用。

②精确可靠。拥有快速连接的技术，不同的探头和安装的过滤嘴的功能控制可以随时进行。

③功能多样化。快速连接方式使得过滤嘴可以与压力计、渗透计和地下水取样器等多种探头进行临时或永久的连接。

（3）组成

地下水监测系统由四部分组成：监测中心、通信网络、微功耗测控终端、水位监测记录仪（水位计）。

（4）网络通信

地下水监测系统依托中国移动公司GPRS网络，工作人员可以在监测中心查看地下水的水位、温度、电导率的数据。监测中心的监测管理软件能够实现数据的远程采集、远程监测，监测的所有数据进入数据库，生成各种报表和曲线。

中国移动的GPRS网络信号覆盖范围广，数据传输速率高，通信质量可靠，误码率低，运行稳定，数据传输实时性、安全性和可靠性高，安装调试简单方便，按信息流量计费，用户使用成本比较低。

本系统通信网络采用中国移动公司GPRS网络和Internet公网。要求监控中心具备宽带（类型：光纤、网线、ADSL等），并具有一个Internet网络上的固定IP。

监测点测控终端内部配置GPRS无线数据传输模块，模块内安装一张开通GPRS功能的SIM卡。测控终端通过其内部的GPRS无线数据传输模块与监控中心服务器组成一个通信网络，实现系统的远程数据传输。

网络运行费用：监测中心需支付宽带使用费用，具体费用标准请在当地相关部门咨询。每个监测点的SIM卡的通信费用（数据通信费以河北为例，具体收费标准请咨询当地移动公司）——5元/月（30M）。

（5）示范工程

2018年3月，中国首张矿山地下水监测网在陕西开建，先期建设225口示范井，覆盖全省主要大中型煤矿。陕西省地质环境监测总站编制了建设技术方案，承担监测数据的接收、分析工作，为全省保水采煤提供科学建议和技术支撑。

2.需要进行地下水监测的情况

当遇下列情况时，应进行地下水监测：

（1）地下水位升降影响岩土稳定时。

（2）地下水位上升产生浮托力对地下室或地下构筑物的防潮、防水或稳定性产生较大影响时。

（3）施工降水对拟建工程或相邻工程有较大影响时。

（4）施工或环境条件改变，造成的孔隙水压力、地下水压力变化，对工程设计或施工有较大影响时。

（5）地下水位的下降造成区域性地面沉降时。

（6）地下水位升降可能使岩土产生软化、湿陷、胀缩时。

（7）需要进行污染物运移对环境影响的评价时。

3.地下水监测的基本要求

监测工作的布置，应根据监测目的、场地条件、工程要求和水文地质条件确定。地下水监测方法应符合下列规定：

（1）地下水位的监测，可设置专门的地下水位观测孔或利用水井、地下水天然露头进行。

（2）孔隙水压力的监测，应特别注意设备的埋设和保护，可采用孔隙水压力计、测压计进行。

（3）用化学分析法监测水质时，采样次数每年不应少于4次（每季至少一次），进行相关项目的分析。

（4）动态监测时间不应少于一个水文年。

（5）当孔隙水压力变化可能影响工程安全时，应在孔隙水压力降至安全值后方可停止监测。

（6）对受地下水浮托力影响的工程，地下水压力监测应进行至工程荷载大于浮托力后方可停止监测。

（二）墒情监测

墒情监测（soil moisture monitoring）是针对土壤墒情（土壤含水量）的观测，是监测土壤水分供给状况的农田灌溉管理手段，也是农田用水管理和区域性水资源管理的一项基础工作。通过检测土壤墒情，可严格按照墒情特点在关键时刻适量浇水，控制和减少灌水次数和灌水定额，以减少棵间蒸发，使灌溉水得到高效利用，达到节水目的。获取土壤墒情信息，也可为评估干旱提供数据资料。常用方法有称重法、中子法、γ射线法、张力计法和时域反射法等。

墒情主要是监测土壤含水量。通过卫星或雷达监测地表面植物生长情况，定性地判断地表墒情变化情况。通过监测仪器，实现土壤含水量的定量监测，采用的监测方法包括烘干法和电测法。电测法主要用于墒情监（巡）测站，目前国内外使用较多的电测仪器有电子土壤湿度仪、探针式湿度仪、时域反射仪TDR，其中TDR测试精度较高。

六、水质现场快速监测和在线自动监测

（一）水质现场快速监测

1.现场水质快速检测设备的要求

（1）反应快速、检测数据现场直读；

（2）方便携带、使用简单；

（3）坚固耐用，适应野外恶劣条件；

（4）检测指标和检测方法符合标准。

2.常见的水质快速检测方法

（1）pH的测量：玻璃电极法/比色法；

（2）电导率：电导电极法；

（3）TDS：过滤烘干称量法或电导电极法；

（4）浊度：光散射法/透射法；

（5）微生物检测：多管发酵和滤膜法；

（6）微量元素：原子吸收&分光光度法（较好的实验室ICP）；

（7）非金属元素：分光光度法&离子色谱；

（8）有机物：GC&HPLC（高效液相色谱）。

（二）水质自动监测系统

1.基本概念

（1）定义

水质在线自动监测系统是一套以在线自动分析仪器为核心，运用现代传感器技术、自动测量技术、自动控制技术、计算机应用技术以及相关的专用分析软件和通信网络所组成的一个综合性的在线自动监测体系。

水质自动监测系统能够自动、连续、及时、准确地监测目标水域的水质及其变化状况，远程自动传输数据，自动生成报表等。相对于手工常规监测，将节约大量的人力和物力，还可达到预测预报流域水质污染事故、解决跨行政区域的水污染事故纠纷、监督总量控制制度落实情况以及排放达标情况等目的。大力推行水质自动监测是建设先进的环境监测预警系统的必由之路。

目前，全国水利和环保系统已建立数百座水质自动监测站，已经形成了国家层面的水质自动监测网。环保部已在七大水系上建立了一百多座水质自动站，已实现100座自动站联网监测，发布七大水系水质监测周报。新疆地区暂未建成水质自动监测站。

现在，国家将投资在伊犁河、额尔齐斯河上各建设1座水质自动监测站，将填补该区的空白。今后，该区还将在其他一些重要水体上（博斯腾湖、乌拉泊水库、塔里木河等）陆续建设水质自动监测站。

（2）水质在线自动监测系统的主要作用

实施水质自动监测，可以实现水质的实时连续监测和远程监控，达到及时掌握主要流域重点断面水体的水质状况、预警预报重大或流域性水质污染事故、解决跨行政区域的水污染事故纠纷、监督总量控制制度落实情况、排放达标情况等目的。

（3）水质在线自动监测系统的功能

①一套完整的水质自动监测系统能连续、及时、准确地监测目标水域的水质及其变化状况。

②中心控制室可随时取得各子站的实时监测数据，统计、处理监测数据，可打印输出日、周、月、季、年平均数据以及日、周、月、季、年最大值、最小值等各种监测、统计报告及图表（棒状图、曲线图、多轨迹图、对比图等），并可输入中心数据库或上网。

③收集并可长期存储指定的监测数据及各种运行资料、环境资料以备检索。

④系统具有监测项目超标及子站状态信号显示、报警功能，自动运行，停电保护、来电自动恢复功能，维护检修状态测试，便于例行维修和应急故障处理等功能。

2.系统构成与技术关键

（1）系统构成

水质监测系统由一个中心监测站和若干个固定监测子站组成。

中心站通过卫星和电话拨号两种通信方式实现对各子站的实时监视、远程控制及数据传输功能，托管站也可以通过电话拨号方式实现对所托管子站的实时监视、远程控制及数据传输功能，其他经授权的相关部门可通过电话拨号方式实现对相关子站的实时监视和数据传输功能。

（2）子站构成的3种方式

①由一台或多台小型的多参数水质自动分析仪（如常规五参数分析仪）组成的子站（多台组合可用于测量不同水深的水质）。其特点是仪器可直接放于水中测量，系统构成灵活方便。

②固定式子站：为较传统的系统组成方式。其特点是监测项目的选择范围宽。

③流动式子站：一种为固定式子站仪器设备全部装于一辆拖车（监测小屋）上，可根据需要迁移场所，也可认为是半固定式子站，其特点是组成成本较高。

（3）一个高的水质自动监测系统，必须同时具备4个要素

①高质量的系统设备；

②完备的系统设计；

③严格的施工管理；

④负责的运行管理。

（4）水质自动监测的技术关键

①采水单元；

②配水单元；

③分析单元；

④控制单元；

⑤子站站房及配套设施。

3.站点的选择

水质自动监测站站点的选择一般需要考虑以下几个方面的因素：

（1）地理位置

地理位置要考虑到国界、省界或区域交界处，反映上游进入下游区域的水质状况。

（2）水流状况

水流状况要考虑到水深和流速，以及是否经常断流，以便于在设计监测站时做出相应的处理。

（3）航运情况

考虑过往的船只是否会对监测站有影响，采水系统的设计应当尽量避免船只对其的影响，如撞坏撞沉等。

（4）交通情况

由于监测站的仪器仪表的运入、站点的维护、试剂的更换、领导的考察等都需要车辆进入，因此，相对较好的交通条件是必须满足的。

（5）通信情况

只有在比较好的通信条件下，自动监测站数据才能成功发送，因此通信条件的好坏，将直接影响监测站与上位机的联系。

（6）电力和自来水的供应情况

由于自动监测站一般都位于比较偏僻的区域交界处，电力和自来水的供应经常会短缺，因此建站时务必要考虑到这方面的问题，以保证监测站的正常运行。

七、水生态监测

（一）水生态监测

通过对水生生物、水文要素、水环境质量等的监测和数据收集，分析评价水生态的现状和变化，为水生态系统保护与修复提供依据的活动。

（二）水生生物优势种

对水生生物群落的存在和发展有决定性作用的个体数量最多的生物种。

（三）水污染指示性生物

对水环境中的某些物质或干扰反应敏感而被用来监测或评价水环境质量及其变化的生物物种或生物类群。

（四）水生生物富集

水生生物从水环境中聚集元素或难分解物质的现象，又称水生生物浓缩。聚集后的元素或难分解物质，在生物体内的浓度大于在水环境中的浓度。

（五）水体生物生产力

水体生产有机物的能力。一般以水体在一定时间内单位水面或体积所生产的有机体的总数量表示。

（六）生物生产力

单位时间、单位面积上有机物质的生长量。一般分为初级生产力和次级生产力。

1.初级生产力

单位时间内生物（主要是绿色植物）通过光合作用途径所固定的有机碳量。

2.次级生产力

在单位时间内，各级消费者所形成动物产品的量。

（七）生物监测

利用生物个体、种群或群落对环境污染和生态环境破坏的反应来定期调查、分析环境质量及其变化。

（八）水生生物监测

对水体中水生生物的种群、个体数量、生理功能或群落结构变化所进行的测定。

八、应急监测

（一）应急监测及其内容

实施应急监测是做好突发性环境污染事故处置、处理的前提与关键，只有对污染事故的类型及污染状况做出准确的判断，才能为污染事故及时、准确地进行处理、处置与制定恢复措施提供科学的决策依据。可以说，应急监测就是环境污染事故应急处置与善后处理中始终依赖的基础工作。有效的应急监测可以赢得宝贵的时间、控制污染范围、缩短事故持续时间、减少事故损失。

（二）现场应急监测的作用及特殊要求

1.应急监测的内容

一般现场应急监测的内容包括：

（1）石油化工等危险作业场所的泄漏、火灾、爆炸等。

（2）运输工具的破损、倾覆导致的泄漏、火灾、爆炸等。

（3）各类危险品存储场所的泄漏、火灾、爆炸等。

（4）各类废料场、废工厂的污染。

（5）突发性的投毒行为。

（6）其他。

2.应急监测的作用与要求

具体地说，现场应急监测的作用与要求包括以下几方面：

（1）对事故特征予以表征能迅速提供污染事故的初步分析结果，如污染物的释放量、形态及浓度，估计向环境扩散的速率、受污染的区域与范围、有无叠加作用、降解速率以及污染物的特性（包括毒性、挥发性、残留性）等。

（2）为制定处置措施提供必要的信息，鉴于环境污染事故所造成的严重后果，应根据初步分析结果，迅速提出适当的应急处理措施，或者能为决策者及有关方面提供充分的信息，以确保对事故做出迅速有效的应急反应，将事故的有害影响降至最低限度。为此，必须保证所提供的监测数据及其他信息的高度准确与可靠。有关鉴定与判断污染事故严重程度的数据质量尤为重要。

（3）连续、实时地监测事故的发展态势；对于评估事故对公众与环境卫生的影响以及整个受影响地区产生的后果随时间而变化，对于污染事故的有效处理就是非常重要的。这是因为在特定形势下的情况变化，必须对原拟定要采取的措施进行实时的修正。

（4）为实验室分析提供第一信息源有时要精确地判断事故所涉及的是何种化学物质，这是很困难的，此时，现场监测设备往往是不够用的，但根据现场测试结果，可为进一步的实验室分析提供许多有用的第一信息源，如正确的采样地点、采样范围、采样方法、采样数量及分析方法等。

（5）为环境污染事故后的恢复计划提供充分的信息与数据。鉴于污染事故的类型、规模、污染物的性质等千差万别，所以试图预先建立一种确定的环境恢复计划意义不大。而现场监测系统可为特定的环境污染事故后的恢复计划及其修改与调整，不断提供充分的信息与数据。

（6）为事故的评价提供必需的资料。对一切环境污染事故，包括十分重要的相近事故，进行事故后的报告、分析与评价，为将来预防类似事故的发生或发生后的处理处置措施提供极为重要的参考资料。可提供的信息包括污染物的名称、性质（有害性、易燃性、爆炸性等）、处理处置方法、急救措施及解毒剂等。

3.应急监测的特殊要求

由于环境污染事故的污染程度与范围具有很强的时空性，所以对污染物必须实施从静态到动态、从地区性到区域性乃至更大范围的实时现场快速监测，以了解当时、当地的环境污染状况与程度，并快速提供有关的监测报告与应急处理处置措施。为了达到这一目的，必须提供最一般的监测技术，达到更快地动用各种仪器设备，以便迅速有效地进行较全面的现场应急监测。但是，应急监测往往要分析各类样品，浓度分布非常不均匀；在采样、分离、测定方面的快速确定方案，有时受到限制，影响大范围迅速监测；有时没有适用的分析方法来测定某些事故污染物；需要快速、连续监测；在事故的不同阶段，应急监测的任务与作用各异，因此，一个好的现场快速监测方案或器材必须在"时间尺度的把握"（事故中的快速、恢复阶段的分析与研究）与"空间尺度把握"（不同源强、不同气象条件下，如非定常风场、准静风等条件下的危害区域）方面，满足以下特殊要求：

（1）现场监测要求立刻回答"是否安全"这样的问题；长时间不能获得分析结果就意味着灾难。所以分析方法应快速，分析结果直观、易判断，必须是最常用的监测技术，以便达到更快地动用各种仪器设备，迅速有效地进行较全面的现场应急监测的目的。

（2）能迅速判断污染物种类、浓度、污染范围，所以分析方法最好具有快速扫描功能，并具有较好的灵敏度、准确度与再现性。

（3）当发生污染事故时，环境样品可能很复杂且浓度分布极不均匀。因此，分析方法的选择性及抗干扰能力要好。

（4）由于污染事故时空变化大，所以要求监测器材要轻便、易于携带，采样与分析方法应满足随时随地均可测试的现场监测要求。分析方法的操作步骤要简便、易掌握。

（5）试剂用量少、稳定性要好。

（6）不需采用特殊的取样与分析测量仪器，不需电源或可用电池供电。

（7）测量器具最好是一次性使用，避免用后进行刷洗、晾干、收存等处理工作。

（8）简易检测器材的成本要低、价格要便宜，以利于推广。

（三）现场应急监测技术的现状与发展趋势

现场监测仪器与设备就是随着环境污染事故监测的需要而逐渐发展起来的新的环保产业领域，并且，每次硬件方面的进步均为现场监测技术与方法的进步提供了可靠的物质上的保障。目前在全世界，从事简易、现场用仪器设备研制开发的厂商，具有较完整规模的约有数家，主要集中在几个发达国家，如美国的HNU公司与HACH公司、德国的Drager公司与Merck公司、日本的共立公司与北川公司等。

（四）现场应急监测方案

环境污染事故的类型、发生环节、污染成分及危及程度千差万别，制订一套固定的现场应急监测方案是不现实的。但是，应急监测工作仍然有其内在的科学性与规律性，为了规范环境监测系统对环境污染事故的应急监测工作，为各级政府与环保行政主管部门提供快速、及时、准确的技术支持，确定污染程度与采取应急处置措施，下面将就现场应急监测方案制订过程中应该考虑的最普遍的方面（布点与采样、监测频次与跟踪监测、监测项目与分析方法，数据处理与QA/QC、监测报告与上报程序等）做一简介，供实际监测人员在实施现场应急监测时参考。

在制订环境污染事故应急监测方案时，应遵循的基本原则是：现场应急监测与实验室分析相结合，应急监测的技术先进性与现实可行性相结合，定性与定量，快速与准确相结合，环境要素的优先顺序为空气、地表水、地下水、土壤。

1.点位布设、采样及样品的预处理

（1）布点原则

由于在环境污染事故发生时，污染物的分布极不均匀，时空变化大，对各环境要素的污染程度各不相同，因此，采样点位的选择对于准确判断污染物的浓度分布、污染范围与程度等极为重要。一般应急监测的布点原则是：

①采样断面（点）的设置以突发性环境化学污染事故发生地点及其附近为主时，必须注意人群与生活环境，考虑对饮用水源地、居民住宅区空气、农田土壤等区域的影响，合理设置参照点，以掌握污染发生地点状况，反映事故发生区域环境的污染程度与污染范围为目的。

②对被突发性环境化学污染事故所污染的地表水、地下水、大气与土壤，均应设置对照断面（点）、控制断面（点），对地表水与地下水还应设置削减断面，尽可能以最少的断面（点）获取足够的有代表性的所需信息，同时需考虑采样的可行性与方便性。

（2）布点采样方法

①环境空气污染事故。

应尽可能在事故发生地就近采样（往往污染物浓度最大，该值对于采用模型预测污染范围与变化趋势极为有用），并以事故地点为中心，根据事故发生地的地理特点、盛行风向及其他自然条件，在事故发生地下风向（污染物漂移云团经过的路径）影响区域、掩体或低洼地等位置，按一定间隔的圆形布点采样，并根据污染物的特性在不同高度采样，同时在事故点的上风向适当位置布设对照点。在距事故发生地最近的居民住宅区或其他敏感区域应布点采样。采样过程中应注意风向的变化，及时调整采样点位置。

对于应急监测用采样器，应经常予以校正（流量计、温度计、气压表），以免情况紧急时没有时间进行校正。

利用检气管快速监测污染物的种类与浓度范围，现场确定采样流量与采样时间，采样时，应同时记录气温、气压、风向与风速，采样总体积应换算为标准状态下的体积。

②地表水环境污染事故。

监测点位以事故发生地为主，根据水流方向、扩散速度（或流速）与现场具体情况（如地形地貌等）进行布点采样，同时应测定流量。采样器具应洁净并应避免交叉污染，现场可采集平行双样，一份供现场快速测定，另一份现场立刻加入保护剂，尽快送至实验室进行分析。若需要，可同时用专用采泥器（深水处）或塑料铲（浅水处）采集事故发生地的沉积物样品（密封塑料广口瓶中）。

对江河的监测应在事故发生地或事故发生地的下游布设若干点位，同时在事故发生地的上游一定距离布设对照断面（点）。如江河水流的流速很低或基本静止时，可根据污染物的特性在不同水层采样；在事故影响区域内饮用水与农灌区取水口必须设置采样断面（点），根据污染物的特性，必要时，对水体应同时布设沉积物采样断面（点）。当采样断面水宽小于等于10m时，在主流中心采样；当断面水宽大于10m时，在左、中、右三点采样后混合。

对湖库的监测应在事故发生地或以事故发生地为中心的水流方向的出水口处，按一定间隔的扇形或圆形布点，并根据污染物的特性在不同水层采样，多点样品可混合成多个样。同时根据水流流向，在其上游适当距离布设对照断面（点）。必要时，在湖（库）出水口与饮用水取水口处设置采样断面（点）。

在沿海与海上布设监测点位时，应考虑海域位置的特点，地形、水文条件与盛行风向及其他自然条件。多点采样后可混合成一个样。

③地下水环境污染事故。

应以事故发生地为中心，根据本地区地下水流向采用网格法或辐射法在周围2km内布设监测井采样，同时视地下水主要补给来源，在垂直于地下水流的上方向设置对照监测井采样；在以地下水为"饮用水源"的取水处必须设置采样点。

采样应避开井壁，采样瓶以均匀的速度沉入水中，使整个垂直断面的各层水样进入采样瓶。

当用泵或直接从取水管采集水样时，应先排尽管内的积水后采集水样。同时要在事故发生地的上游采集二个对照样品。

④土壤污染事故。

应以事故地点为中心，在事故发生地及其周围一定距离内的区域按一定间隔圆形布点采样，并根据污染物的特性在不同深度采样，同时采集先受污染区域的样品作为对照样品，必要时还应采集在事故地附近农作物样品。

在相对开阔的污染区域取垂直深10cm的表层土。一般在10m×10m范围内，采用梅花形布点方法或根据地形采用蛇形布点方法（采样点不少于5个）。

将多点采集的土壤样品除去石块、草根等杂物，现场混合后取1～2kg样品装在塑料袋内密封。

⑤固定污染源与流动污染源。

对于固定污染源与流动污染源的监测，布点应根据现场的具体情况，在产生污染物的不同工况（部位）下或不同容器内分别布设采样点。

⑥环境化学污染事故。

对于化学品仓库火灾、爆炸以及有害废物非法丢弃等造成的环境化学污染事故，由于样品基体往往极其复杂，此时就需要采取合适的样品预处理方法。

对于所有采集的样品，应分类保存，防止交叉污染，现场无法测定的项目，应立即将样品送至实验室分析。样品必须保存到应急行动结束后才能废弃。

2.监测频次的确定

污染物进入周围环境后，随着稀释、扩散、降解与沉降等自然作用以及应急处理处置后，其浓度会逐渐降低，为了掌握事故发生后的污染程度、范围及变化趋势，常需要实时进行连续的跟踪监测，对于确认环境化学污染事故影响的结束，宣布应急响施行动的终止具有重要意义。因此，应急监测全过程应在事发、事中与事后等不同阶段予以体现，但各阶段的监测频次不尽相同。原则上，采样频次主要根据现场污染状况确定，事故刚发生时，可适当加密采样频次，待摸清污染物变化规律后，可减少采样频次。

3.监测项目的选择

环境污染事故由于其发生的突然性、形式的多样性、成分的复杂性，决定了应急监测往往一时难以确定。实际上，除非对污染事故的起因及污染成分有初步了解，否则要尽快确定应监测的污染物。首先，可根据事故的性质（爆炸、泄漏、火灾、非正常排放、非法丢弃等）、现场调查情况（危险源资料，现场人员提供的背景资料，污染物的气味、颜色，人员与动植物的中毒反应等）初步确定应监测的污染物。其次，可利用检测试纸、快速检测管、便携式检测仪等分析手段，确定应监测的污染物。最后，可快速采集样品，送至实验室分析确定应监测的污染物。有时，这几种方法可同时使用，结合平时工作积累的经验，经过对获得信息进行系统综合分析，得出正确的结论。

（1）项目筛选原则

对于已知污染物的突发性环境化学污染事故，可根据已知污染物来确定主要监测项月，同时应考虑该污染物在环境中可能产生的反应，衍生成其他有毒有害物质的可能性。

①对固定源引发的突发性环境化学污染事故，通过对引发事故固定源单位的有关人员，如管理、技术人员与使用人员等的调查询问，以及对事故的位置、所用设备、原辅材料、生产的产品等的调查，同时采集有代表性的污

染源样品，确定与确认主要污染物与监测项目。

②对流动源引发的突发性环境化学污染事故，通过对有关人员（如货主、驾驶员、押运员等）的询问以及运送危险化学品或危险废物的外包装、准运证、押运证、上岗证、驾驶证、车号或船号等信息，调查运输危险化学品的名称、数量、来源、生产或使用单位，同时采集有代表性的污染源样品，鉴定与确认主要污染物与监测项目。

③对于未知污染物的突发环境化学污染事故，通过污染事故现场的一些特征，如气味、挥发性、遇水的反应性、颜色及对周围环境、作物的影响等，初步确定主要污染物与监测项目。

④如发生人员中毒或动物中毒事故，可根据中毒反应的特殊症状，初步确定主要污染物与监测项目。

⑤通过事故现场周围可能产生污染的排放源的生产、环保、安全记录，初步确定主要污染物与监测项目。

⑥利用空气自动监测站、水质自动监测站与污染源在线监测系统等现有的仪器设备的监测，来确定主要污染物与监测项目。

⑦通过现场采样，包括采集有代表性的污染源样品，利用试纸、快速检测管与便携式监测仪器等现场快速分析手段，来确定主要污染物与监测项目。

⑧通过采集样品，包括采集有代表性的污染源样品，送实验室分析后，来确定主要污染物与监测项目。

由于有毒有害化学品种类繁多，一般应急监测的优先项目选择原则应是：历年来统计资料中发生事故或环境化学污染事故频率较高的化合物；毒性较大或毒性特殊、易燃易爆化合物，生产、运输、储存、使用量较大的化合物，易流失到环境中并造成环境污染的化合物。根据最常见环境化学污染事故的化学污染成分（约150多种）及被污染的环境要素，建议优先考虑的监测项目为以下几类：

环境空气污染事故。如氯气、溴、氟、溴化氢、氰化氢、氯化氢、氟化氢、硫化氢、二氧化氮、氮氧化物、二氧化硫、一氧化碳、氨气、磷化氢、砷化氢、二硫化碳、臭氧、汞、铅、氟化物、汽油、液化石油气、氯乙烯、硝酸雾、硫酸雾、盐酸雾、高氯酸雾等。

地表水环境污染事故。如DO、pH、COD、氰离子、氨离子、硝酸根离子、亚硝酸根离子、硫酸根离子、氯离子、硫离子、氟离子、元素磷、余氯、肼、砷、铜、铅、锌、镉、铬、铍、汞、钡、钴、镍、三烃基锡、苯、甲苯、二甲苯、苯乙烯、苯胺、苯酚、硝基苯、丙烯腈及其他有机氰化物、二硫化碳、甲醛、丁醛、甲醇、氯乙烯、二氯甲烷、四氯化碳、溴甲烷、1，1，1—三氯乙烷、氯乙烯、甲胺类（一甲胺、二甲胺、三甲胺）、氯乙酸、硫酸二甲酯、二异氰酸甲苯酯、甲基异氰酸酯（C_2H_3NO）、有机氟及其化合物、倍硫磷、敌百虫、敌敌畏、对硫磷、甲基对硫磷、乐果、六六六、五氯酚、莠去津、过氧乙酸、次氯酸钠、过氧化氢、二氧化氯、臭氧、环氧乙烷、甲基苯酚、戊二醛等。

土壤环境污染事故。如重金属、有机污染物、有机磷农药（甲拌磷、乙拌磷、对硫磷、内吸磷、特普、八甲磷、磷胺、敌敌畏、甲基内吸磷、二甲基硫磷、敌百虫、乐果、马拉硫磷、杀螟松、二溴磷）、有机氮农药（杀虫脒、杀虫双、巴丹）、氨基甲酸酯农药（呋喃丹、西维因）、有机氟农药（氟乙酰胺、氟乙酸钠）、拟除虫菊酯农药（氰戊菊酯、溴氰菊酯）、有机氯农药、杀鼠药（安妥、敌鼠钠）等。

有机污染物。烷烃类，如甲烷、乙烷、丙烷，丁烷、戊烷、己烷、庚烷、辛烷、环己烷、异戊烷、天然气、液化石油气等。石油类，如汽油、柴油、沥青等。烯炔烃类，如乙烯、丁烯、丙烯、丁二烯、氯乙烯、氯丁二烯、乙炔等。醇类，如甲醇、乙醇、正丁醇、辛醇、异丁醇、巯基乙醇等。苯系物，如苯、甲苯、乙苯、二甲苯、苯乙烯等。芳香烃类，如酚类（苯酚）、苯胺类、氯苯类，硝基苯类、多环芳烃类等。醛酮类，如甲醛、乙醛、丙醛、异丁醛、丙烯醛、丙酮、丁酮等。挥发性卤代烃，如三氯甲烷、四氯化碳、1，2—二氯乙烷、三溴甲烷、二溴一氯甲烷、一溴二氯甲烷、乙烯、氯乙烯等。醚酯类，如乙醚、甲基叔丁基醚、乙酸甲酯、乙酸乙酯、醋酸乙烯酯、丙烯酸甲酯，磷酸三丁酯、过氧乙酸硝酸酯、酞酸酯等。氰类，如氰化氢等。有机农药类，如甲胺磷、甲基对硫磷、对硫磷、马拉硫磷、倍硫磷、敌敌畏、敌百虫、乐果、杀虫螟、除草醚、五氯酚、毒杀芬、杀虫醚等。

（2）项目初步定性方法

在突发性环境化学污染事故现场，可通过特征颜色与特征气味进行初步定性判断污染物的种类。

黄色。可能是硝基化合物（分子无其他取代基时，有时仅显很淡的黄色）；亚硝基化合物（固体物料通常为很淡的黄色，或无色，但也有一些为黄色、棕色或绿色的；液体物料或其溶液，有的为无色）；偶氮化合物（也有红色、橙色、棕色或紫色的）；氧化偶氮化合物（也有橙黄色的）；醌（有淡黄色、棕色或红色的）；新蒸馏出来的苯胺（通常为棕色）；醌亚胺类；邻二酮类；芳香族多控酮类；某些含硫碳基的化合物。

红色。可能就是某些偶氮化合物（也有黄色、橙色、棕色或紫色的）；某些醌（如邻位的醌）；在空气中放置较久的苯酚。

棕色。可能就是某些偶氮化合物（多为黄色，也有红色或紫色的）苯胺（新蒸馏出来的为淡黄色）。

绿色或蓝色。可能就是液体的N—亚硝基化合物或其溶液；某些固体的亚硝基化合物（如N，N—二甲基对亚硝基苯胺为深绿色）。

紫色可能就是某些偶氮化合物。

醚香。典型的化合物有乙酸乙酯、乙酸戊醇、乙醇、丙酮。

芳香（苦杏仁香）。典型的化合物有硝基苯、苯甲醛、苯甲腈。

芳香（樟脑香）。典型的化合物有樟脑、百里香酚、黄樟素、丁（子）香酚、香芹酚。

芳香（柠檬香）。典型的化合物有柠檬醛、乙酸沉香酯。

香酯（花香）。典型的化合物有邻氨基苯甲酸甲酯、香茅醇。

香酯（百合香）。典型的化合物有胡椒醛、肉桂醇。

香酯（香草香）。典型的化合物有香草醛、对甲氧基苯甲醛。

麝香。典型的化合物有三硝基异丁基甲苯、麝香精、麝香酮。

蒜臭。典型的化合物有二硫醚。

二甲肿臭。典型的化合物有四甲二肿、三甲胺。

焦臭。典型的化合物有异丁醇、苯胺、苯。

第二节　水文数据处理与管理

对于各种水文测站测得的原始数据都要按科学的方法和统一的格式整理、分析、统计、提炼，使其成为系统、完整、有一定精度的水文资料，供水文水资源计算、科学研究和有关国民经济部门应用。这个水文数据的加工处理过程，称为水文数据处理。

水文数据处理的工作内容包括：收集校核原始数据；编制实测成果表；确定关系曲线，推求逐时、逐日值；编制逐日表及洪水水文要素摘录表；合理性检查；编制整编说明书。

一、测站考证和水位数据处理

（一）测站考证

测站考证是考察和编写关于测站的位置、沿革，测验河段情况、基本测验设施的布设和变动情况、流域自然地理和人类活动情况等基本说明资料的工作。这些考证资料对于水文资料整编者和使用者都具有重要的参考价值。测站考证需逐年进行，在设站的第一年要进行全面考证，以后每年出现的新情况和重大变化也需考证说明。

（二）水位数据处理

水位资料是水文信息的基本项目之一，同时又是流量和泥沙数据处理的基础，水位资料出错，不仅影响其单独使用，而且会导致在推求流量和输沙率资料时出现一系列差错，因此有必要对原始水位观测记录加以系统的处理。水位数据处理工作包括：水位改正与插补，日平均水位的计算，编制逐日平均水位表，绘制逐时、逐日平均水位过程线，编制洪水水位摘录表，进行水位资料的合理性检查，编写水位资料整编说明书等。

1.水位改正与插补

当出现水尺零点高程变动时，可根据变动方式进行水位改正。当短时间水位缺测或观测错误时，必须对观测水位进行改正或插补。水位插补可根据不同情况分别选用直线插补法、过程线插补法和相关插补法等。

2.日平均水位的计算

从各次观测或从自记水位资料上摘录的瞬时水位值计算日平均水位的方法有算术平均法和面积包围法（梯形面积法）两种。

3.编制逐日平均水位表

逐日平均水位表要求列出全年的逐日平均水位、各月与全年的平均水位和最高、最低水位及其发生日期。有的测站还需统计出各种保证率水位。

一般在有通航或浮运的河流上，要求统计部分测站的各种保证率水位。一年中日平均水位高于或等于某一水位值的天数，称为该水位的保证率。例如，保证率为30d的水位为535.40m，是指该年中有30d的日平均水位高于或等于535.40m。一般统计最高1d、15d、30d、90d、180d、270d和最低1d等7个保证率的日平均水位。

4.绘制逐时、逐日平均水位过程线

水位过程线是在专用日历格纸上点绘的水位随时间变化的曲线。逐时水位过程线是在每次观测水位后随即点绘的，以便作为掌握水情变化趋势，合理布设流量、泥沙测次的依据，同时也是流量资料整编时建立水位—流量关系和进行合理性检查时的重要参考依据。逐日平均水位过程线用以概括反映全年的水情变化趋势。

5.编制洪水水位摘录表

洪水水位摘录表是"洪水水文要素（水位、流量、含沙量）摘录表"中的一部分。一般应摘录出全年中各次大型洪峰和具有代表性的中小洪峰过程，包括洪水流量最大、洪水总量最大的洪峰；含沙量最大、输沙量最大的洪峰；孤立洪峰；连续洪峰或特殊峰型的洪峰；汛期初第一个峰和汛期末较大的峰；久旱之后出现的峰；较大的春汛、凌汛和非汛期出现的较大峰。

为了便于检查和进行水文分析研究，上、下游站和干、支流站应配套摘录，即以下游站选摘的各种类型洪峰为"基本峰"，上游站和区间支流出口站出现的相应洪峰为"配套峰"，做彼此呼应的摘录。对于各主要大峰，应在全河段或相当长的河段内做上、下游配套摘录；一般洪峰至少应按相邻站"上配下"原则摘录。

对于暴雨洪水，还要求洪峰与降水资料配套摘录。

二、河道流量数据处理

实测流量资料是一种不连续的原始水文资料，一般不能满足国民经济各部门对流量资料的要求。流量数据处理就是对原始流量资料按科学方法和统一的技术标准与格式，进行整理、分析、统计、审查、汇编和刊印的全部工作，以便得到具有足够精度的、系统的、连续的流量资料。

流量数据处理主要包括定线和推流两个环节。定线是指建立流量与某种或某两种以上实测水文要素间关系的工作，推流则是根据已建立的水位或其他水文要素与流量的关系来推求流量。

（一）河道流量数据处理内容

河道流量数据处理工作的主要内容是：编制实测流量成果表和实测大断面成果表；绘制水位—流量、水位—面积、水位—流速关系曲线；水位—流量关系曲线分析和检验；数据整理；整编逐日平均流量表及洪水水文要素摘录表；绘制逐时或逐日平均流量过程线；单站合理性检查；编制河道流量资料整编说明表。

（二）水位—流量关系分析

一个测站的水位—流量关系是指测站基本水尺断面处的水位与通过该断

面的流量之间的关系。水位—流量关系可分为稳定和不稳定两类，它们的性质可以通过水位—流量关系曲线分析得出。

1.稳定的水位—流量关系曲线

稳定的水位—流量关系是指在一定条件下水位和流量之间呈单值函数关系，其关系呈单一的曲线。要使水位—流量关系保持稳定，必须在同一水位下，断面面积A、水力半径R、河床糙率n和水面比降J等因素均保持不变，或者各因素虽有变化，但对流量的影响能互相补偿。

对于测站控制良好，各级水位—流量关系都保持稳定的测站，定线精度符合规范要求，可采用单一曲线法定线推流。在实际应用中，单一曲线法有图解法和解析法两种形式。

（1）单一曲线图解法

在普通方格纸上，纵坐标是水位，横坐标是流量，点绘的水位—流量关系点据密集，分布呈一带状，75%以上的中高水流速仪测流点据与平均关系线的偏离不超过±5%，75%的低水点或浮标测流点据偏离不超过±8%（流量很小时可适当放宽），且关系点没有明显的系统偏离。这时即可通过点群中心定一条单一线。作图时，在同一张图纸上依次点绘水位—流量、水位—面积、水位—流速关系曲线，使它们与横轴的夹角分别近似为45°、60°，且互不相交，并用同一水位下的面积与流速的乘积，校核水位—流量关系曲线中的流量，使误差控制在±2%~±3%。

（2）单一曲线解析法

解析法就是用数学模型来拟合曲线，常用的数学模型有指数方程、对数函数方程和多项式方程。

2.不稳定的水位—流量关系

在天然河道里，测流断面各项水力因素的变化对水位—流量关系的影响不能相互补偿，水位—流量关系难以保持稳定。因此，同一水位不同时期断面通过的流量不是一个定值，点绘出的水位—流量关系曲线点据分布比较散乱，主要是受断面冲淤、洪水涨落、变动回水或其他因素的个别或综合影响，使水位与流量间的关系不呈单值函数关系。

（1）河槽冲淤影响

受冲淤影响的水位—流量关系，由于同一水位的断面面积增大或减小，使水位—流量关系受到断面冲淤变化的影响。当河槽受冲时，断面面积增大，同一水位的流量变大；当河槽淤积时，断面面积减小，同一水位的流量变小。

（2）洪水涨落影响

当水位—流量关系受洪水涨落影响时，由于洪水波产生附加比降，使得洪水过程的流速与同水位下稳定流相比，涨水时流速增高，流量也增大；落水时，则相反，即涨水点偏右，落水点偏左，峰、谷点居中间，一次洪水过程的水位—流量关系曲线依时序形成一条逆时针方向的绳套曲线。

（3）变动回水影响

受变动回水影响的水位—流量关系，出于受下游干支流涨水，或下游闸门关闭等的影响，引起回水顶托，致使水位抬高，水面比降变小，与不受回水顶托影响比较，同水位下的流量变小。回水顶托愈严重，水面比降变得愈小，同水位的流量较稳定流时减少得愈多。所以，受变动回水影响的水位—流量关系点据偏向稳定的水位—流量关系曲线的左边。

（4）水生植物影响

受水生植物影响的水位—流量关系，在水生植物生长期，过水面积减小，糙率增大，水位—流量关系点据逐渐左移；在水生植物衰枯期，水位—流量关系点据则逐渐右移。

（5）结冰影响

受结冰影响的水位—流量关系，水位—流量关系点据分布的总趋势是偏在畅流期水位—流量关系曲线的左边。

上述影响因素往往是同时存在的，称为受混合因素影响的水位—流量关系。在混合因素的影响下，随着起主导作用的某种主要因素的变化，其水位—流量关系点据亦随之变化。

当满足时序型的要求条件时，采用连时序法。按实测流量点的时间顺序来连接水位—流量关系曲线，故应用范围较广。连线时，应参照水位过程线起伏变动的情况定线，有时还应参照其他的辅助曲线，如落差过程线、冲淤过程线等定线。受洪水涨落影响的水位—流量关系线用连时序法定线往往成逆时针绳套形。绳套的顶部必须与洪峰水位相切，绳套的底部应与水位过程线中相应的低谷点相切。当受断面冲淤或结冰影响时，还应参考用连时序法绘出的水位—面积关系变化趋势，帮助绘制水位—流量关系曲线。

（三）水位—流量关系曲线的延长

在测站测流时，由于施测条件限制或其他种种原因，当水文站未能测得洪峰流量或最枯水流量时，为推求全年完整流量过程，必须对水位—流量关系曲线的高水或低水做适当延长。高水延长的结果对洪水期流量过程的主要部分，包括洪峰流量在内，有重大的影响。

低水流量虽小，但如果延长不当，相对误差可能较大且影响历时较长。因此，对于水位—流量关系曲线的延长工作应十分慎重，一般要求高水外延幅度不超过当年实测水位变幅的30%，低水外延不超过10%，由于影响水位—流量关系的因素很多，曲线线形因之迥异。曲线的高、低水延长，主要是通过分析各种影响因素，并结合测站特性来具体确定的，没有能适应各种复杂条件的统一展延方法。

三、泥沙数据处理

泥沙数据处理工作包括悬移质输沙率数据处理、推移质输沙率数据处理、泥沙颗粒级配数据处理以及潮水河悬移质泥沙数据处理。这里仅简单介绍悬移质输沙率数据处理。

悬移质输沙率数据处理工作内容包括：编制实测悬移质输沙率成果表；绘制单断沙关系曲线或比例系数过程线或流量—输沙率关系曲线；关系曲线的分析与检验；数据整理；整编逐日平均悬移质输沙率、逐日平均含沙量表和洪水要素摘录表；绘制瞬时或逐日单沙（或断沙）过程线；单站合理性检查；编制悬移质输沙率资料整编说明书。

（一）实测泥沙资料检查分析

实测泥沙资料检查分析包括单沙过程线分析和单断沙关系分析。

（二）缺测单沙的插补

当有短时间缺测单沙时，为了获得完整的整编成果，可根据测站特性、水沙变化情况和相关因素等选用适当方法补出缺测期的单沙。插补方法有直线内插法，连过程线插补法，流量（水位）与含沙量关系插补法，上、下游单沙过程线插补法。

（三）推求断沙的方法

推求断沙的方法主要是单断沙关系曲线法（相应方法分为单一线法和多线法）和单断沙比例系数法（有单断沙比例系数过程线法、水位与比例系数关系曲线法、流量与输沙率关系曲线法、近似法）。

（四）逐日平均输沙率和含沙量的计算方法

根据实测的和经过插补的单沙、断沙或通过整编关系线、过程线推求的断沙资料，计算日平均含沙量和日平均输沙率。这种算法比较简便，当1d内流量变化不大时是完全可以的。如在洪水时期，1d内流量、含沙量的变化都较大时应先由各测次的单沙推出断沙，乘以相应的断面流量，得出各次的断面输沙率。根据1d内输沙率过程求得日输沙总量，再除以1d的秒数，即可得出日平均输沙率。

（五）悬移质月（年）统计值计算

根据逐日平均输沙率、含沙量计算成果，统计月（年）平均输沙率、月（年）平均含沙量、月（年）输沙量和输沙模数。编制全年逐日平均输沙率表和逐日平均含沙量表。

第三章　水资源开发与利用研究

第一节　水资源开发利用现状

一、水资源是有限的资源

地球上水的储量很大，但97.5%是咸水，淡水只有2.5%。这些淡水中有将近70%冻结在南极和格陵兰附近的冰盖中，其余大部分是土壤中的水分，或者储存在地下深处蓄水层中，不易供人类开采使用的地下水。因此，易于供人类开采使用的淡水不足全球淡水的1%，即约占全球水储量的0.007%，这就是湖泊、江河、水库以及埋深较浅、易于开采的地下水，这些水资源经常得到降雨和降雪的补充和更新，可以持续使用。全球陆地可更新的淡水资源量约42.75万亿立方米，其中易于开采、可供人类使用的淡水资源量约4.5万亿立方米～12.5万亿立方米，其中易于开采而可更新再利用的淡水的人均水资源量更是少之又少，显而易见，地球上的淡水资源是有限的。

随着人类文明的进步与发展，水资源的需求量也在不断增加。由于淡水资源在地区上分布极不均匀，各国人口和经济的发展也很不平衡，用水量的迅速增长已使世界许多国家或地区出现了用水紧张的局面。

二、中国水资源的特点

（一）水资源在地区上分布极不均匀

中国的降水量和年径流量深受海陆分布、水汽来源、地形地貌等因素的影响，在地区上分布极不均匀，总趋势为从东南沿海向西北内陆递减。按照年降水量和年径流深的量级，可将全国划分为5个地带。

1.多雨——丰水带

该地带年降水量大于1 600mm，年径流深超过800mm，包括浙江、福建、台湾、广东的大部分地区，广西东部、云南西南部和西藏东南部，以及江西、湖南、四川西部的山地。这一带降水量大，雨日多，为我国主要双季稻产区和热带、亚热带经济作物区。植被主要为亚热带常绿林及热带、亚热带季雨林等。

2.湿润——多水带

该地带年降水量800mm～1 600mm，年径流深200mm～800mm，包括沂沭河下游和淮河两岸地区，秦岭以南汉江流域，长江中下游地区，云南、贵州、四川、广西的大部分地区以及长白山地区。这一带夏季高温多雨，农作物生长期较长，盛产水稻、小麦、油菜等，为我国主要农作物区。植被主要为混交林，以落叶林、耐旱的常绿林和竹类等组成。

3.半湿润——过渡带

该地带年降水量400mm～800mm，年径流深50mm～200mm，包括黄淮海平原，东北三省、山西、陕西的大部分地区，甘肃和青海的东南部，新疆北部、西部的山地，四川西北部和西藏东部。该地带降水集中在夏秋季，变率大，容易遭受旱涝威胁，是我国主要旱作农业区。植被主要为夏绿林，也混有旱生的针叶林等，在其中降水少的地区，呈现森林草原景观。

4.半干旱——少水带

该地带年降水量200mm～400mm，年径流深10mm～50mm，包括东北地区西部，内蒙古、宁夏、甘肃的大部分地区，青海、新疆的西北部和西藏部分地区。这一地带气候干燥，降水量偏少，农作物一般需要通过灌溉补充水量，大部分地区植被以草类为主，为我国主要牧区。

5.干旱——干涸带

该地带年降水量小于200mm，年径流深不足10mm，有面积广大的无流区，包括内蒙古、宁夏、甘肃的荒漠和沙漠，青海的柴达木盆地，新疆的塔里木盆地和准噶尔盆地，西藏北部的羌塘地区。该地带降水稀少，属于没有灌溉就没有农业的地区。植被很少，仅部分地区有稀疏的小灌木，大部分是荒漠。

（二）水资源补给年内与年际变化大

受季风气候影响，我国降水量年内分配极不均匀，大部分地区年内连续四个月降水量占全年水量的60%～80%。也就是说，我国水资源中大约有2/3左右是洪水径流量。我国降水量年际之间变化很大，南方地区最大年降水量一般是最小年降水量的2～4倍，北方地区则为3～8倍，并且出现过连续丰水年或连续枯水年的情况。降水量和径流量的年际剧烈变化和年内高度集中，是造成水旱灾害频繁、农业生产不稳定和水资源供需矛盾十分尖锐的主要原因，也导致了我国江河治理和水资源开发利用的长期性、艰巨性和复杂性。

三、我国水资源开发利用现况

水资源是一种有限的资源，是人类生存、经济发展和生态保护不可缺少的重要自然资源。但从全球看，全世界的用水量和人口、经济的增长有十分密切的关系。因此，从我国人口、经济的增长，以及人均用水量和人均占有水资源量的变化，可以大致看出未来水资源供需的变化趋势。

（一）供水工程

供水工程是为社会和国民经济各部门提供用水的所有水利工程。按其类型可分为蓄水工程、引水工程、提水工程和地下水工程，以及污水处理回用工程等，也可简称为地表水、地下水和其他供水水源工程。

我国水资源有一部分属于洪水径流，一个区域或流域的蓄水工程的总库容或兴利库容与多年平均径流量的比值，可反映水利工程对该地区水资源的调蓄控制能力。各流域片对天然年径流的调控能力相差很大，如北方河流海河、辽河、黄河、淮河等流域片的蓄水工程的兴利库容与年径流的比值明显高于全国平均值，对地表径流有较强的控制能力；内陆河片比值相对较低，这与该地区经济发展水平滞后有关；南方河流因水量丰沛，对地表径流的控制能力也较低。

引水工程主要分布在长江、珠江、东南及西南诸河等流域片。大型引水工程以北方地区居多，主要分布在宁夏、内蒙古、山东等省（区）。提水工程以长江沿江、沿湖地区分布最广，江苏、安徽、江西、湖北、湖南、四川等六省的固定机电排灌站总数及总装机容量均占全国的50%左右。地下水工程主要分布在华北平原和东北平原，地下水已成为这些地区的重要水源，其中发展最快的是南方沿江地区的提水工程和北方平原地区的地下水工程。

（二）供水能力

供水能力是指水利工程在特定条件下，具有一定供水保证率的供水量，它与来水量、工程条件、需水特性和运行调度方式有关。现有供水工程中，有相当数量的工程修建于五六十年代，其工程配套老化，供水对象、需水要求，以及调度运行规则都有所变动。

人均供水能力以黄淮海流域片为最低，这与该地区供水能力增长受水资源条件的严重制约，以及人口密度大等原因有关。西南诸河片人均供水能力较低，主要是受地形条件制约，工程建设难度大。珠江、东南诸河和长江片的人均供水能力较高，这与该地区水资源丰富、复种指数高及经济快速发展的实际情况基本相符。松辽河片的人均供水能力高于海河、淮河及黄河片，是我国北方水资源开发利用条件较好的地区，具有进一步发展灌溉农业的潜力。

（三）水资源利用程度

北方片的水资源利用率已接近50%，其中超过50%的流域片有黄河、淮河、海河，均在北方地区。这些地区水资源的过度开发，引起了河流断流、地下水位大幅度下降、地面下沉、河口生态等问题，应特别注意水资源和相关生态环境的保护。南方各流域片的水资源利用率虽不高，但要注意水质保护。这些水资源丰富地区部分因污染造成水体质量下降，从而产生了水质型或污染型缺水现象。

第二节　节约用水理论研究

一、节水的内涵

节水的含义深广，不仅仅局限于用水的节约，还包括水资源（地表水和地下水）的保护、控制和开发，并保证其可获得的最大水量得到合理经济利用，同时也有精心管理和文明使用水资源之意。

传统意义上的节水主要是指采取现实可行的综合措施，减少水资源的损失和浪费，提高用水效率与效益，合理高效地利用水资源。但是随着社会和技术的进步，节水的内涵也在不断扩展，因此至今仍未有公认的定论。沈振荣等提出真实节水、资源型节水和效率型节水的概念，认为节水就是最大限度地提高水的利用率和生产效率、减少淡水资源的净消耗量和各种无效流失量。节约用水不仅要减少用水量和简单的限制用水，而且要高效地、合理地充分发挥水的多功能和一水多用、重复利用，即在用水最节省的条件下达到最优的经济、社会和环境效益。

综合起来，"节约用水"可定义为：基于经济、社会、环境与技术发展水平，通过法律法规、管理、技术与教育手段，改善供水系统，减少需水量，提高用水效率，降低水的损失与浪费，合理增加水资源的可利用量，实现水资源的有效利用，达到环境、生态、经济效益的一致性与可持续发展。

　　节水不同于简单的少用水，是依赖科学技术进步，通过降低单位目标的耗水量以实现水资源的高效利用。随着人口的急剧增长和城市化、工业化及农业灌溉对水资源需求的日益增长，水资源供需矛盾日益尖锐。为解决这一矛盾，达到水资源的可持续利用，需要节水政策、节水意识和节水技术三个环节密切配合；农业节水、工业节水、城市节水和污水回用等方式多管齐下，以便达到逐步走向节水型社会的前景目标。

　　节水型社会注重使有限的水资源发挥更大的社会经济效益，创造更良好的物质财富和生态效益，即以最小的人力、物力、财力以及最少水量来满足人类的生活、社会经济的发展和生态环境的保护需要。节水政策包括多个方面，其中制定科学合理的水价和建立水资源价格体系是节水政策的核心内容。合理的水资源价格，是对水资源进行经济管理的重要手段之一，也是水利工程单位实行商品化经营管理，将水利工程单位办成企业的基本条件。目前，我国水资源定价太低是突出的问题，价格不能反映成本和供求的关系，也不能反映水资源的价值，供水水价核定不含水资源本身的价值。尽管正在寻找合理有效的办法，如新水新价、季节差价、行业差价、基本水价与计量水价等，但要使水资源的价格真正起到经济管理的杠杆作用仍然很艰难。此外，由于水资源功用繁多，完整的水资源价格体系还没有形成。正是由于定价太低，价格杠杆动力作用低效或无效，致使节约用水成为一句空话。逐步走向节水型社会，是解决21世纪水资源短缺的一项长期战略措施。特别是当人类花费了大量的人力、物力、财力而只能获得少量的可利用水量的时候，节水就变得越来越现实、迫切。因此要抓紧建立合理的、有利于节水的收费制度，引导居民节约用水、科学用水，提倡生活用水、一水多用；积极采用分质供水，改进用水设备；不断推进工业节水技术改造，改革落后的工艺与设备，采用循环用水与污水再生回用技术措施，建立节水型工业，提高工业用水重复利用率；推广现代化的农业灌溉方法，建立完善的节水灌溉制度。

二、生活节水

（一）生活用水的概念

生活用水是人类日常生活及其相关活动用水的总称。生活用水包括城镇生活用水和农村生活用水。城镇生活用水包括居民住宅用水、市政公共用水、环境卫生用水等，常称为城镇大生活用水。城镇居民生活用水是指用来维持居民日常生活的家庭和个人用水，包括饮用、洗涤、卫生、养花等室内用水和洗车、绿化等室外环境用水。农村生活用水包括农村居民用水、牲畜用水。生活用水量一般按人均日用水量计。

生活用水涉及千家万户，与人民的生活关系最为密切。因此，要把保障人民生活用水放在优先位置。这是生活用水的一个显著特征，即生活用水保证率高，放在所有供水先后顺序中的第一位，也就是说，在供水紧张的情况下优先保证生活用水。

同时，由于生活饮用水直接关系到人们的身体健康，因此对水质要求较高，这是生活用水的另一个显著特征。随着经济与城市化进程的不断加快，用水人口不断增加，城市居民生活水平不断提高，公共市政设施范围不断扩大与完善，预计在今后一段时期内城市生活用水量仍将呈增长趋势。因此城市生活节水的核心是在满足人们对水的合理需求的基础上，控制公共建筑、市政和居民住宅用水量的持续增长，使水资源得到有效利用。大力推行生活节水，对于建设节水型社会具有重要意义。

（二）生活节水途径

生活节水的主要途径有：实行计划用水和定额管理；进行节水宣传教育，提高节水意识；推广应用节水器具与设备；发展城市再生水利用技术培训等。

1.实行计划用水和定额管理

通过水平衡测试，分类分地区制定科学合理的用水定额，逐步扩大计划用水和定额管理制度的实施范围，对城市居民用水推行计划用水和定额管理制度。科学合理的水价改革是节水的核心内容。要改变缺水又不惜水、用水浪费无节度的状况，必须用经济手段管水、治水、用水。针对不同类型的用水，实行不同的水价，以价格杠杆促进节约用水和水资源的优化配置，适时、适地、适度调整水价，强化计划用水和定额的管理力度。

所谓分类水价，是根据使用性质将水分为生活用水、工业用水、行政事业用水、经营服务用水、特殊用水五类。各类水价之间的比价关系应由所在城市人民政府价格主管部门会同同级城市供水行政主管部门，结合当地实际情况确定。

居民住宅用水取消"包费制"是建立合理的水费体制、实行计量收费的基础。凡是取消用水"包费制"，进行计量收费的地方都在节水工作上取得了明显效果。合理地调整水价不仅可强化居民的生活节水意识，而且有助于抑制不必要和不合理的用水，从而有效地控制用水总量的增长。全面实行分户装表，计量收费，逐步采用阶梯式计量水价。全国大中城市中，有部分城市已推行了阶梯式水价制度或进行了阶梯式水价制度的试点。其中，大部分城市实行的阶梯式水价分为三级，少数城市实行两级或四级阶梯水价。但由于阶梯式水价制度实施的时间较短，且没有现成的经验供借鉴，运行中暴露了一些问题。鉴于此，需要科学制定水价级数和级差，合理确定第一级水数量基数和水价，针对水价构成各部分的特点提出阶梯式价格政策，逐步推行城市居民生活用水阶梯式水价制度。

2.进行节水宣传教育，提高节水意识

在给定的建筑给排水设备条件下，人们在生活中的用水时间、用水次数、用水强度、用水方式等直接取决于其用水行为和习惯。通常人们的用水行为和习惯是比较稳定的，这就说明为什么在日常生活中一些人或家庭用水较少，而另一些人或家庭用水较多。但是人们的生活行为和习惯往往受某种潜意识的影响，如欲改变某些不良行为或习惯，就必须从加强正确观念入手，克服潜意识的影响，让改变不良行为或习惯成为一种自觉行动。显然，正确观念的形成要依靠宣传和教育，由此可见宣传教育在节约生活用水中的特殊作用。应该指出，宣传和教育不一定是正确引导，应是"利用宣传和教育对人们进行正确引导，因此要注意宣传教育的内容和导向"，教育主要依靠潜移默化地影响，而宣传则是对教育的强化。

因此，通过宣传教育引导人们节约用水，是一种长期行为，不能指望获得"立竿见影"的效果，除非同某些行政手段相结合，并且坚持不懈。如日本的水资源较贫乏，故十分重视节约用水的宣传教育。

3.推广应用节水器具与设备

推广应用节水器具和设备是城市生活用水的主要节水途径之一。实际上，大部分节水器具和设备是针对生活用水的使用情况和特点而开发生产的。节水器具和设备，对于有意节水的用户而言，有助于提高节水效果；对于不注意节水的用户而言，至少可以限制水的浪费。

（1）推广节水型水龙头

为了减少水的不必要浪费，选择节水型的产品也很重要。所谓节水水龙头产品，应该是有使用针对性的，能够保障最基本流量（例如洗手盆用0.05L/s，洗涤盆用0.1L/s，淋浴用0.15L/s）、自动减少无用水的消耗（例如加装充气口防飞溅；洗手用喷雾方式，提高水的利用率；经常发生停水的地方选用停水自闭水龙头；公用洗手盆安装延时、定量自闭水龙头等）、耐用且不易损坏的产品。当管网的给水压力静压超过0.4MPa或动压超过0.3MPa时，应该考虑在水龙头前面的干管线上采取减压措施，加装减压阀或孔板等，在水龙头前安装自动限流器也是比较理想的方式。

当前除了注意选用节水龙头，还应大力提倡选用绿色环保材料制造的水龙头。绿色环保水龙头除了在一些密封的零件材料表面涂装无害的材料（曾经使用的石棉、有害的橡胶、含铅的油漆、镀层等都应该淘汰）外，还要注意控制水龙头阀体材料中的含铅量。制造水龙头阀体，应该选择低铅黄铜、不锈钢等材料，也可以在水的流经部位采用洗铅的方法，达到除铅的目的。

因为铁管或镀锌管中的铅对水容易造成二次污染且接头容易腐蚀，现在不断推广使用新型管材。这些管材一类是塑料的，另一类是薄壁不锈钢的，它们的刚性远不如钢铁管（镀锌管），给非自身固定式水龙头的安装带来一些不便，因此在选用水龙头时，除了注意尺寸及安装方向可用以外，还应该在固定水龙头的方法上给予足够重视，否则会因为经常搬动水龙头手柄，造成水龙头和接口的松动。

（2）推广节水型便器系统

卫生间的水主要用于冲洗便器。除利用中水外，采用节水器具仍是当前节水的主要努力方向。节水器具的节水目标是保证冲洗质量，减少用水量。现研究产品有低位冲洗水箱、高位冲洗水箱、延时自闭冲洗阀、自动冲洗装置等。

常见的低位冲洗水箱多用直落上导向球型排水阀。但这种排水阀仍有封闭不严、漏水、易损坏和开启不便等缺点，从而导致水的浪费。近些年来逐渐改用翻板式排水阀。这种翻板阀开启方便、复位准确、斜面密封性好。此外，以水压杠杆原理自动进水装置代替普通浮球阀，克服了浮球阀关闭不严导致长期溢水之弊。

高位冲洗水箱提拉虹吸式冲洗水箱的出现，解决了旧式提拉活塞式水箱漏水问题。这种水箱改一次性定量冲洗为"两挡"冲洗或"无级"非定量冲洗，其节水率在50%以上。为了避免普通闸阀使用不便、易损坏、水量浪费大以及逆行污染等问题，延时自闭冲洗阀应具备延时、自闭、冲洗水量在一定范围内可调、防污染（加空气隔断）等功能，并应易于安装使用、经久耐用和价格合理等。

自动冲洗装置多用于公共卫生间，可以克服手拉冲洗阀、冲洗水箱、延时自闭冲洗水箱等装置只能依靠人工操作而引起的弊端。例如，频繁使用或胡乱操作造成装置损坏与水的大量浪费，或疏于操作而造成的卫生问题、交叉感染等。

（3）推广节水型淋浴设施

淋浴时因调节水温和不需水擦拭身体的时间较长，若不及时调节水量会浪费很多水，这种情况在公共浴室尤甚，不关闭阀门或因设备损坏造成"长流水"现象也屡见不鲜。因此集中浴室应普及使用冷热水混合淋浴装置，推广使用卡式智能、非接触自动控制、延时自闭、脚踏式等淋浴装置；宾馆、饭店、医院等用水量较大的公共建筑，应推广采用淋浴器的限流装置。

（4）研究生产新型节水器具

研究开发高智能化的用水器具、具有最佳用水量的用水器具和按家庭使用功能分类的水龙头。

4.发展城市再生水利用技术

再生水是指污水经适当的再生处理后再回用的水。再生处理一般指二级处理和深度处理。再生水用于建筑物内杂用时，也称为中水。将建筑物内的洗脸、洗澡、洗衣服等洗涤水，冲洗水等集中后，经过预处理（去污物、油等）、生物处理、过滤处理、消毒灭菌处理甚至活性炭处理，而后流入再生水的蓄水池，作为冲洗厕所、绿化等用水。这种生活污水经处理后，回用于建筑物内部冲洗厕所以及其他杂用水的方式，称为中水回用。

建筑中水利用是目前实现生活用水重复利用最主要的生活节水措施，该措施包含水处理过程，不仅可以减少生活废水的排放，还能够在一定程度上减少生活废水中的污染物的排放。在缺水城市住宅小区设立雨水收集、处理后重复利用的中水系统，利用屋面、路面汇集雨水至蓄水池，经净化消毒后用水泵提升用于绿化浇灌、水景水系补水、洗车等，剩余的水可再收集于池中进行再循环。在符合条件的小区实行中水回用可实现污水资源化，达到保护环境、防治水污染、缓解水资源不足的目的。

三、工业节水

（一）工业用水的概念

工业用水是指工、矿企业的各部门，在工业生产过程（或期间）中，制造、加工、冷却、洗涤等环节，以及空调、锅炉等处使用的水及厂内职工生活用水的总称。目前我国工业增长速度较快，工业生产过程中的用水量也很大。工业生产取用大量的洁净水，排放的工业废水又成为水体污染的主要污染源，既增大了城市用水压力，又增加了城市污水处理的负担。与农业用水相比，工业用水一般对水质有较高要求，对供水的保证率也有较高要求，因此，在供水方面，需要有较高保证率的、固定的水源和水厂。

在我国，工业用水占整个城市用水的1/4左右，因此需不断推行工业节水，减小取水量，降低排放量。我国对工业废水的排放有一定的水质标准要求，要求工业厂矿按照水质标准排放废水，即达标排放。

（二）工业用水的特点

1.工业废水排放是导致水体污染的主要原因

工业废水经一定处理虽去除了大量污染，但仍含有不少有毒有害物质。这些有毒有害物质随工业废水进入水体造成水体污染，既影响重水资源复利用水平，又威胁一些城镇集中饮用水水源的水质。

2.工业用水相对集中

我国工业用水主要集中在电力、纺织、石油化工、造纸、冶金等高耗水行业，工业节水潜力巨大。加强工业节水，对加快转变工业发展方式，建设资源节约型、环境友好型社会，增强可持续发展能力具有十分重要的意义。加强工业节水不仅可以缓解我国水资源的供需矛盾，而且还可以减少废水及其污染物的排放，改善水环境，因此是我国实现水污染减排的重要举措。

（三）工业节水途径

工业节水途径主要是指在工业用水中采用水型的工艺、技术和设备设施。要求对新建和改建的企业实行采用先进合理的用水设计和工艺，并与主体工程同时设计、同时施工、同时投产的基本原则，严禁采用耗水量大、用水效率低的设备和工艺流程；对其他企业中的高耗水型设备、工艺，通过技术改造，实现合理节约用水的目的。主要的节水技术包括如下几个方面。

1.冷却水的重复利用

工业生产用水中以冷却用水量最多，占工业用水总量的70%左右。从理论和实践中可知，重复循环利用水量越多，冷却用水冷却效率越高，需要补充的新水量就越少，外排废污水量也相应地减少。所以，冷却水重复循环利用，提高其循环利用率，是工业生产用水中一条节水减污的重要途径。

在工厂推行冷却塔和其他制冷技术，可使大量的冷却水得到重复利用，并且投资少、见效快。冷却塔和冷却池的作用是将大量工业生产过程中多余热量的冷却水迅速降温，并循环重复利用，减少冷却水系统补充低温新水的要求，从而获得既满足设备和工艺对温度条件的控制要求，又减少了新水用量的效果。

2.洗涤节水技术

在工业生产用水中，洗涤用水仅次于冷却水的用量，尤其在印染、造纸、电镀等行业中，洗涤用水有时占总用水量的一半以上，是工艺节水的重点。主要的节水高效洗涤方法与工艺的描述如下。

（1）逆流洗涤节水工艺

逆流洗涤节水工艺是最为简便的洗涤方法。在洗涤过程中，新水仅从最后一个水洗槽加入，然后使水依次向前一水洗槽流动，最后从第一水洗槽排出。被加工的产品则从第一水洗槽依次由前向后逆水流方向行进。在逆流洗涤工艺中，除在最后一个水洗槽加入新水外，其余各水洗槽均使用后一级水洗槽用过的洗涤水，水实际上被多次回用，提高了水的重复利用率。

（2）喷淋洗涤法

喷淋洗涤法是指被洗涤物件以一定移动速度通过喷洗槽，同时用按一定速度喷出的射流水喷射洗涤被洗涤物件。一般多采取二、三级喷淋洗涤工艺，用过的水被收集到储水槽中并以逆流洗涤方式回用。这种喷淋洗涤工艺的节水率可达95%。目前这种洗涤方法已用于电镀件和车辆的洗涤。

（3）气雾喷洗法

气雾喷洗主要由特制的喷射器产生的气雾喷洗待清洗的物件。其原理是压缩空气通过喷射器气嘴时产生的高速气流在喉管处形成负压，同时吸入清洗水，混合后形成雾状气水流——气雾，以高速洗刷待清洗物件。

用气雾喷洗的工艺流程与喷淋洗涤工艺相似，但洗涤效率高于喷淋洗涤工艺，更节省洗涤用水。

3.物料换热节水技术

在石油化工、化工、制药及某些轻工业产品生产过程中，有许多反应过程是在温度较高的反应器中进行的。进入反应器的原料（进料）通常需要预热到一定温度后再进入反应器参加反应，而反应生成物（出料）的温度较高，在离开反应器后需用水冷却到一定温度方可进入下一生产工序。这样，往往用以冷却出料的水量较大并有大量余热未予利用，造成水与热能的浪费。如果用温度较低的进料与温度较高的出料进行热交换，即可达到加热进料与冷却出料的双重目的。这种方式或类似的热交换方式称为物料换热节水技术。采用物料换热技术，可以完全或部分地解决进、出料之间的加热、冷却问题，可以相应地减少用以加热的能源消耗量、锅炉补给水量及冷却水量。

4.串级联合用水措施

不同行业和生产企业，以及企业内各道生产工序，对用水水质、水温常常有不同的要求，可根据实际生产情况，实行分质供水、串级联合用水等一水多用的循环用水技术。即两个或两个不同的用水环节用直流系统连接起来，有的可用中间的提升或处理工序分开，一般是下一个环节不如上一个环节用水对水质、水温的要求高，从而达到一水多用，节约用水的目的。

串级联合用水的形成，可以是厂内实行循环分质用水，也可以是厂际间实行分质联合用水。厂际间实行分质联合用水，主要是指甲工厂或其某些工序的排水，若符合乙工厂的用水水质要求，可实行串级联合用水，以达到节约用水和降低生产成本的目的。

（四）工业用水的科学管理

1.工业取水定额

工业企业产品取水定额是指在一定的生产技术和管理条件下，工业企业生产单位产品或创造单位产值所规定的合理用水的标准取水量。

加强定额管理，目的在于将政府对企业节水的监督管理工作重点从对企业生产过程的用水管理转移到取水这一源头的管理上来，即通过取水定额的宏观管理，来推动企业生产这一微观过程中的合理用水，最终实现全社会水资源的统一管理、可持续使用。工业取水定额是依据相应标准规范而制定的，以促进工业节水和技术进步为原则，考虑定额指标的可操作性，并使企业能够因地制宜，达到持续改进的节水效果。

2.清洁生产

清洁生产又称废物最小化、无废工艺、污染预防等。在不同国家不同经济发展阶段有着不同的名称，但其内涵基本一致，即在产品生产过程通过采用预防污染的策略来减少污染物的产生。清洁生产是一种新的、创新性的思想，该思想将整体预防的环境战略持续应用于生产过程、产品和服务中，以增加生态效益和减少人类及环境的风险。这体现了人们思想观念的转变，是环境保护战略由被动反映到主动行动的转变。

（1）清洁生产促进工业节水

清洁生产是一个完整的方法，需要生产工艺各个层面的协调合作，从而保证以经济可行和环境友好的方式进行生产。清洁生产虽然并不是单纯为节水而进行的工艺改革，但节水是这一改革中必须要抓好的重要项目之一。为了提高环境效益，清洁生产可以通过产品设计、原材料选择、工艺改革、设备革新、生产过程产物内部循环利用等科学化合理化措施，大幅度地降低单位产品取水量、提高工业用水重复率，减少用水设备，节省工程投资和运行费用与能源，以提高经济效益。清洁生产节水水平的提高与高新技术的发展是一致的，可见清洁生产与工业节水在水的利用角度上的目的是一致的，可谓异曲同工。

（2）清洁生产促进排水量的减少

由于节水与减污之间的密切联系，取水量的减少就意味着排污量的减少，这正是推行清洁生产的目的。清洁生产包含了废物最小化的概念，废物最小化强调的是循环和再利用，实行非污染工艺和有效的出流处理，在节水的同时，达到节能和减少废物的产生，因此节水与节能减排是工业共生关系，而且，清洁生产要求对生产过程采取整体预防性环境战略，强调革新生产工艺，恰好也符合工艺节水的要求。

推行清洁生产是社会经济实行可持续发展的必由之路，其实现的工业节水效果与工业节水工作追求的目标是一致的。因此，推行工业节水工作的同时，应关注各行业的清洁生产进程，引导工业企业主动地在革新清洁生产的过程中节水，从而使工业节水融入不同行业的清洁生产过程中。

3.加强企业用水管理，逐步实现节水的法制化

完善的用水管理制度是节水工作正常开展的保证。用水管理包括行政管理措施和经济管理措施。采取的主要措施有：制定工业用水节水行政法规，健全节水管理机构，进行节水宣传教育，实行装表计量、计划供水，调整工业用水水价，控制地下水开采，对计划供水单位实行节奖超罚以及贷款或补助。节水工程等用水管理对节水的影响非常大，它能调动人们的节水积极性，通过主观努力，使节水设施充分发挥作用；同时可以约束人的行为，减少或避免人为的用水浪费。

四、农业节水

（一）农业节水的概念

农业节水是指农业生产过程中，在保证生产效益的前提下，尽可能地节约用水。农业是用水大户，但是在相当一部分发展中国家，农业生产投入低，技术落后，农田灌溉不合理，水资源浪费惊人。因此，农业节水以总量多和潜力大成为节水的首要课题。

目前，我国农业用水约占全国总用水量的60%～70%，农业用水量的90%用于种植业灌溉，其余用于林业、牧业、渔业以及农村人畜饮水等。尽管农业用水所占比重近年来明显下降，但农业仍是我国第一"用水大户"，发展高效节水农业是国家的基本战略之一。在谈到农业节水时，人们往往只想到节水灌溉，这一方面是由于灌溉用水在农业用水中占有相当大的比例（90%以上），另一方面也反映了人们认识上的片面性。实际上，节水灌溉是农业节水中最主要的部分，但不是全部。著名水利专家钱正英指出，农业节水的内容不仅仅是节水灌溉，它主要包括三个层次。第一层次是农业结构的调整，就是农、林、牧业结构的配置；第二层次是农业技术的提高，主要是提高植物本身光合作用的效率；第三个层次才是通过节水灌溉，减少输水灌溉中的水量损失。因此应研究各个层次的节约用水，不应当仅限于节水灌溉。

相比于节水灌溉，农业节水的范围更广、更深。它以水为核心，研究如何高效利用农业水资源，保障农业可持续发展。农业节水的最终目标是建设

节水高效农业。

除了"农业节水"，还有"节水农业"，两者互有联系，但却是两个概念，内涵和研究重点有差异，不能混淆。节水农业应理解为在农业生产过程中的全面节水，包括充分利用自然降水和节约灌溉两个方面。结合我国实际情况，节水农业包括节水灌溉农业、有限灌溉农业和旱作农业三种；而农业节水，不仅要研究农业生产过程中的节水，还要研究与农业用水有关的水资源开发、优化调配、输水配水过程的节约等。

（二）农业节水技术

从水源到形成作物产量要经过以下4个环节：通过渠道或管道将水从水源输送到田间；通过灌溉将引至田间的水分配到指定面积农田上转化为土壤水；土壤水经作物吸收转化为作物水；通过作物复杂的生理生化过程，使作物水参与经济产量的形成。在农田水的4次转化过程中，每一环节都有水的损失，都存在节水潜力。前两个环节不与农作物吸收和消耗水分的过程直接发生联系，但节水潜力比较大，措施比较明确，是当前节水灌溉的重点。工程技术节水措施通常指能提高前两个环节中灌溉水利用率的工程性措施，包括渠道防渗技术、管道输水技术、节水型地面灌溉技术、喷灌技术和微灌技术等。

1.渠道防渗技术

渠道防渗技术是减少输水渠道透水性或建立不透水防护层的各种技术措施，是灌溉各环节中节水效益最高的一环。采取渠道防渗技术对渠床土壤处理或建立不易透水的防护层，如混凝土护面、浆砌石衬砌、塑料薄膜防渗和混合材料防渗等工程技术措施，可减少输水渗漏损失，加快输水速度，提高灌水效率。与土渠相比，浆砌块石防渗可减少渗漏损失50%～60%，混凝土护面可减少渗漏损失60%～70%，塑料薄膜防渗可减少渗漏损失70%～80%。

渠道防渗可提高渠系水利用系数，其原因在于：一是渠道防渗可提高渠道的抗冲能力；二是减少渠道粗糙程度，加大水流速度，增加输水能力，一般输水的时间可缩短30%～50%；三是减少渗漏对地下水的补给，有利于对地下水位的控制，防止盐碱化发生；四是减少渠道淤积，防止渠道生长杂草，节省维修费用和清淤劳力，降低灌水成本。

（1）土料防渗技术

土料防渗的技术原理是在渠床表面铺上一层适当厚度的黏性土、黏砂混合土、灰土、三合土和四合土等材料，经夯实或碾压形成一层紧密的土料防渗层，以减少渠道在输水过程中的渗漏损失。适用于气候温暖无冻害、经济条件较差地区的流速较低的小型渠道及农、毛渠等田间渠道。

采取土料防渗一般可减少渗漏量的60%～90%，并且能就地取材、技术简单、农民易掌握、投资少。因此在今后较长一段时间内，仍将是我国中、小型渠道采用的一种较简便可行的防渗措施。但目前由于我国经济实力增强、防渗新材料和新技术不断问世，应用传统的土料防渗技术的渠道正在逐年减少。但是，大型碾压机械的应用、土的电化学密实和防渗技术的发展以及新化学材料的研制，也可能会给土料防渗带来生机。

（2）水泥土防渗

水泥土防渗的技术原理是将土料、水泥和水按一定比例配合拌匀后，铺设在渠床表面，经碾压形成一层致密的水泥土防渗层，以减少渠道在输水过程中的渗漏损失。适用于气候温和的无冻害地区。

采取水泥土防渗一般可减少渗漏量的80%～90%，并且能够就地取材、技术简单、易于推广，在国内外得到广泛应用。但因其早期强度和抗冻性较差，随着效果更优的防渗新材料和新技术不断涌现，水泥土防渗大面积推广应用的前景较差。

（3）砌石防渗

砌石防渗的技术原理是将石料浆砌或干砌勾缝铺设在渠床表面，形成一层不易透水的石料防渗层，以减少渠道在输水过程中的渗漏损失。适用于沿山渠道和石料丰富、劳动力资源丰富的山丘地区。

砌石防渗具有较好的防渗效果，可减少渗漏量50%左右，而且具有抗冲流速大、耐磨能力强、抗冻和防冻害能力强和造价低等优点。我国山丘地区所占国土面积很大，石料资源十分丰富，农民群众又有丰富的砌石经验，因此砌石防渗仍有广阔的推广应用前景。但随着劳动力价格的提高，再加上浆砌石防渗难以实现机械化施工，且质量不易保证，在劳动力紧缺的地区，其应用会受到制约。

（4）混凝土防渗

混凝土防渗的技术原理是将混凝土铺设在渠床表面，形成一层不易透水的混凝土防渗层，以减少渠道在输水过程中的渗漏损失。混凝土防渗对大小渠道、不同工程环境条件都可采用，但在缺乏砂、石料地区造价较高。

采取混凝土防渗一般能减少渗漏损失90%～95%以上，且耐久性好寿命长（一般混凝土衬砌渠道可运用50年以上）；糙率小，可加大渠道流速，缩小断面，节省渠道占地；强度高，防破坏能力强，便于管理。混凝土防渗是我国最主要的一种渠道防渗技术措施。

（5）膜料防渗

膜料防渗的技术原理是将不透水的土工织物（土工膜）铺设在渠床表面，形成一层不易透水的防渗层，以减少渠道在输水过程中的渗漏损失。适用于交通不便、运输困难、当地缺乏其他建筑材料的地区，有侵蚀性水文地质条件及盐碱化的地区，以及北方冻胀变形较大的地区。

膜料防渗的防渗效果好，一般能减少渗漏损失90%～95%以上，且具有适应变形能力强、质轻、用量少、方便运输，施工简便、工期短，耐腐蚀性强、造价低等优点。随着高分子化学工业的发展，新型防渗膜料的不断开发，其抗穿刺能力、摩擦系数及抗老化能力得到提高，膜料防渗推广应用前景十分广阔。

（6）沥青混凝土防渗

沥青混凝土防渗的技术原理是将以沥青为胶结剂，与矿物骨料经过加热、拌和、压实而成的沥青混凝土铺设在渠床表面，形成一层不易透水的防渗层，以减少渠道在输水过程中的渗漏损失，适用于有冻害和沥青资源比较丰富的地区。

采取沥青混凝土防渗一般能减少渗漏损失90%～95%，并且适应变形能力强、不易老化、对裂缝有自愈能力、容易缝补、造价仅为混凝土防渗的

70%。随着石油化学工业的发展，沥青资源逐渐丰富，沥青混凝土防渗的推广应用前景十分广阔。

2.管道输水灌溉技术

（1）管道输水灌溉的重要性与作用

管道输水灌溉是以管道代替明渠输水，将灌溉水直接送到田间灌溉作物，以减少水在输送过程中渗漏和蒸发损失的一种工程技术措施。管道输水灌溉与明渠输水灌溉相比有明显优点，主要表现在四方面：一是节水，井灌区管道系统水分利用系数在0.95以上，比土渠输水节水30%左右；二是节能，与土渠输水相比，能耗减少25%以上，与喷、微灌技术相比，能耗减少50%以上；三是减少土渠占地，提高土地利用率，一般在井灌区可减少占地2%左右，在扬水灌区减少占地3%左右；四是管理方便，有利于适时适量灌溉。

（2）管道输水灌溉的类型

管道输水灌溉按照输配水方式可分为水泵提水输水系统和自压输水系统。水泵提水又分为水泵直送式和蓄水池式，其中水泵直送式多在井灌区，渠道较高区多采用自压输水方式。

按管网形式可分为树状网和环状网。树状网的管网为树枝状，水流从"树干"流向"树枝"，即在干、支和分支管中从上游流向末端，只有分流而无汇流。环状网是通过各节点将管道连成闭合环状。目前国内多采用树状网。

按固定方式分为移动式、半固定式和固定式。移动式的管道和分水设施都可移动，因简便和投资低，多在井灌区临时抗旱用，但劳动强度大，管道易破损；半固定式一般是干管或干、支管固定，由移动软管输水于田间；固定式的各级管道及分水设施均埋在地下，经给水栓或分水口直接供水进入田间，其投资较大，但管理方便，灌水均匀。

3.田间灌溉节水技术

田间灌溉节水技术，是指灌溉水（包括降水）进入农田后，通过采用良好的灌溉方法，最大限度地提高灌溉水利用率。良好的灌水方法不仅能灌水均匀，而且可以节水、节能、省工，保持土壤良好的物理化学性状，提高土壤肥力，获得最佳效益。

田间灌溉节水技术，一般包括改进地面灌水技术，喷灌、微灌等新灌水技术，以及抗旱补灌技术。地面改进灌水技术，包括小畦"三改"灌水技术、长畦分段灌溉、涌流沟灌、膜上沟灌等。新灌水技术包括喷灌、微灌（滴灌、微喷灌、小管出流灌和渗灌等）。因为喷、微灌技术大多通过管道输水，并需一定压力，故也称为压力灌。

（1）改进地面灌水技术

传统的地面灌有畦灌、沟灌、格田淹灌和漫灌四种形式。地面灌水方法是世界上最古老的，也是目前应用最广泛的灌水技术。传统地面灌溉技术存在灌溉水损失大、需要劳力多、生产效率低、灌水质量差等问题。改进地面灌水技术主要有小畦灌溉技术、长畦短灌技术、水平畦灌技术、节水型沟灌技术、间歇灌溉技术、改进格田灌。

（2）喷灌技术

喷灌技术是利用专门的设备（动力机、水泵、管道等）给水加压，或利用水的自然落差将有压水通过压力管道送到田间，再经喷洒器（喷头）喷射到空中形成细小的水滴，从而均匀地散布在农田上，达到灌溉目的。

喷灌几乎适用于灌溉所有的旱作物，如谷物、蔬菜、果树等，既适用于平原区，也适用于山丘区；既可用来灌溉农作物，又可用于喷洒肥料、农药、防霜冻和防干热风等。但在多风情况下，喷洒会不均匀，蒸发损失增大。为充分发挥喷灌的节水增产作用，应优先应用于经济价值较高且连片种植、集中管理的作物，以及地形起伏大、土壤透水性强、采用地面灌溉困难的地方。

（3）微灌技术

微灌技术是一种新型的最节水的灌溉工程技术，包括滴灌、微喷灌、涌泉灌和地下渗灌。微灌可根据作物需水要求，通过低压管道系统与安装在末级管道上的灌水器，将水和作物生长所需的养分以很小的流量均匀、准确、适时、适量地直接输送到作物根部附近的土壤表面或土层中进行灌溉，从而使灌溉水的深层渗漏和地表蒸发减少到最低限度。微灌常以少量的水湿润作物根区附近的部分土壤，因此主要用于局部灌溉。

（三）农业节水管理

农业节水管理是指根据作物的需水、耗水规律，来控制、调配水源，以最大限度地满足作物对水分的需求，实现区域效益最佳的农田水分调控管理，包括节水高效灌溉制度、土壤墒情监测预报技术、灌区量水与输配水调控及水资源政策管理等方面。

1.充分供水条件下的节水高效灌溉制度

充分灌溉是指水源供水充足，能够满足全部作物的需水要求，此时的节水高效灌溉制度应是根据作物需水规律及气象、作物生长发育状况和土壤墒情等对农作物进行适时、适量的灌溉，使其在生长期内不产生水分胁迫的情况下，获得作物高产的灌水量与灌水时间的合理分配，并且不产生地面径流和深层渗漏，既要确保获得最高产量，又应具有较高的水分生产率。

2.供水不足条件下的非充分灌溉制度

非充分灌溉的优化灌溉制度是在水源不足或水量有限的条件下，把有限的水量在作物间或作物生育期内进行最优分配，确保各种作物水分敏感期的用水，减少对水分非敏感期作物的供水，此时所寻求的不是单产最高，而是全灌区总产值最大。

3.土壤墒情监测预报技术

土壤墒情监测预报技术是指用张力计、中子仪、电阻等监测土壤墒情，数据经分析处理后，配合天气预报，对适宜灌水时间、灌水量进行预报，可以做到适时适量灌溉，有效地控制土壤含水量，达到节水又增产的目的。土壤墒情监测与灌溉预报技术只需购置必要的仪器设备，经技术培训后，基层农民技术员即可操作运用，也是一种投入较低，效果比较显著的管理节水技术。

4.灌区量水与输配水调控技术

灌区量水是指采用量水设备对灌区用水量进行量测，实行按量收费，促进节约用水。常用的量水设备有量水堰、量水槽、灌区特种量水器和复合断面量水堰等。随着电子技术、计算机技术的发展，半自动或全自动式量水装置可大大提高灌区的量水效率和量水精度。

第三节　污水再生回用

一、污水回用的意义

（一）污水回用可缓解水资源的供需矛盾

我国未来水资源形势是非常严峻的，水已成为制约国民经济发展和人民生活水平提高的重要因素。一方面城市缺水十分严重，另一方面大量的城市污水白白流失，既浪费了资源，又污染了环境。其实与城市供水量几乎相等的城市污水绝大部分是可再利用的清水，仅有0.1%的污染物质，比海水3.5%的污染物少得多。当今世界各国解决缺水问题时，城市污水被选为可靠的第二水源，在未被充分利用之前，禁止随意排到自然水体中去。

将城市污水处理后回用于水质要求较低的场合，体现了水的"优质优用，低质低用"原则，增加了城市的可用水资源量。

（二）污水回用可提高城市水资源利用的综合经济效益

城市污水和工业废水水质相对稳定，不受气候等自然条件的影响，且可就近获得，易于收集，其处理利用成本比海水淡化成本低廉，处理技术也比较成熟，基建投资比跨流域调水经济得多。

除实行排污收费外，污水回用所收取的水费可以使污水处理获得有力的财政支持，使水污染防治得到可靠的经济保证。同时，污水回用减少了污水排放量，减轻了对水体的污染，相应降低了取自该水源的水处理费用。

除增加可用水量、减少投资和运行费用、产生回用水水费收入、减少给水处理费用外，污水回用至少还有下列间接效益：因减少污水（废水）排放而节省排水工程投资和相应的运行管理费用；因改善环境而产生的社会经济和生态效益，如发展旅游业、水产养殖业、农林牧业所增加的效益；因改善环境，增进人体健康，减少疾病特别是癌、畸形、基因突变危害所产生的种种近远期效益；因回收废水中的"废物"取得的效益和因增加供水量而避免的经济损失或分摊的各种生产经济效益。

二、污水回用的途径

污水再生利用的途径主要有以下几个方面。

（一）工业用水

在工业生产过程中，首先要循环利用生产过程产生的废水，如造纸厂排出的白水，所受污染较轻，可作洗涤水回用；煤气发生站排出的含酚废水，虽有少量污染，但经适当处理即能供闭路循环使用；各种设备的冷却水都可以循环使用，因此应充分加以利用并减少补充水量。在某些情况下，根据工艺对供水水质的需求关系，做一水多用的适当安排，有序使用废水，就可以大量减少废水排出。

（二）城市杂用水

城市杂用水是指用于冲厕、道路清扫、消防、城市绿化、车辆冲洗、建筑施工等的非饮用水。不同的原水特性、不同的使用目的对处理工艺提出了不同的要求。如果再生利用的原水是城市污水处理厂的二级出水时，只要经过较为简单的混凝、沉淀、过滤、消毒就能达到绝大多数城市杂用的要求。但是当原水为建筑物排水或生活小区排水，尤其包含粪便污水时，就必须考虑生物处理，还应注意消毒工艺的选择。

（三）景观水体

随着城市用水量的逐步增大，原有的城市河流湖泊常出现缺水、断流现象，大大影响城市景观及居民生活。污水再生利用于景观水体可弥补水源的不足。回用过程应特别注意再生水的氮磷含量，在氮磷含量较高时，应通过控制水体的停留时间和投加化学药剂保证其景观功能的实现，同时应关注再生水中的病原微生物和持久性有机污染物对人体健康和生态环境的危害。

（四）地下回灌

再生水经过土壤的渗滤作用回注至地下称为地下回灌。其主要目的是补充地下水，防止海水入侵，和因过量开采地下水造成的地面沉降。污水再生利用于地下回灌后，可重新提取用于灌溉或生活饮用水。污水再生利用于地下回灌具有许多优点，例如能增加地下水蓄水量，改善地下水水质，恢复被海水污染的地下水蓄水层，节约优质地表水，同时地下水库还可减少蒸发，把生物污染减少至最小。

三、城市污水回用的水处理流程

城市污水回用是以污水进行一、二级处理为基础的。当污水的一、二级出水水质不符合某种回用水水质标准要求时，应按实际情况采取相应的附加处理措施。这种以污水回收、再用为目的，在常规处理之外所增加的处理工艺流程称为污水深度处理。下面首先介绍污水一级处理与二级处理。

（一）一级处理

一级处理主要应用格栅、沉砂池和一级沉淀池，分离截留较大的悬浮物。污水经一级处理后，悬浮固体的去除率为70%～80%，而BOD只去除30%左右，一般达不到排放标准，还必须进行二级处理。处理后被分离截留的污泥应进行污泥消化或其他处置。

（二）二级处理

在一级处理的基础上应用生物曝气池（或其他生物处理装置）和二次沉淀池去除废水、污水中呈胶体和溶解状态的有机污染物，去除率可达90%以上，水中的BOD含量可降至出水水质一般已具备排放水体的标准。二级处理通常采用生物法作为主体工艺。在进行二级处理前，一级处理经常是必要的，故一级处理又被称为预处理。一级和二级处理法，是城市污水经常采用的处理方法，所以又叫常规处理法。

（三）深度处理

污水深度处理的目的是除去常规二级处理过程中未被去除和去除不够的污染物，以使出水在排放时符合受纳水体的水质标准，而在再用时符合具体用途的水质标准。深度处理要达到的处理程度和出水水质，取决于出水的具体用途。

四、阻碍城市污水回用的因素

城市污水量稳定集中，不受季节和干旱的影响，经过处理后再生回用既能减少水环境污染，又可以缓解水资源紧缺矛盾，是贯彻可持续发展战略的重要措施。但是目前污水在普通范围上的应用还是不容乐观的，除了污水灌溉外，在城市回用方面还未广泛应用。其原因主要有以下几个方面。

（一）再生水系统未列入城市总体规划

城市污水处理后作为工业冷却、农田灌溉和河湖景观、绿化、冲厕等用水在水处理技术上已不成问题，但是由于可使用再生污水的用户比较分散，用水量都不大，处理的再生水输送管道系统是当前需重点解决的问题。没有输送再生水的管道，任何再生水回用的研究、规划都无法真正落实。为了保证处理后的再生水能输送到各用户，必须尽快编制再生水专业规划，确定污水深度处理规模、位置、再生水管道系统的布局，以指导再生水处理厂和再生水管道的建设和管理。

（二）缺乏必要的法规条令强制进行污水处理与回用

目前城市供水价格普遍较低，导致使用处理后的再生水与使用自来水特别是工业自备井水在经济上没有多大的效益。如某城市污水处理厂规模16万 t/d，污水主要来自附近几家大型国有企业，而这些企业生活杂用水和生产循环冷却水均采用地下自备水源井供水，造成水资源的极大浪费，利用污水资源应该说是非常适合的。但是由于没有必要的法规强制推行，而且污水再生回用处理费用又略高于自备井水资源费，导致多次协商均告失败，污水资源被白白地浪费。因此，推行污水再生回灌必须配套强制性法规来保证。

（三）再生水价格不明确

目前，由于污水再生水价格不明确，导致污水再生水生产者不能保证经济效益，污水再生水受纳者对再生水水质要求得不到满足。因此，确定一个合理的污水回用价格，明确再生水应达到的水质标准，保证污水再生水生产者与受纳者的责任、权利，是促进污水回用的重要前提。

五、推进城市污水回用的对策

（一）城市污水处理统一规划，为城市污水资源化提供前提

世界各大城市保护水资源环境的近百年经验归结一点，就是建设系统的污水收集系统和成规模的污水处理厂。城市污水处理厂的建设必须合理规划，国内外对城市污水是集中处理还是分散处理的问题已经形成共识，即污水的集中处理（大型化）应是城市污水处理厂建设的长期规划目标。结合不同的城市布局、发展规划、地理水文等具体情况，对城市污水厂的建设进行合理规划、集中处理，不仅能保证建设资金的有效使用率、降低处理消耗，而且有利于区域和流域水污染的协调管理及水体自净容量的充分利用。

城市生活污水、工业废水要统一规划，工厂废水要进入城市污水处理厂统一处理。因为各工厂工业废水的水质水量差别大，污水处理技术水平参差不齐，若千百家工厂都自建污水处理厂会造成巨大的人力、物力、财力的浪

费。统一规划和处理，做到专业管理，可以免除各大小厂家管理上的麻烦，保障处理程度，各工厂只要交纳处理费就可以了。政府环保部门的任务则是制定水体的排放标准并对污水处理企业进行监督。

城市污水处理系统是容纳生活污水与城市区域内绝大多数工业废水的大系统（特殊水质如放射性废水除外）。但各企业排入城市下水道的废水应满足排放标准，不符合标准的个别企业和车间须经局部除害处理后方能排入下水道。局部除害废水的水量有限，技术上也很成熟，只要管理跟上是没有问题的。这样才能保证污水处理统一规划和实施，使之有序健康地发展，并走上产业化、专业化的道路。

（二）尽快出台污水再生回用的强制性政策，以确保水资源可持续利用

城市污水经深度处理后可回用于工业作为间接冷却水、景观河道补充水以及居住区内的生活杂用水。对于集中的居民居住小区和具备使用再生水条件的单位，应采取强制措施，要求必须建设处理装置使用中水和再生水。对于按照规定应该建设中水或污水处理装置的单位，如果因特殊原因不能建设的，必须交纳一定的费用和建设相应的管道设施，保证使用城市污水处理厂的再生水。

对于可以使用再生水而不使用的生产单位，要按其用水量核减新水指标，超计划用水加价；对使用再生水的单位，其新水量的使用权应在一定程度上予以保留，鼓励其发展生产不增加新水；对于积极建设工业废水和生活杂用水处理回用设施并进行回用的，要酌情减免征收污水排放费。

（三）多方面利用资金，加快污水处理和再生回用工程建设

城市污水处理厂普遍采用由政府出资建设（或由政府出面借款或贷款），隶属于政府的事业性单位负责运行的模式。这种模式具有以下缺点：财政负担过重，筹资困难，建设周期长，不利于环境保护等。可以将污水处理厂的建设与运行委托给具有相应资金和技术实力的环保市政企业，由企业

独立或与业主合作筹资建设与运行，企业通过运行收费回收投资。通过这种模式，市政污水处理和回用率有望在今后几年得到大幅度的提高。政府投资、企业贷款，完善排污收费的制度，逐步实现污水处理厂和再生水厂企业化生产。

（四）城市自来水厂与污水处理厂统一经营，建立给水排水公司

偏废污水处理，就要伤害自然水的大循环，危害子循环，断了人类用水的可持续发展之路。给水排水发展到当今，建立给水排水统筹管理的水工业体系，按工业企业来运行是必由之路。

既然由给水排水公司从水体中取水供给城市，就应将城市排水处理到水体自净能力可接纳的程度后排入水体，全面完成人类向大自然"借用"和"归还"可再生水的循环过程，使其构成良性循环，保证良好水环境和水资源的可持续利用。

（五）调整水价体系，制定再生水的价格

长期以来执行的低水价政策，提供了错的用水导向，节水投资大大超过水费，严重影响了节水积极性。因此，在制定水价时，除合理调整自来水、自备井的水价外，还应制定再生水或工业水的水价，逐步做到取消政府补贴，利用水价这一经济杠杆，促进再生水的有效利用。

第四章　水利基础知识

第一节　水文知识

一、河流和流域

地表上较大的天然水流称为河流。河流是陆地上最重要的水资源和水能资源，是自然界中水文循环的主要通道。我国的主要河流一般发源于山地，最终流入海洋、湖泊或洼地。沿着水流的方向，一条河流可以分为河源、上游、中游、下游和河口五段。我国最长的河流是长江，其河源位于青海的唐古拉山，湖北宜昌以上河段为上游，长江的上游主要在深山峡谷中，水流湍急，水面坡降大；自湖北宜昌至安徽安庆的河段为中游，河道蜿蜒弯曲，水面坡降小，水面明显宽阔。

在水利水电枢纽工程中，为了便于工作，习惯上以面向河流下游为准，左手侧河岸称为左岸，右手侧称为右岸。我国的主要河流，多数流入太平洋，如长江、黄河、珠江等。少数流入印度洋（怒江、雅鲁藏布江等）和北冰洋。沙漠中的少数河流只有在雨季存在，成为季节河。

直接流入海洋或内陆湖的河流称为干流，流入干流的河流为一级支流，流入一级支流的河流为二级支流，依此类推。河流的干流、支流、溪涧和流域内的湖泊彼此连接所形成的庞大脉络系统，称为河系，或水系，如长江水系、黄河水系、太湖水系。

一个水系的干流及其支流的全部集水区域称为流域。在同一个流域内的降水，最终通过同一个河口注入海洋，如长江流域、珠江流域；较大的支流或湖泊也能称为流域，如汉水流域、清江流域、洞庭湖流域、太湖流域。两个流域之间的分界线称为分水线，是分隔两个流域的界限。在山区，分水线通常为山岭或山脊，所以又称分水岭，如秦岭为长江和黄河的分水岭。在平原地区，流域的分界线则不甚明显。特殊的情况如黄河下游，其北岸为海河流域，南岸为淮河流域，黄河两岸大堤成为黄河流域与其他流域的分水线。流域的地表分水线与地下分水线有时并不完全重合，一般以地表分水线作为流域分水线。在平原地区，要划分明确的分水线往往是较为困难的。

二、河川径流

径流是指河川中流动的水流量。在我国，河川径流多由降雨形成。

河川径流形成的过程是自降水开始，到河水从海口断面流出的整个过程。这个过程非常复杂，一般要经历降水、蓄渗（入渗）、产流和汇流四个阶段。

降雨初期，雨水降落到地面后，除了一部分被植被的枝叶或洼地截留外，大部分渗入土壤中。如果降雨强度小于土壤入渗率，雨水不断渗入土壤中，不会产生地表径流。在土壤中的水分达到饱和以后，多余部分在地面形成坡面漫流。一部分雨水在继续不断地渗入土壤的同时，另一部分雨水即开始在坡面形成流动。初始流动沿坡面最大坡降方向漫流。坡面水流顺坡面逐渐汇集到沟槽、溪涧中，形成溪流。从涓涓细流汇流形成小溪、小河，最后归于大江大河。渗入土壤的水分中，一部分将通过土壤和植物蒸发到空中，另一部分通过渗流缓慢地从地下渗出，形成地下径流。相当一部分地下径流将补充注入高程较低的河道内，成为河川径流的一部分。

降雨形成的河川径流与流域的地形、地质、土壤、植被，降雨强度、时间、季节，以及降雨区域在流域中的位置等因素有关。因此，河川径流具有循环性、不重复性和地区性。

三、河流的洪水

当流域在短时间内较大强度地集中降雨，或地表冰雪迅速融化时，大量的水经地表或地下迅速地汇集到河槽，造成河道内径流量急增，河流中发生洪水。

河流的洪水过程是在河道流径较小、较平缓的某一时刻，河流的径流量迅速增长，并到达一峰值，随后逐渐降落到趋于平缓的过程。与此同时，河道的水位也经历一个上涨、下落的过程。河道洪水流量的变化过程曲线称为洪水流量过程线。洪水流量过程线上的最大值称为洪峰流量，起涨点以下流量称为基流。基流由岩石和土壤中的水缓慢外渗或冰雪逐渐融化形成。大江大河的支流众多，各支流的基流汇合，使其基流量也比较大。山区性河流，特别是小型山溪，基流非常小，冬天枯水期甚至断流。

洪水过程线的形状与流域条件和暴雨情况有关。

影响洪水过程线的流域条件有河流纵坡降、流域形状系数。一般而言，山区性河流由于山坡和河床较陡，河水汇流时间短，洪水很快形成，又很快消退，陡涨陡落，往往几小时或十几小时就经历一场洪水过程。平原河流或大江大河干流上，一场洪水过程往往需要经历三天、七天甚至半个月。如果第一场降雨形成的洪水过程尚未完成又遇降雨，洪水过程线就会形成双峰或多峰。大流域中，因多条支流相继降水，也会造成双峰或其他组合形态。1996年，黄河发生第二个洪峰追上第一个洪峰而入海的现象，即在上游某处洪水过程线为双峰，到下游某处洪水过程线为单峰。流域形状系数大，表示河道相对较长，汇流时间较长，洪水过程线相对较平缓，反之则涨落时间较短。

影响洪水过程线的暴雨条件有暴雨强度、降雨时间、降雨量、降雨面积、雨区在流域中的位置等。洪水过程还与降雨季节、与上一场降雨的间隔时间等有关。如春季第一场降雨，因地表土壤干燥而使其洪峰流量较小；发生在夏季的同样的降雨可能因土壤饱和而使其洪峰流量明显变大。流域内的地形、河流、湖泊、洼地的分布也是影响洪水过程线的重要因素。

由于种种原因，实际发生的每一次洪水过程线都有所不同，但是，同一条河流的洪水过程还是有其基本规律的。研究河流洪水过程及洪峰流量大小，可为防洪、设计等提供理论依据。工程设计中，通过分析诸多洪水过程线，选择其中具有典型特征的一条，称为典型洪水过程线。典型洪水过程线能够代表该流域（或河道断面）的洪水特征，可作为设计依据。

符合设计标准（指定频率）的洪水过程线称为设计洪水过程线。设计洪水过程线由典型洪水过程线按一定的比例放大而得。洪水放大常用方法有同倍比放大法和同频率放大法，其中同倍比放大法又有"以峰控制"和"以量控制"两种。下面以同倍比放大为例介绍放大方法。

收集河流的洪峰流量资料，通过数量统计方法，得到洪峰流量的经验频率曲线。根据水利水电枢纽的设计标准，在经验频率曲线上确定设计洪水的洪峰流量。"以峰控制"的同倍比放大倍数 $K_Q=Q_{mp}/Q_m$。其中 Q_{mp}、Q_m 分别为设计标准洪水的洪峰流量和典型洪水过程线的洪峰流量。"以量控制"的同倍比放大倍数 $K_w=W_{tp}/W_t$。其中 W_{tp}、W_t 分别为设计标准洪水过程线在设计时段的洪水总量和典型洪水过程线对应时段的洪水总量。有了放大倍比后，可将典型洪水过程线逐步放大为设计洪水过程线。

四、河流的泥沙

河流中常挟带着泥沙，是水流冲蚀流域地表所形成。这些泥沙随着水流在河槽中运动。河流中的泥沙一部分是随洪水从上游冲蚀而来，另一部分是从沉积在原河床冲扬起来的。当随上游洪水带来的泥沙总量与被洪水带走的泥沙总量相等时，河床处于冲淤平衡状态。冲淤平衡时，河床维持稳定。我国河流流域的水量大部分是由降雨汇集而成。暴雨是地表侵蚀的主要因素，地表植被情况是影响河流泥沙含量多少的另一主要因素。在我国南方，尽管暴雨强度远大于北方，但由于植被情况良好，河流泥沙含量远小于北方；黄河流经植被条件差的黄土地区，再加上黄土结构疏松，抗雨水冲蚀能力差，因此成为高含沙量的河流。影响河流泥沙的另一重要因素是人类活动。近年来，随着部分地区的盲目开发，南方某些河流的泥沙含量也较之前有所增多。

　　泥沙在河道或渠道中有两种运动方式。颗粒小的泥沙能够被流动的水流扬起，并被带动着随水流运动，称为悬移质；颗粒较大的泥沙只能被水流推着在河床底部滚动，称为推移质。水流挟带泥沙的能力与河道流速大小相关。流速大，则挟带泥沙的能力大，泥沙在水流中的运动方式也随之变化。在坡度陡、流速高的地方，水流能够将较大粒径的泥沙扬起，成为悬移质。这部分泥沙被带到河势平缓、流速低的地方时，落于河床上转变为推移质，甚至沉积下来，成为河床的一部分。沉积在河床的泥沙称为床沙。悬移质、推移质和床沙在河流中随水流流速的变化相互转化。

　　在自然条件下，泥沙运动不断地改变着河床形态。随着人类活动的介入，河流的自然变迁条件受到限制。人类在河床两岸筑堤挡水，使泥沙淤积在受到约束的河床内，从而抬高河床底高程。随着泥沙不断地淤积和河床不断地抬高，人类被迫不断地加高河堤。例如，黄河开封段、长江荆江段均已成为河床底部高于两岸陆面十多米的悬河。

　　水利水电工程建成以后，破坏了天然河流的水沙条件和河床形态的相对平衡。拦河坝的上游，因为水库水深增加，水流流速大为减少，泥沙因此而沉积在水库内。泥沙淤积的一般规律是，从河流回水末端的库首地区开始，入库水流流速沿程逐渐减小。因此，粗颗粒首先沉积在库首地区，较细颗粒沿程陆续沉积，直至坝前。随着库内泥沙淤积高程的增加，粗颗粒也会逐渐被带至坝前。水库中的泥沙淤积会使水库库容减少，降低工程效益。泥沙淤积在河流进入水库的口门处，会抬高口门处的水位及其上游回水水位，增加上游淹没速度；进入水电站的泥沙会磨损水轮机。水库下游，因泥沙被水库拦截，下泄水流变清，河床因清水冲刷造成河床刷深下切。

　　在多沙河流上建造水利水电枢纽工程时，需要考虑泥沙淤积对水库和水电站的影响。需要在适当的位置设置专门的冲砂建筑物，用以减缓库区的淤积速度，阻止泥沙进入发电输水管（渠）道，延长水库和水电站的使用寿命。

第二节　地质知识

地质构造是指由于地壳运动使岩层发生变形或变位后形成的各种构造形态。地质构造有以下五种基本类型：水平构造、倾斜构造、直立构造、褶皱构造和断裂构造。这些地质构造不仅改变了岩层的原始产状、破坏了岩层的连续性和完整性，甚至降低了岩体的稳定性和增大了岩体的渗透性。因此，研究地质构造对水利工程建筑有着非常重要的意义。要研究上述五种构造，必须了解地质年代和岩层产状的相关知识。

一、地质年代和地层单位

地球形成至今已有46亿年，对整个地质历史时期而言，地球的发展演化及地质事件的记录和描述需要有一套相应的时间概念，即地质年代。同人类社会发展历史分期一样，可将地质年代按时间的长短依次分为宙、代、纪、世不同时期，对应于上述时间段所形成的岩层（即地层）依次称为宇、界、系、统，这便是地层单位。如太古代形成的地层称为太古界，石炭纪形成的地层称为石炭系等。

二、岩层产状

（一）岩层产状要素

岩层产状指岩层在空间的位置，用走向、倾向和倾角表示，称为岩层产状三要素。

1.走向

岩层面与水平面的交线叫走向线，走向线两端所指的方向即为岩层的走向。走向有两个方位角数值，且相差180°，如NW300°和SE120°。岩层的走向表示岩层的延伸方向。

2.倾向

层面上与走向线垂直并沿倾斜面向下所引的直线叫倾斜线，倾斜线在水平面上投影所指的方向就是岩层的倾向。对于同一岩层面，倾向与走向垂直，且只有一个方向。岩层的倾向表示岩层的倾斜方向。

3.倾角

倾角是指岩层面和水平面所夹的最大锐角（或二面角）。

除岩层面外，岩体中其他面（如节理面、断层面等）的空间位置也可以用岩层产状三要素来表示。

（二）岩层产状要素的测量

岩层产状要素需用地质罗盘测量。地质罗盘的主要构件有磁针、刻度环、方向盘、倾角旋钮、水准泡、磁针锁制器等。刻度环和磁针是用来测岩层的走向和倾向的。刻度环按方位角分划，以北为0°，按逆时针方向分划为360°。在方向盘上用四个符合代表地理方位，即N（0°）表示北，S（180°）表示南，E（90°）表示东，W（270°）表示西。方向盘和倾角旋钮是用来测倾角的。方向盘的角度变化介于0°~90°之间。

1.测量走向

将罗盘水平放置，将罗盘与南北方向平行的边与层面贴触（或将罗盘的长边与岩层面贴触），调整圆水准泡居中，此时罗盘边与岩层面的接触线即为走向线，磁针（无论南针或北针）所指刻度环上的度数即为走向。

2.测量倾向

将罗盘水平放置，将方向盘上的N极指向岩层层面的倾斜方向，同时使罗盘平行于东西方向的边（或短边）与岩层面贴触，调整圆水准泡居中，此时北针所指刻度环上的度数即为倾向。

3.测量倾角

罗盘侧立摆放，将罗盘平行于南北方向的边（或长边）与层面贴触，并垂直于走向线，然后转动罗盘背面的测量旋钮，使长水准泡居中，此时倾角旋钮所指方向盘上的度数即为倾角大小。若是长方形罗盘，此时桃形指针在方向盘上所指的度数，即为所测的倾角大小。

（三）岩层产状的记录方法

岩层产状的记录方法有以下两种：

1.象限角表示法

一般以北或南的方向为准，记走向、倾向和倾角。如N30°E，NW∠35°，即走向北偏东30°、向北西方向倾斜、倾角35°。

2.方位角表示法

一般只记录倾向和倾角。如SW230°∠35°，前者是倾向的方位角，后者是倾角，即倾向230°、倾角35°。走向可通过倾向±90°的方法换算求得。上述记录表示岩层走向为北西320°，倾向南西230°，倾角35°。

三、水平构造、倾斜构造和直立构造

（一）水平构造

岩层产状呈水平（倾角a=0°）或近似水平（a<5°）。岩层呈水平构造，表明该地区地壳相对稳定。

（二）倾斜构造（单斜构造）

岩层产状的倾角0°<a<90°，岩层呈倾斜状。

岩层呈倾斜构造说明该地区地壳不均匀抬升或受到岩浆作用的影响。

（三）直立构造

岩层产状的倾角a≈90%岩层呈直立状。

岩层呈直立构造说明岩层受到强有力的挤压。

四、褶皱构造

褶皱构造是指岩层受构造应力作用后产生的连续弯曲变形。绝大多数褶皱构造是岩层在水平挤压力作用下形成的。褶皱构造是岩层在地壳中广泛发育的地质构造形态之一，它在层状岩石中最为明显，在块状岩体中则很难见到。褶皱构造的每一个向上或向下弯曲称为褶曲。两个或两个以上的褶曲组合叫褶皱。

（一）褶皱要素

褶皱构造的各个组成部分称为褶皱要素。

1.核部

褶曲中心部位的岩层。

2.翼部

核部两侧的岩层。一个褶曲有两个翼。

3.翼角

翼部岩层的倾角。

4.轴面

对称平分两翼的假象面。轴面可以是平面，也可以是曲面。轴面与水平面的交线称为轴线；轴面与岩层面的交线称为枢纽。

5.转折端

从一翼转到另一翼的弯曲部分。

（二）褶皱的基本形态

褶皱的基本形态是背斜和向斜。

1.背斜

岩层向上弯曲，两翼岩层常向外倾斜，核部岩层时代较老，两翼岩层依次变新并呈对称分布。

2.向斜

岩层向下弯曲，两翼岩层常向内倾斜，核部岩层时代较新，两翼岩层依次变老并呈对称分布。

（三）褶皱的类型

根据轴面产状和两翼岩层的特点，将褶皱分为直立褶皱、倾斜褶皱、倒转褶皱、平卧褶皱、翻卷褶皱。

（四）褶皱构造对工程的影响

1.褶皱构造影响着水工建筑物地基岩体的稳定性及渗透性

选择坝址时，应尽量考虑避开褶曲轴部地。因为轴部节理发育、岩石破碎，易风化，岩体强度低、渗透性强，所以工程地质条件较差。当坝址选在褶皱翼部时，若坝轴线平行岩层走向，则坝基岩性较均一。再从岩层产状考虑，岩层倾向上游，倾角较陡时，对坝基岩体抗滑稳定有利，也不易产生顺层渗漏；当倾角平缓时，虽然不易向下游渗漏，但坝基岩体易于滑动。岩层倾向下游，倾角又缓时，岩层的抗滑稳定性最差，也容易向下游产生顺层渗漏。

2.褶皱构造与其蓄水的关系

褶皱构造中的向斜构造，是良好的蓄水构造，在这种构造盆地地下水较丰富适合打井。

五、断裂构造

岩层受力后产生变形，当作用力超过岩石的强度时，岩石就会发生破裂，形成断裂构造。断裂构造的产生，必将对岩体的稳定性、透水性及其工程性质产生较大影响。根据破裂之后的岩层有无明显位移，将断裂构造分为节理和断层两种形式。

（一）节理

没有明显位移的断裂称为节理。节理按照成因分为三种类型：第一种为原生节理，即岩石在成岩过程中形成的节理，如玄武岩中的柱状节理；第二种为次生节理，即风化、爆破等原因形成的裂隙，如风化裂隙等；第三种为构造节理，即由构造应力所形成的节理。其中，构造节理分布最广。

构造节理又分为张节理和剪节理。张节理由张应力作用产生，多发育在褶皱的轴部，其主要特征为：节理面粗糙不平，无擦痕，节理多开口，一般被其他物质充填，在砾岩或砂岩中的张节理常常绕过砾石或砂粒，节理一般较稀疏，而且延伸不远。剪节理由剪应力作用产生，其主要特征为：节理面平直光滑，有时可见擦痕，节理面一般是闭合的，没有充填物，在砾岩或砂岩中的剪节理常常切穿砾石或砂粒，产状较稳定，间距小、延伸较远，发育完整的剪节理呈X形。

（二）断层

有明显位移的断裂称之为断层。

1.断层要素

（1）断层面

岩层发生断裂并沿其发生位移的破裂面。它的空间位置仍由走向、倾向和倾角表示。既可以是平面，也可以是曲面。

（2）断层线

断层面与地面的交线。其方向表示断层的延伸方向。

（3）断层带

断层带包括断层破碎带和影响带。破碎带是指被断层错动搓碎的部分，常由岩块碎屑、粉末、角砾及黏土颗粒组成，其两侧被断层面所限制；影响带是指靠近破碎带两侧的岩层受断层影响裂隙发育或发生牵引弯曲的部分。

（4）断盘

断层面两侧相对位移的岩块称为断盘。其中，断层面之上的称为上盘，断层面之下的称为下盘。

（5）断距

断层两盘沿断层面相对移动的距离。

2.断层的基本类型

按照断层两盘相对位移的方向，将断层分为以下三种类型：

（1）正断层

上盘相对下降，下盘相对上升的断层。

（2）逆断层

上盘相对上升，下盘相对下降的断层。

（3）平移断层

平移断层是指两盘沿断层面做相对水平位移的断层。

（三）断裂构造对工程的影响

节理和断层的存在，破坏了岩石的连续性和完整性，降低了岩石的强度，增强了岩石的透水性，给水利工程建设带来很大影响。如节理密集带或断层破碎带，会导致水工建筑物的集中渗漏、不均匀变形，甚至发生滑动破坏。因此，在选择坝址、确定渠道及隧洞线路时，尽量避开大的断层和节理密集带，否则必须对其进行开挖、帷幕灌浆等方法处理，甚至调整坝或洞轴线的位置。不过，这些破碎地带，有利于地下水的运动和汇集。因此，断裂构造对于山区找水具有重要意义。

第三节　水资源规划与水利枢纽知识

一、水资源规划知识

（一）规划类型

水资源开发规划是跨系统、跨地区、多学科和综合性较强的前期工作，按区域、范围、规模、目的、专业等可以有多种分类或类型。

1.按水体划分

按不同水体可分为地表水开发规划、地下水开发规划、污水资源化规划、雨水资源利用规划和海咸水淡化利用规划等。

2.按目的划分

按不同目的可分为供水水资源规划、水资源综合利用规划、水资源保护规划、水土保持规划、水资源养蓄规划、节水规划和水资源管理规划等。

3.按用水对象划分

按不同用水对象可分为人畜生活饮用水供水规划、工业用水供水规划和农业用水供水规划等。

4.按自然单元划分

按不同自然单元可分为独立平原的水资源开发规划、流域河系水资源梯级开发规划、小流域治理规划和局部河段水资源开发规划等。

5.按行政区域划分

按不同行政区域可分为以宏观控制为主的全国性水资源规划和包含特定内容的省、地（市）、县域水资源开发现划。乡镇因不是一个独立的自然单元或独立小流域，水资源开发不仅受到地域且受到水资源条件的限制，所以，按行政区划的水资源开发规划至少应是县以上行政区域。

6.按目标单一与否划分

按目标的单一与否可分为单目标水资源开发规划（经济或社会效益的单目标）和多目标水资源开发规划（经济、社会、环境等综合的多目标）。

7.按内容和含义划分

按不同内容和含义可分为综合规划和专业规划。各种水资源开发规划编制的基础是相同的，相互间是不可分割的，但是各自的侧重点或主要目标不同，且各具特点。

（二）规划的方法

进行水资源规划必须了解和搜集各种规划资料，并且掌握处理和分析这些资料的方法，使之为规划任务的总目标服务。

1.水资源系统分析的基本方法

水资源系统分析的常用方法包括：

回归分析方法。它是处理水资源规划资料最常用的一种分析方法。在水资源规划中最常用的回归分析方法有一元线性回归分析、多元回归分析、非线性回归分析、拟合度量和显著性检验等。

投入产出分析法。它在描述、预测、评价某项水资源工程对该地区经济作用时具有明显的效果。它不仅可以说明直接用水部门的经济效果，也能说明间接用水部门的经济效果。

模拟分析方法。在水资源规划中多采用数值模拟分析。数值模拟分析又可分为两类，数学物理方法和统计技术。数值模拟技术中的数学物理方法在水资源规划的确定性模型中应用得较为广泛。

最优化方法。由于水资源规划过程中插入的信息和约束条件不断增加，处理和分析这些信息，以制定和筛选出最有希望的规划方案，使用最优化技术是行之有效的方法。在水资源规划中最常用的最优化方法有线性规划、网络技术动态规划与排队论等。

2.系统模型的分解与多级优化

在水资源规划中，系统模型的变量很多，模型结构较为复杂，完全采用一种方法求解是困难的。因此，在实际工作中，往往把一个规模较大的复杂系统分解成许多"独立"的子系统，分别建立子模型，然后根据子系统模型的性质以及子系统的目标和约束条件，采用不同的优化技术求解。这种分解和多级最优化的分析方法在求解大规模复杂的水资源规划问题时非常有用，它的突出优点是使系统的模型更为逼真，且在一个系统模型内可以使用多种模拟技术和最优化技术。

3.规划的模型系统

在一个复杂的水资源规划中，可以有许多规划方案。因此，从加快方案筛选的观点出发，必须建立一套适宜的模型系统。对于一般的水资源规划问题可建立三种模型系统：筛选模型、模拟模型、序列模型。

系统分析的规划方法不同于"传统"的规划方法，它涉及社会、环境和经济方面的各种要求，并考虑多种目标。这种方法在实际使用中已显示出它们的优越性，是一种适合于复杂系统综合分析需要的方法。

强化节水约束性指标管理。严格落实水资源开发利用总量、用水效率和水功能区限制纳污总量"三条红线",实施水资源消耗总量和强度双控行动,健全取水计量、水质监测和供用耗排监控体系。加快制订重要江河流域水量分配方案,细化落实覆盖流域和省、市、县三级行政区域的取用水总量控制指标,严格控制流域和区域取用水总量。实施引调水工程要先评估节水潜力,落实各项节水措施,健全节水技术标准体系。将水资源开发、利用、节约和保护的主要指标纳入地方经济社会发展综合评价体系,县级以上地方人民政府对本行政区域的水资源管理和保护工作负总责。加强最严格水资源管理制度考核工作,把节水作为约束性指标纳入政绩考核,在严重缺水的地区率先推行。

强化水资源承载能力刚性约束。加强相关规划和项目建设布局水资源论证工作,国民经济和社会发展规划以及城市总体规划的编制、重大建设项目的布局,应当与当地水资源条件和防洪要求相适应。严格执行建设项目水资源论证和取水许可制度,对取用水总量已达到或超过控制指标的地区,暂停审批新增取水。强化用水定额管理,完善重点行业、区域用水定额标准。严格水功能区监督管理,从严核定水域纳污容量,严格控制入河湖排污总量,对排污量超出水功能区限排总量的地区,限制审批新增取水和入河湖排污口。

强化水资源安全风险监测预警。健全水资源安全风险评估机制,围绕经济安全、资源安全、生态安全,从水旱灾害、水供求态势、河湖生态需水、地下水开采、水功能区水质状况等方面,科学评估区域及全国水资源安全风险,加强水资源风险防控。以省、市、县三级行政区为单元,开展水资源承载能力评价,建立水资源安全风险识别和预警机制。抓紧建成国家水资源管理系统,健全水资源监控体系,完善水资源监测、用水计量与统计等管理制度和相关技术标准体系,加强省界等重要控制断面、水功能区和地下水的水质水量监测能力建设。

二、水利枢纽知识

为了综合利用和开发水资源，常需在河流适当地段集中修建几种不同类型和功能的水工建筑物，以控制水流，并便于协调运行和管理。这种由几种水工建筑物组成的综合体，称为水利枢纽。

（一）水利枢纽的分类

水利枢纽的规划、设计、施工和运行管理应尽量遵循综合利用水资源的原则。

水利枢纽的类型很多。为实现多种目标而兴建的水利枢纽，建成后能满足国民经济不同部门的需要，称为综合利用水利枢纽。以某一单项目标为主而兴建的水利枢纽，常以主要目标命名，如防洪枢纽、水力发电枢纽、航运枢纽、取水枢纽等。在很多情况下水利枢纽是多目标的综合利用枢纽，如防洪—发电枢纽，防洪—发电—灌溉枢纽，发电—灌溉—航运枢纽等。按拦河坝的型式还可分为重力坝枢纽、拱坝枢纽、土石坝枢纽及水闸枢纽等。根据修建地点的地理条件不同，有山区、丘陵区水利枢纽和平原、滨海区水利枢纽之分。根据枢纽上下游水位差的不同，有高、中、低水头之分，世界各国对此无统一规定。我国一般水头70m以上的是高水头枢纽，水头30～70m的是中水头枢纽，水头30m以下的是低水头枢纽。

（二）水利枢纽工程的基本建设程序及设计阶段划分

项目建议书应根据国民经济和社会发展长远规划、流域综合规划、区域综合规划、专业规划，按照国家产业政策和国家有关投资建设方针进行编制，是对拟进行工程项目的初步说明。项目建议书编制一般由政府委托有相应资质的设计单位承担，并按国家现行规定权限向主管部门申报审批。

可行性研究应对项目进行方案比较，对项目在技术上是否可行和经济上是否合理，进行科学的分析和论证。经过批准的可行性研究报告，是项目决策和进行初步设计的依据。可行性研究报告，由项目法人（或筹备机构）组织编制。可行性研究报告经批准后，不得随意修改和变更，在主要内容上有重要变动，应经原批准机关复审同意。项目可行性报告批准后，应正式成立项目法人，并按项目法人责任制实行项目管理。

初步设计是根据批准的可行性研究报告和必要而准确的设计资料，对设计对象进行全面研究，阐明拟建工程在技术上的可行性和经济上的合理性，规定项目的各项基本技术参数，编制项目的总概算。初步设计任务应择优选择有相应资质的设计单位承担，依照有关初步设计编制规定进行编制。

建设项目初步设计文件已批准，项目投资来源基本落实，可以进行主体工程招标设计和组织招标工作以及现场施工准备。项目的主体工程开工之前，必须完成各项施工准备工作，其主要内容包括：①施工现场的征地、拆迁；②完成施工用水、电、通信、铺路和场地平整等工程；③必需的生产、生活临时建筑工程；④组织招标设计、工程咨询、设备和物资采购等服务；⑤组织建设监理和主体工程招标投标，并择优选定建设监理单位和施工承包商。

建设实施阶段是指主体工程的建设实施，项目法人按照批准的建设文件，组织工程建设，保证项目建设目标的实现。项目法人或建设单位向主管部门提出主体工程开工申请报告，按审批权限，经批准后，方能正式开工。随着社会主义市场经济机制的建立，工程建设项目实行项目法人责任制后，主体工程开工，必须具备以下条件：①前期工程各阶段文件已按规定批准，施工详图设计可以满足初期主体工程施工需要；②建设项目已列入国家年度计划，年度建设资金已落实；③主体工程招标已经决标，工程承包合同已经签订，并得到主管部门同意；④现场施工准备和征地移民等建设外部条件能够满足主体工程开工需要。

生产准备应根据不同类型的工程要求确定，一般应包括如下内容：①生产组织准备，建立生产经营的管理机构及相应管理制度；②招收和培训人员；③生产技术准备；④生产的物资准备；⑤正常的生活福利设施准备。

竣工验收是工程完成建设目标的标志，是全面考核基本建设成果、检验设计和工程质量的重要步骤。竣工验收合格的项目即从基本建设转入生产或使用。

工程项目竣工投产后，一般经过一年至两年生产营运后，要进行一次系统的项目后评价，主要内容包括：①影响评价——项目投产后对各方面的影响进行评价；②经济效益评价——对项目投资、国民经济效益、财务效益、技术进步和规模效益、可行性研究深度等进行评价；③过程评价——对项目的立项、设计施工、建设管理、竣工投产、生产营运等全过程进行评价。项目后评价一般按以下三个层次组织实施，即项目法人的自我评价、项目行业的评价、计划部门（或主要投资方）的评价。

设计工作应遵循分阶段、循序渐进、逐步深入的原则进行。以往大中型枢纽工程常按三个阶段进行设计，即可行性研究、初步设计和施工详图设计。对于工程规模大，技术上复杂而又缺乏设计经验的工程，经主管部门指定，可在初步设计和施工详图设计之间，增加技术设计阶段。20世纪80年代以来，为适应招标投标合同管理体制的需要，初步设计之后又有招标设计阶段。例如，三峡工程设计包括可行性研究、初步设计、单项工程技术设计、招标设计和施工详图设计五个阶段。

（三）水利工程的影响

水利工程是防洪、除涝、灌溉、发电、供水、围垦、水土保持、移民、水资源保护等工程及其配套和附属工程的统称，是人类改造自然、利用自然的工程。修建水利工程，是为了控制水流、防止洪涝灾害，并进行水量的合理调节和分配，从而满足人民生活和生产对水资源的需要。因此，大型水利工程往往显现出显著的社会效益和经济效益，可以带动地区经济发展，促进流域以至整个中国经济社会的全面可持续发展。

但是也必须注意到，水利工程的建设可能会破坏河流或河段及其周围地区在天然状态下的相对平衡。特别是具有高坝大库的河川水利枢纽的建成运行，对周围的自然和社会环境都将产生重大影响。

修建水利工程对生态环境的不利影响：河流中筑坝建库后，上下游水文状态将发生变化，可能出现泥沙淤积、水库水质下降、水位上升淹没部分文物古迹和自然景观，还可能会改变库区及河流中下游水生生态系统的结构和功能，对一些鱼类和植物的生存和繁殖产生不利影响；水库的"沉沙池"作用，使过坝的水流成为"清水"，冲刷能力加大，由于水势和含沙量的变化，还可能改变下游河段的河水流向和冲积程度，造成河床被冲刷侵蚀，也可能影响河势变化乃至河岸稳定；大面积的水库还会引起附近小气候的变化，库区蓄水后，水域面积扩大，水的蒸发量上升，因此会造成附近地区的日夜温差缩小，改变库区的气候环境，例如可能增加雾天的出现频率；兴建水库可能会增加库区地质灾害发生的频率，例如兴建水库可能会诱发地震，增加库区及附近地区地震发生的频率；山区的水库由于两岸山体下部未来长期处于浸泡之中，发生山体滑坡、塌方和泥石流的频率可能会有所增加；深水库底孔下放的水，水温会较原天然状态有所变化，可能不如原来适合农作物生长，此外，库水化学成分改变、营养物质浓集导致水的异味或缺氧等，也会对生物带来不利影响。

修建水利工程对生态环境的有利影响：防洪工程可有效地控制上游洪水，提高河段甚至流域的防洪能力，从而有效地减免洪涝灾害带来的生态环境破坏；水力发电工程利用清洁的水能发电，与燃煤发电相比，可以少排放大量的二氧化碳、二氧化硫等有害气体，减轻酸雨、温室效应等大气危害以及燃煤开采、洗选、运输、废渣处理所导致的严重环境污染；能调节工程中下游的枯水期流量，有利于改善枯水期水质；有些水利工程可为调水工程提供水源条件；高坝大库的建设较天然河流大大增加了的水库面积与容积，可以养鱼，对渔业有利；水库调蓄的水量增加了农作物灌溉的机会。

第四节　水库与水电站知识

一、水库知识

（一）水库的概念

水库是指在山沟或河流的狭口处建造拦河坝形成的人工湖泊。水库建成后，可发挥防洪、蓄水、灌溉、供水、发电、养鱼等效益。有时天然湖泊也称为水库（天然水库）。

（二）水库的作用

河流天然来水在一年间及各年间一般都会有所变化，这种变化与社会工农业生产及人们生活用水在时间和水量分配上往往存在矛盾，兴建水库是解决这类矛盾的主要措施之一。兴建水库也是综合利用水资源的有效措施。水库不仅可以使水量在时间上重新分配，满足灌溉、防洪、供水的要求；还可以利用大量的蓄水和抬高了的水头来满足发电、航运及渔业等其他用水部门的需要。水库在来水多时把水存蓄在库中，然后根据灌溉、供水、发电、防洪等综合利用要求适时适量地进行分配。这种把来水按用水要求在时间和数量上重新分配的作用，称为水库的调节作用。水库的径流调节是指利用水库的蓄泄功能有计划地对河川径流在时间上和数量上进行控制和分配。

径流调节通常按水库调节周期分类，根据调节周期的长短，水库也可分为无调节、日调节、周调节、年调节和多年调节水库。无调节水库没有调节库容，按天然流量供水；日调节水库按用水部门一天内的需水过程进行调节；周调节水库按用水部门一周内的需水过程进行调节；年调节水库将一年中的多余水量存蓄起来，用以提高缺水期的供水量；多年调节水库将丰水年的多余水量存蓄起来，用以提高枯水年的供水量，其调节周期超过一年。水库径流调节的工程措施是修建大坝（水库）和设置调节流量的闸门。

水库还可按水库所承担的任务，划分为单一任务水库及综合利用水库；按水库供水方式，可分为固定供水调节及变动供水调节水库；按水库的作用，可分为反调节、补偿调节、水库群调节及跨流域引水调节等。补偿调节是指两个或两个以上水库联合工作，利用各库的水文特性、调节性能及地理位置等条件的差别，在供水量、发电出力、泄洪量上相互协调补偿。通常，将其中调节性能高的、规模大的、任务单纯的水库作为补偿调节水库，而以调节性能差、用水部门多的水库作为被补偿水库（电站），考虑不同水文特性和库容进行补偿。一般是上游水库作为补偿调节水库补充放水，以满足下游电站或给水、灌溉引水的用水需要。反调节水库又称再调节水库，是指同一河段相邻较近的两个水库，下一级反调节水库在发电、航运、流量等方面利用上一级水库下泄的水流。例如，葛洲坝水库是三峡水库的反调节水库；西霞院水库是小浪底水库的反调节水库，位于小浪底水利枢纽下游16km，当小浪底水电站执行频繁的电调指令时，其下泄流量不稳定，会对大坝下游至花园口间的河流生命指标以及两岸人民生活、生产用水和河道工程产生不利影响，通过西霞院水库的再调节作用，既能保证发电调峰，又能效保护下游河道。

（三）水量平衡原理

水量平衡是水量收支平衡的简称。对于水库而言，水量平衡原理是指任意时刻，水库（群）区域收入（或输入）的水量和支出（或输出）的水量之差，等于该时段内该区域储水量的变化。

（四）水库的特征水位和特征库容

水库的库容大小决定着水库调节径流的能力和它所能提供的效益。因此，确定水库特征水位及其相应库容是水利水电工程规划、设计的主要任务之一。水库工程为完成不同任务，在不同时期和各种水文情况下，需控制达到或允许消落的各种库水位称为水库的特征水位。相应于水库的特征水位以下或两特征水位之间的水库容积称为水库的特征库容。水库的特征水位主要有正常蓄水位、死水位、防洪限制水位、防洪高水位、设计洪水位、校核洪水位等；主要特征库容有兴利库容、死库容、重叠库容、防洪库容、调洪库容、总库容等。

1.水库的特征水位

正常蓄水位是指水库在正常运用情况下，为满足兴利要求在开始供水时应该蓄到的水位，又称正常水位、兴利水位，或设计蓄水位。它是决定水工建筑物的尺寸、投资、淹没、水电站出力等指标的重要依据。选择正常蓄水位时，应根据电力系统和其他部门的要求及水库淹没、坝址地形、水库地质、水工建筑物布置、施工条件、梯级影响、生态与环境保护等因素，拟定不同方案，通过技术经济论证及综合分析比较后确定。

防洪限制水位是指水库在汛期允许兴利蓄水的上限水位，又称汛前限制水位。防洪限制水位是水库在汛期防洪运用时的起调水位。选择防洪限制水位，要兼顾防洪和兴利的需要，应根据洪水及泥沙特性，研究对防洪、发电及其他部门和对水库淹没、泥沙冲淤及淤积部位、水库寿命、枢纽布置以及水轮机运行条件等方面的影响，通过对不同方案的技术经济比较，综合分析确定。

设计洪水位是指水库遇到大坝的设计洪水时，在坝前达到的最高水位。它是水库在正常运用情况下允许达到的最高洪水位，可采用相应于大坝设计标准的各种典型洪水，按拟定的调度方式，自防洪限制水位开始进行调洪计算求得。

校核洪水位是指水库遇到大坝的校核洪水时，在坝前达到的最高水位。它是水库在非常运用情况下，允许临时达到的最高洪水位，可采用相应于大坝校核标准的各种典型洪水，按拟定的调洪方式，自防洪限制水位开始，进行调洪计算求得。

防洪高水位是指水库遇下游保护对象的设计洪水时，在坝前达到的最高水位。当水库承担下游防洪任务时，需确定这一水位。防洪高水位可采用相应于下游防洪标准的各种典型洪水，按拟定的防洪调度方式，自防洪限制水位开始，进行水库调洪计算求得。

死水位是指水库在正常运用情况下，允许消落到的最低水位。选择死水位，应比较不同方案的电力、电量效益和费用，并应考虑灌溉、航运等部门对水位、流量的要求，和泥沙冲淤、水轮机运行工况以及闸门制造技术对进水口高程的制约等条件，经综合分析比较确定。正常蓄水位到死水位间的水库深度称为消落深度或工作深度。

2.水库的特征库容

最高水位以下的水库静库容，称为总库容，一般指校核洪水位以下的水库容积，它是表示水库工程规模的代表性指标，可作为划分水库等级、确定工程安全标准的重要依据。

防洪高水位至防洪限制水位之间的水库容积，称为防洪库容。用以控制洪水，满足水库下游防护对象的防洪要求。

校核洪水位至防洪限制水位之间的水库容积，称为调洪库容。

正常蓄水位至死水位之间的水库容积，称为兴利库容或有效库容。

当防洪限制水位低于正常蓄水位时，正常蓄水位至防洪限制水位之间，汛期用于蓄洪、非汛期用于兴利的水库容积，称为共用库容或重复利用库容。

死水位以下的水库容积，称为死库容。除特殊情况外，死库容不参与径流调节。

二、水电站知识

水电站是将水能转换为电能的综合工程设施，又称水电厂。包括为利用水能生产电能而兴建的一系列水电站建筑物及装设的各种水电站设备。利用这些建筑物集中天然水流的落差形成水头，汇集、调节天然水流的流量，并将它输向水轮机，经水轮机与发电机的联合运转，将集中的水能转换为电能，再经变压器、开关站和输电线路等将电能输入电网。

在通常情况下，水电站的水头是通过适当的工程措施，将分散在一定河段上的自然落差集中起来而构成的。就集中落差形成水头的措施而言，水能资源的开发方式可分为坝式、引水式和混合式三种基本方式。根据三种不同的开发方式，水电站也可分为坝式、引水式和混合式三种基本类型。

（一）坝式水电站

在河流峡谷处拦河筑坝、坝前壅水，形成水库，在坝址处形成集中落差，这种开发方式称为坝式开发。用坝集中落差的水电站称为坝式水电站，其特点如下：

坝式水电站的水头取决于坝高。坝越高，水电站的水头越大，但坝高往往受地形、地质、水库淹没、工程投资、技术水平等条件的限制，因此与其他开发方式相比，坝式水电站的水头相对较小。

拦河筑坝形成水库，可用来调节流量。坝式水电站的引用流量较大，电站的规模也大，水能利用比较充分。

要求工程规模大，水库造成的淹没范围大，迁移人口多，因此坝式水电站的投资大，工期长。

坝式开发适用于河道坡降较缓，流量较大，有筑坝建库条件的河段。

坝式水电站按大坝和发电厂的相对位置的不同又可分为河床式、坝后式、闸墩式、坝内式、溢流式等。在实际工程中，较常用的坝式水电站是河床式和坝后式水电站。

1.河床式水电站

河床式水电站一般修建在河流中下游河道纵坡平缓的河段上，为避免大量淹没，坝建得较低，故水头较小。大中型河床式水电站水头一般为25m以下，不超过30～40m；中小型水电站水头一般为10m以下。河床式电站的引用流量一般都较大，属于低水头大流量型水电站，其特点是厂房与坝（或闸）一起建在河床上，厂房本身承受上游水压力，并成为挡水建筑物的一部分，一般不设专门的引水管道，水流直接从厂房上游进水口进入水轮机。我国湖北葛洲坝、浙江富春江、广西大化等水电站，均为河床式水电站。

2.坝后式水电站

坝后式水电站一般修建在河流中上游的山区峡谷地段，受水库淹没限制相对较小，所以坝可建得较高，水头也较大，在坝的上游形成了可调节天然径流的水库，有利于发挥防洪、灌溉、航运及水产等综合效益，并给水电站运行创造十分有利的条件。由于水头较高，水电站厂房不能承受上游过大水压力而建在坝后（坝下游）。其特点是水电站厂房布置在坝后，厂坝之间常用缝分开，上游水压力全部由坝承受。三峡水电站、福建水口水电站等，均属坝后式水电站。

坝后式水电站厂房的布置型式很多，当厂房布置在坝体内时，称为坝内式水电站；当厂房布置在溢流坝段之后时，通常称为溢流式水电站。当水电站的拦河坝为土坝或堆石坝等当地材料坝时，水电站厂房可采用河岸式布置。

（二）引水式开发和引水式水电站

在河流坡降较陡的河段上游，通过人工建造的引入道（渠道、隧洞、管道等）引水到河段下游，集中落差，这种开发方式称为引水式开发。用引水道集中水头的水电站，称为引水式水电站。

引水式开发的特点是：由于引水道的坡降（一般取1/1000～1/3000）小于原河道的坡降，因而随着引水道的增长，水头逐渐集中；与坝式水电站相比，引水式水电站由于不存在淹没和筑坝技术上的限制，水头相对较大，目前最大水头已达2000m以上；引水式水电站的引用流量较小，没有水库调节径流，水量利用率较低，综合利用价值较差，电站规模相对较小，工程量较小，单位造价较低。

引水式开发适用于河道坡降较陡且流量较小的山区河段。根据引水建筑物中的水流状态不同，可分为无压引水式水电站和有压引水式水电站。

1.无压引水式水电站

无压引水式水电站的主要特点是具有较长的无压引水水道，水电站引水建筑物中的水流是无压流。无压引水式水电站的主要建筑物有低坝、无压进水口、沉沙池、引水渠道（或无压隧洞）、日调节池、压力前池、溢水道、压力管道、厂房和尾水渠等。

2.有压引水式水电站

有压引水式水电站的主要特点是有较长的有压引水道，如有压隧洞或压力管道，引水建筑物中的水流是有压流。有压引水式水电站的主要建筑物有拦河坝、有压进水口、有压引水隧洞、调压室、压力管道、厂房和尾水渠等。

（三）混合式开发和混合式水电站

在一个河段上，同时采用筑坝和有压引水道共同集中落差的开发方式称为混合式开发。坝集中一部分落差后，再通过有压引水道集中坝后河段上另一部分落差，共同形成电站的总水头。用坝和引水道集中水头的水电站称为混合式水电站。

混合式水电站适用于上游有良好坝址，适宜建库，而紧邻水库的下游河道突然变陡或有较大转弯的情况。这种水电站同时兼有坝式水电站和引水式水电站的优点。

混合式水电站和引水式水电站之间没有明确的分界线。严格来说，混合式水电站的水头是由坝和引水建筑物共同形成的，且坝一般构成水库。而引水式水电站的水头，只由引水建筑物形成，坝只起抬高上游水位的作用。但在工程实际中常将具有一定长度引水建筑物的混合式水电站统称为引水式水电站，而较少采用混合式水电站这个名称。

（四）抽水蓄能电站

随着国民经济的迅速发展以及人民生活水平的不断提高，电力负荷和电网日益扩大，电力系统负荷的峰谷差也越来越大。

在电力系统中，核电站和火电站不能适应电力系统负荷的急剧变化，且受到技术最小出力的限制，调峰能力有限，而且火电机组调峰煤耗多，运行维护费用高。而水电站启动与停机迅速，运行灵活，适宜担任调峰、调频和事故备用负荷。

抽水蓄能电站不是为了开发水能资源向系统提供电能，而是以水体为储能介质，起调节作用。抽水蓄能电站包括抽水蓄能和放水发电两个过程，它有上下两个水库，用引水建筑物相连，蓄能电站厂房建在下水库处。在系统负荷低谷时，利用系统多余的电能带动泵站机组（电动机+水泵）将下库的水抽到上库，以水的势能形式储存起来；当系统负荷高峰时，将上库的水放下来推动水轮发电机组（水轮机+发电机）发电，以补充系统中电能的不足。

电力行业改革，实行负荷高峰高电价、负荷低谷低电价后，抽水蓄能电站的经济效益将是显著的。抽水蓄能电站除了产生调峰填谷的静态效益外，还由于其特有的灵活性而产生动态效益，包括同步备用、调频、负荷调整、满足系统负荷急剧爬坡的需要、同步调相运行等。

（五）潮汐水电站

海洋水面在太阳和月球引力的作用下，发生一种周期性涨落的现象，称为潮汐。从涨潮到涨潮（或落潮到落潮）之间间隔的时间，即潮汐运动的周期（亦称潮期），约为12h又25min。在一个潮汐周期内，相邻高潮位与低潮位间的差值，称为潮差，其大小受引潮力、地形和其他条件的影响，因时因地而异，一般为数米。有了这样的潮差，就可以在沿海的港湾或河口建坝，建成水库，利用潮差所形成的水头来发电，就是潮汐能的开发。

利用潮汐能发电的水电站称为潮汐水电站。潮汐水电站多修建于海湾。其工作原理是修建海堤，将海湾与海洋隔开，并设泄水闸和电站厂房，然后利用潮汐涨落时海水位的升降，使海水流经水轮机，再通过水轮机的转动带动发电机组发电。涨潮时外海水位高于内库水位，形成水头，这时引海水入湾发电；退潮时外海水位下降，低于内库水位，可放库中的水入海发电。海潮昼夜涨落两次，因此海湾每昼夜充水和放水也是两次。潮汐水电站可利用的水头为潮差的一部分，水头较小，但引用的海水流量可以很大，是一种低水头大流量的水电站。

潮汐能与一般水能资源不同，是取之不尽，用之不竭的。潮差较稳定，且不存在枯水年与丰水年的差别，因此潮汐能的年发电量稳定，但由于开发成本较高和技术要求高，所以发展较慢。

（六）无调节水电站和有调节水电站

水电站除按开发方式进行分类外，还可以按其是否有调节天然径流的能力而分为无调节水电站和有调节水电站两种类型。

无调节水电站没有水库，或虽有水库却不能用来调节天然径流。当天然流量小于电站能够引用的最大流量时，电站的引用流量就等于或小于该时刻的天然流量；当天然流量超过电站能够引用的最大流量时，电站最多也只能利用它所能引用的最大流量，超出的那部分天然流量只好弃水。

凡是具有水库，能在一定限度内按照负荷的需要对天然径流进行调节的水电站，统称为有调节水电站。根据调节周期的长短，有调节水电站又可分为日调节水电站、年调节水电站及多年调节水电站等，视水库的调节库容与河流多年平均年径流量的比值（称为库容系数）而定。无调节和日调节水电站又称径流式水电站，具有比日调节能力大的水库的水电站又称蓄水式水电站。

在前述的水电站中，坝后式水电站和混合式水电站一般都是有调节的；河床式水电站和引水式水电站则常是无调节的，或者只具有较小的调节能力，例如日调节。

第五章 施工导流

第一节 施工导流

一、施工导流概述

（一）施工导流的概念

水工建筑物一般都在河床上施工，为避免河水对施工的不利影响，创造干地的施工条件，需要修建围堰围护基坑，并将原河道中各个时期的水流按预定方式加以控制，并将部分或者全部水流导向下游。这种工作就叫施工导流。

（二）施工导流的意义

施工导流是水利工程建设中必须妥善解决的重要问题。其重要性表现为：

第一，直接关系到工程的施工进度和完成期限；

第二，直接影响工程施工方法的选择；

第三，直接影响施工场地的布置；

第四，直接影响工程的造价；

第五，与水工建筑物的形式和布置密切相关。

（三）影响施工导流的因素

影响因素比较多，如水文、地质、地形特点；所在河流施工期间的灌溉、贡税、通航、过木等要求；水工建筑物的组成和布置；施工方法与施工布置；当地材料供应条件等。

（四）施工导流的设计任务

综合分析研究上述因素，在保证满足施工要求和用水要求的前提下，正确选择导流标准，合理确定导流方案，进行临时结构物设计，正确进行建筑物的基坑排水。

（五）施工导流的基本方法

1.基本方法有两种

（1）全段围堰导流法

用围堰拦断河床，全部水流通过事先修好的导流泄水建筑物流走。

（2）分段围堰导流法

水流通过河床外的束窄河床下泄，后期通过坝体预留缺口、底孔或其他泄水建筑物下泄。

2.施工导流的全段围堰法

（1）基本概念

利用围堰拦断河床，将河水逼向在河床以外临时修建的泄水建筑物，并流往下游。因此，该法也叫河床外导流法。

（2）基本做法

全段围堰法是在河床主体工程的上、下游一定距离的地方分别各建一道拦河围堰，使河水经河床以外的临时或者永久性泄水道下泄，主体工程就可以在排干的基坑中施工，待主体工程建成或者接近建成时，再将临时泄水道封堵。该法一般应用在河床狭窄、流量较小的中小河道上。在大流量的河道上，只有地形、地质条件受限，明显采用分段围堰法不利时才采用此法导流。

（3）主要优点

施工现场的工作面比较大，主体工程在一次性围堰的围护下就可以建成。如果在枢纽工程中，能够利用永久泄水建筑物结合施工导流时，采用此法往往比较经济。

（4）导流方法

导流方法一般根据导流泄水建筑物的类型区分，如明渠导流，隧洞导流、涵管导流、渡槽导流等。

3.施工导流的分段围堰法

（1）基本概念

分段围堰法施工导流，就是利用围堰将河床分期分段围护起来，让河水从缩窄后的河床中下泄的导流方法。分期，就是从时间上将导流划分成若干个时间段；分段，就是用围堰将河床围成若干个地段。一般分为两期两段。

（2）适宜条件

一般适用于河道比较宽阔，流量比较大，工程施工时间比较长的工程，在通航的河道上，往往不允许出现河道断流，这时，分段围堰法就是唯一的施工导流方法。

（3）围堰修筑顺序

一般情况下，总是先在第一期围堰的保护下修建泄水建筑物，或者建造期限比较长的复杂建筑物，例如水电站厂房等，并预留低孔、缺口，以备宣泄第二期的导流流量。第一期围堰一般先选在河床浅滩一岸进行施工，此时，对原河床主流部分的泄流影响不大，第一期的工程量也小；第二期的部分纵向围堰可以在第一期围堰的保护下修建。拆除第一期围堰后，修建第二期围堰进行截流，再进行第二期工程施工，河水从第一期安排好的地方下泄。

二、围堰工程

（一）围堰概述

1.主要作用

它是临时挡水建筑物，用来围护主体建筑物的基坑，保证在干地上顺利施工。

2.基本要求

完成导流任务后，若对永久性建筑物的运行有妨碍，还需要拆除。因此，围堰除满足水工建筑物稳定、不透水、抗冲刷的要求外，还需要工程量小、结构简单、施工方便、有利于拆除等。但如果能将围堰作为永久性建筑物的一部分，对节约材料，降低造价，缩短工期更为有利。

（二）基本类型及构造

按相对位置不同，分纵向围堰和横向围堰；按构造材料分为土围堰、土石围堰、草土围堰、混凝土围堰、板桩围堰，木笼围堰等多种形式。下面介绍几种常用类型。

1.土围堰

土围堰与土坝的布置内容、设计方法、基本要求、优缺点大体相同，但因其临时性，故在满足导流要求的情况下，力求简单，施工方便。

2.土石围堰

这是一种以石料为支撑体，黏土为防渗体，中间设反滤层的土石混合结构。抗冲能力比土围堰大，但是拆除比土围堰困难。

3.草土围堰

这是一种草土混合结构。将麦秸、稻草、芦苇、柳枝等柴草绑成捆，修围堰时，铺一层草捆便铺一层土料，如此往复，直到筑起围堰。该法就地取材，施工简单，速度快，造价低，拆除方便，具有一定的抗渗、抗冲能力，容重小，特别适宜软土地基，但是不宜用于拦挡高水头，一般限于水深不超过6米，流速不超过3~4米/秒，使用期不超过2年。该法过去在灌溉工程中常用，现在在防汛工程中比较常用。

4.混凝土围堰

混凝土围堰常用于在岩基土修建的水利枢纽工程，这种围堰的特点是挡水水头高，底宽小，抗冲能力大，堰顶可溢流，尤其是在分段围堰法导流施工中，用混凝土浇筑的纵向围堰可以两面挡水，而且可与永久建筑物相结合作为坝体或闸室体的一部分。混凝土纵向或横向围堰多为重力式，为减小工程量，狭窄河床的上游围堰也常采用拱形结构。混凝土围堰抗冲防渗性能好，占地范围小，既适用于挡水围堰，更适用于过水围堰，因此，虽造价较土石围堰相对较高，仍为众多工程所采用。混凝土围堰一般需在低水土石围堰的保护下干地施工，但也可创造条件在水下浇筑混凝土或预填骨料灌浆，中型工程常采用浆砌块石围堰。混凝土围堰按其结构型式有重力式、空腹式、支墩式、拱式、圆筒式等。按其施工方法有干地浇筑、水下浇筑、预填骨料灌浆、碾压式混凝土及装配式等。常用的型式是干地浇筑的重力式及拱形围堰。此外，还有浆砌石围堰，一般采用重力式居多。混凝土围堰具有抗冲、防渗性能好、底宽小、易于与永久建筑物结合，必要时还允许堰顶过水，安全可靠等优点。因此，虽造价较高，但在国内外仍得到较广泛的应用。例如，三峡、丹江口、三门峡、潘家口、石泉等工程的纵向围堰都采用了混凝土重力式围堰，其下游段与永久导墙相结合；刘家峡、乌江渡、紧水滩、安康等工程也均采用了拱形混凝土围堰。

5.钢板桩围堰

钢板桩围堰是最常用的一种板桩围堰。钢板桩是带有锁口的一种型钢，其截面有直板形、槽形及Z形等，有各种大小尺寸及联锁形式，常见的有拉尔森式、拉克万纳式等。

其优点为：强度高，容易打入坚硬土层；可在深水中施工，必要时加斜支撑成一个围笼；防水性能好；能按需要组成各种外形的围堰，并可多次重复使用。因此，它的用途广泛。

6.过水围堰

过水围堰（overflowcofferdam）是指在一定条件下允许堰顶过水的围堰。过水围堰既担负挡水任务，又能在汛期泄洪，适用于洪枯流量比值大，水位变幅显著的河流。其优点是减小施工导流泄水建筑物规模，但过流时基坑内不能施工。

根据水文特性及工程重要性，提出枯水期5%~10%频率的几个流量值，通过分析论证，力争在枯水年能全年施工。中国新安江水电站施工期，选用枯水期5%频率的挡水设计流量4650m³/s，实现了全年施工。对于可能出现枯水期有洪水而汛期又有枯水的河流施工时，可通过施工强度和导流总费用（包括导流建筑物和淹没基坑的费用总和）的技术经济比较，选用合理的挡水设计流量。为了保证堰体在过水条件下的稳定性，还需要通过计算或试验确定过水条件下的最不利流量，作为过水设计流量。

水围堰类型：通常有土石过水围堰、混凝土过水围堰、木笼过水围堰3种。木笼过水围堰由于用木材多，施工、拆除都较复杂，现已少用。

7.纵向围堰

平行于水流方向的围堰为纵向围堰。

围堰作为临时性建筑物，其特点如下：

（1）施工期短，一般要求在一个枯水期内完成，并在当年汛期挡水。（2）一般需进行水下施工，但水下作业的质量不易保证。（3）围堰常需拆除，尤其是下游围堰。

围堰虽是一种临时性的挡水建筑物，但对工程施工起重要作用，必须按照设计要求进行修筑。否则，轻则渗水量大，增加基坑排水设备容量和费用；重则可能造成溃堰的严重后果，拖延工期，增加造价。这种惨痛的教训，应引起足够的重视。

8.横向围堰

拦断河流的围堰或在分期导流施工中的围堰轴线基本与流向垂直且与纵向围堰连接的上下游围堰。

三、导流标准选择

（一）导流标准的作用

导流标准是选定的导流设计流量，导流设计流量是确定导流方案和对导流建筑物进行设计的依据。标准太高，导流建筑物规模大，投资大；标准太低，可能危及建筑物安全。因此，导流标准的确定必须根据实际情况进行。

（二）导流标准的确定方法

一般用频率法，也就是根据工程的等级，确定导流建筑物的级别，根据导流建筑物的级别，确定相应的洪水重现期，作为计算导流设计流量的标准。

（三）标准使用的注意问题

确定导流设计标准，不能没有标准而凭主观臆断；但是，由于影响导流设计的因素十分复杂，也不能将规定看作固定的、一成不变的，而套用到整个施工过程。因此在导流设计中，一定要依据数据，更重要的是要具体分析工程所在河流的水文特性、工程的特点、导流建筑物的特点等，经过不同方案的比较论证，才能确定出比较合理的导流标准。

四、导流时段的选择

（一）导流时段的概念

是按照施工导流的各个阶段划分的时段。

（二）时段划分的类型

一般根据河流的水文特性划分为：枯水期、中水期、洪水期。

（三）时段划分的目的

因为导流是为主体工程安全、方便、快速施工服务的，它服务的时间越短，标准就可以定得越低，工程建设就越经济。若尽可能地安排导流建筑物只在枯水期工作，围堰不用拦挡汛期洪水，就可以做得比较矮，投资就少。但是，片面追求导流建筑物的经济，可能影响主体工程施工，因此，要对导流时段进行合理划分。

（四）时段划分的意义

导流时段划分，实质上就是解决主体工程在全部建成的整个施工过程中，枯水期、中水期、洪水期的水流控制问题。也就是确定工程施工顺序、施工期间不同时段宣泄不同导流流量的方式，以及与之相适应的导流建筑物的高程和尺寸，因此，导流时段的确定，与主体建筑物的型式、导流的方式、施工的进度有关。

（五）土石坝的导流时段

土石坝的施工过程不允许过水，若不能在枯水期内建成拦洪，导流时段就要以全年为标准，导流设计流量就应以全年最大洪水的一定频率进行设计。若能让土石坝在汛期到来之前填筑到临时拦洪高程，就可以缩短围堰使用期限，在降低围堰的高度，减少围堰工程量的同时，又可以达到安全度汛、经济合理、快速施工的目的。这种情况下，导流时段的标准可以不包括汛期的施工时段，那么，导流的设计流量即为该时段按某导流标准的设计频率计算的最大流量。

（六）砼和浆砌石坝的导流时段

这类坝体允许过水，因此，在洪峰到来时，让未建成的主体工程过水，部分或者全部停止施工，待洪水过后再继续施工。这样一来，虽然增加了一年中的施工时间，但是，由于可以采用较小的导流设计流量，因而节约了导流费用，减少了导流建筑物的工期，可能还是经济的。

（七）导流时段确定注意问题

允许基坑淹没时，导流设计流量确定是一个必须认真对待的问题。因为，不同的导流设计流量，就有不同的年淹没次数和不同的年有效施工时间。每淹没一次，就要做一次围堰检修、基坑排水处理、机械设备撤退和复工返回等工作，花费一定的时间和费用。当选择的标准比较高时，围堰做的高，工程量大，但是淹没次数少，年有效施工时间长，淹没损失费用少；反之，当选择的标准比较低时，围堰可以做的低，工程量小，但是，淹没的次数多，年有效施工时间短，淹没损失费用多。由此可见，正确选择围堰的设计施工流量，技术经济比较问题，国家规定的完建期限，都是必须考虑的重要因素。

第二节　截流

一、截流概述

（一）截流

截流工程是指在泄水建筑物接近完工时，即以进占方式自两岸或一岸建筑戗堤（作为围堰的一部分）形成龙口，并将龙口防护起来，待泄水建筑物完工以后，在有利时机，全力以最短时间将龙口堵住，截断河流。接着在围堰迎水面投抛防渗材料闭气，水即全部经泄水道下泄。与闭气同时，为使围堰能挡住当时可能出现的洪水，必须立即加高培厚围堰，使之迅速达到相应设计水位的高程以上。

截流工程是整个水利枢纽施工的关键，它的成败直接影响工程进度。如果失败，就可能使进度推迟一年。截流工程的难易程度取决于：河道流量、泄水条件；龙口的落差、流速、地形地质条件；材料供应情况及施工方法、施工设备等因素。因此，事先必须经过充分的分析研究，采取适当措施，才能保证截流施工中争取主动，顺利完成截流任务。

河道截流工程在我国已有千年以上的历史。在黄河防汛、海塘工程和灌溉工程上积累了丰富的经验，如利用捆厢帚、柴石枕、柴土枕、枵杈、排桩填帚截流，不仅施工方便速度快，而且就地取材，因地制宜经济适用。新中国成立后，我国水利建设发展很快，江淮平原和黄河流域的不少截流堵口、导流堰工程多是采用这些传统方法完成的。此外，还广泛采用了高度机械化投块料截流的方法。

从20世纪50年代开始，由于水利建设逐步转到大河流，山区峡谷落差大（4cm～10cm）、流量大，加上重型施工机械的发展，立堵截流开始有了发展；与之相应，世界上对立堵水力学的研究也普遍开展。所以20世纪60年代以来，立堵截流在世界各国河道截流中已成为主要方式。截流落差5m为常见，更高有达10m的由于高落差下进行立堵截流，于是就出现了双戗堤、三戗堤、宽戗堤的截流方法，以后立堵不仅用于岩石河床而且也向可冲刷基床推广。

我国在传统的立堵截流经验的基础上，根据我国实际情况，现在绝大多数河道截流工程都是用立堵法完成的。

我国在海河、射阳、新洋港等潮汐口修建断流坝时，采用柴石枕护底，继而用梢捆进占压束河床至100～200m，再在平潮时用船投重型柴石枕加厚护底，抬高潜堤高度，最后用捆帚进占合龙，在软基带工截流上用平立堵结合方法取得了成功。

（二）截流的重要性

截流若不能按时完成，整个围堰内的主体工程都不能按时开工。若一旦截流失败，造成的影响更大。所以，截流在施工导流中占有十分重要的地位。施工中，一般把截流作为施工过程的关键问题和施工进度中的控制项目。

（三）截流的基本要求

第一，河道截流是大中型水利工程施工中的一个重要环节。截流的成败直接关系到工程的进度和造价，设计方案必须稳妥可靠，保证截流成功。

第二，选择截流方式应充分分析水利学参数、施工条件和难度、抛投物数量和性质，并进行技术经济比较。

①单戗立堵截流简单易行，辅助设备少，较经济，使用于截流落差不超过3.5m的河道。但龙口水流能量相对较大，流速较高，需制备重大抛投物料相对较多。②双戗和双戗立堵截流，可分担总落差，改善截流难度，使用于

落差大于3.5m的河道。③建造浮桥或栈桥平堵截流，水力学条件相对较好，但造价高，技术复杂，一般不常选用。④定向爆破、建闸等方式只有在条件特殊、充分论证后方宜选用。

第三，河道截流前，泄水道内围堰或其他障碍物应予清除；因水下部分障碍物不易清除干净，会影响泄流能力增大截流难度，设计中宜留有余地。

第四，戗堤轴线应根据河床和两岸地形、地质、交通条件、主流流向、通航、过木要求等因素综合分析选定，戗堤宜为围堰堰体组成部分。

第五，确定龙口宽度及位置应考虑：

①龙口工程量小，应保证预进占段裹头不招致冲刷破坏。②河床水深较浅、覆盖层较薄或基岩部位，有利于截流工程施工。

第六，若龙口段河床覆盖层抗冲能力低，可预先在龙口抛石或抛铅丝笼护底，增大糙率为抗冲能力，减少合龙工作量，降低截流难度。护底范围通过水工模型试验或参照类似工程经验拟定。一般立堵截流的护底长度与龙口水跃特性有关，轴线下游护底长度可按水深的3~4倍取值，轴线以上可按最大水深的两倍取值。护底顶面高程在分析水力学条件、流速、能量等参数。以及护底材料后确定护底度根据最大可能冲刷宽度加一定富裕值确定。

第七，截流抛投材料选择原则：

①预进占段填料尽可能利用开挖渣料和当地天然料。②龙口段抛投的大块石、石串或混凝土四面体等人工制备材料数量应慎重研究确定。③截流备料总量应根据截流料物堆存、运输条件、可能流失量及戗堤沉陷等因素综合分析，并留适当备用量。④戗堤抛投物应具有较强的透水能力，且易于起吊运输。

第八，重要截流工程的截流设计应通过水工模型试验验证并提出截流期间相应的观测设施。

（四）截流的相关概念和过程

1.进占

截流先从河床的一侧或者两侧向河中填筑截流戗堤，这种向水中筑堤的工作叫进占。

2.龙口

戗堤填筑到一定程度，河床渐渐缩窄，接近最后时，便形成一个流速较大的临时的过水缺口，这个缺口叫作龙口。

3.合龙（截流）

封堵龙口的工作叫作合龙，也称截流。

4.裹头

在合龙开始之前，为了防止龙口处的河床或者戗堤两端被高速水流冲毁，要在龙口处和戗堤端头增设防冲设施予以加固，这项工作称为裹头。

5.闭气

合龙以后，戗堤本身是漏水的，因此，要在迎水面设置防渗设施，在戗堤全线设置防渗设施的工作就叫闭气。

6.截流过程

整个截流过程就是抢筑戗堤，先后过程包括戗堤的进占、裹头、合龙、闭气四个步骤。

二、截流材料

截流时用什么样的材料，取决于截流时可能发生的流速大小，工地上起重和运输能力的大小。过去，在施工截流中，在堤坝溃决抢堵时，常用梢料、麻袋、草包、抛石、石笼、竹笼等，近年来，国内外在大江大河的截流中，抛石是基本的材料合法，此外，当截流水力条件比较差时，采用混凝土预制的六面体、四面体、四脚体，预制钢筋混凝土构架等。在截流中，合理选择截流材料的尺寸、重量，对于截流的成败和截流费用的大小，都将产生很大的影响。截流材料的尺寸和重量主要取决于截流合龙时的流速。

三、截流方法

（一）投抛块料截流施工方法

投抛块料截流是目前国内外最常用的截流方法，适用于各种情况，特别适用于大流量、大落差的河道上的截流。该法是在龙口投抛石块或人工块体（混凝土方块、混凝土四面体、铅丝笼、竹笼、柳石枕、串石等）堵截水流，迫使河水经导流建筑物下泄。采用投抛块料截流，按不同的投抛合龙方法，可分为平堵、立堵、混合堵三种方法。

1.平堵

先在龙口建造浮桥或栈桥，由自卸汽车或其他运输工具运来块料，沿龙口前沿投抛，先下小料，随着流速增加，逐渐投抛大块料，使堆筑戗堤均匀地在水下上升，直至高出水面。一般来说，平堵比立堵法的单宽流量小，最大流速也小，水流条件较好，可以减小水流对龙口基床的冲刷，所以特别适用于易冲刷的地基上截流。由于平堵架设浮桥及栈桥，对机械化施工有利，因而投抛强度大，容易截流施工；但在深水高速的情况下架设浮桥、建造栈桥是比较困难的，因此限制了它的采用。

2.立堵

用自卸汽车或其他运输工具运来块料，以端进法投抛（从龙口两端或一端下料）进占戗堤，直至截断河床。一般来说，立堵在截流过程中所发生的最大流速，单宽流量都较大，加以所生成的楔形水流和下游形成的立轴漩涡，对龙口及龙口下游河床将产生严重冲刷，因此不适用于地质不好的河道上截流，否则需要对河床做妥善防护。由于端进法施工的工作前线短，限制了投抛强度。有时为了施工交通要求特意加大围堤顶宽，这又大大增加了投抛材料的消耗。但是立堵法截流，无须架设浮桥或栈桥，简化了截流准备工作，因而赢得了时间，节约了资金，所以我国黄河上许多水利工程（岩质河床）都采用了这个截流方法。

3.混合堵

这是采用立堵结合平堵的方法。有先平堵后立堵和先立堵后平堵两种。用得比较多的是首先从龙口两端下料保护戗堤头部，同时进行护底工程并抬高龙口底槛高程到一定高度，最后用立堵截断河流。平抛可以采用船抛，然后用汽车立堵截流。新洋港（土质河床）就是采用这种方法截流的。

（二）爆破截流施工方法

1.定向爆破截流

如果坝址处于峡谷地区，而且岩石坚硬，交通不便，岸坡陡峻，缺乏运输设备时，可利用定向爆破截流。我国碧口水电站的截流就利用左岸陡峻岸坡设置了三个炸药包，一次定向爆破成功，堆筑方量6800m³，堆积高度平均10m，封堵了预留的20m宽龙口，有效抛掷率为68%。

2.预制混凝土爆破体截流

为了在合龙的关键时刻，瞬间将大量材料抛入龙口以封闭龙口，除了用定向爆破岩石外，还可在河床上预先浇筑巨大的混凝土块体，合龙时将其支撑体用爆破法炸断，使块体落入水中，将龙口封闭。我国三门峡神门岛泄水道的合龙就曾利用此法将45.6m³大型混凝土块抛投入龙口。

应当指出，采用爆破截流，虽然可以利用瞬时的巨大抛投强度截断水流，但因瞬间抛投强度很大，材料入水时会产生很大的挤压波，巨大的波浪可能使已修好的戗堤遭到破坏，并会造成下游河道瞬时断流。除此之外，定向爆破岩石时，还需校核个别飞石距离、空气冲击波和地震的安全影响距离。

（三）下闸截流施工方法

人工泄水道的截流，常在泄水道中预先修建闸墩，最后采用下闸截流。天然河道中，有条件时也可设截流闸，最后下闸截流，三门峡鬼门河泄流道就曾采用这种方式，下闸时最大落差达7.08m，历时30余个小时；神门岛泄水道也曾考虑下闸截流，但闸墩在汛期被冲倒，后来改为管柱拦石栅截流。

除以上方法外，还有一些特殊的截流合龙方法。如木笼、钢板桩、草土、杩搓堰截流、埽工截流、水力冲填法截流等。

综上所述，截流方式虽多，但通常多采用立堵、平堵或综合截流方式。截流设计中，应充分考虑影响截流方式选择的条件，拟定几种可行的截流方式，通过水文气象条件、地形地质条件、综合利用条件、设备供应条件、经济指标等全面分析，进行技术比较，从中选定最优方案。

四、截流工程施工设计

（一）截流时间和设计流量的确定

1.截流时间的选择

截流时间应根据枢纽工程施工控制性进度计划或总进度计划决定，至于时段选择，一般应考虑以下原则，经过全面分析比较而定。

（1）尽可能在流量较小时截流，但必须全面考虑河道的水文特性和截流应完成的各项控制工程量，合理使用枯水期。

（2）对于具有通航、灌溉、供水、过木等特殊要求的河道，应全面兼顾这些要求，尽量使截流对河道的综合利用的影响最小。

（3）有冰冻河流，一般不在流冰期截流，避免截流和闭气工作复杂化，如特殊情况必须在流冰期截流时有充分论证，并有周密的安全措施。

2.截流设计流量的确定

一般设计流量按频率法确定，根据已选定截流时段，采用该时段内一定频率的流量作为设计流量。

除了频率法以外，也有不少工程采用实测资料分析法，当水文资料系列较长，河道水文特性稳定时，这种方法可应用。至于预报法，因当前的可靠预报期较短，一般不能在初设中应用，但在截流前夕有可能根据预报流量适当修改设计。

在大型工程截流设计中，通常多以选取一个流量为主，再考虑较大、较小流量出现的可能性，用几个流量进行截流计算和模型试验研究。对于有深槽和浅滩的河道，如分流建筑物布置在浅滩上，对截流的不利条件，要特别进行研究。

（二）截流戗堤轴线和龙口位置的选择方法

1.戗堤轴线位置选择

通常截流戗堤是土石横向围堰的一部分，应结合围堰结构和围堰布置统一考虑。单戗截流的戗堤可布置在上游围堰或下游围堰中非防渗体的位置。

如果戗堤靠近防渗体，那么在二者之间应留足闭气料或过渡带的厚度，同时应防止合龙时的流失料进入防渗体部位，以免在防渗体底部形成集中漏水通道。为了在合龙后能迅速闭气并进行基坑抽水，一般情况下将单戗堤布置在上游围堰内。

当采用双戗多戗截流时，戗堤间距要满足一定要求，才能发挥每条戗堤分担落差的作用。如果围堰底宽不大，上、下游围堰间距也不大时，可将两条戗堤分别布置在上、下游围堰内，大多数双戗截流工程都是这样做的。如果围堰底宽很大，上、下游间距也很大，可考虑将双戗布置在一个围堰内。当采用多戗时，一个围堰内通常也需布置两条戗堤，此时，两戗堤间均应有适当间距。

在采用土石围堰的一般情况下，均将截戗堤布置在围堰范围内。但是也有戗堤不与围堰相结合的，戗堤轴线的位置选择应与龙口位置相一致。如果围堰所在处的地质、地形条件不利于布置戗堤和龙口，而戗堤工程量又很小，则可能将截流戗堤布置在围堰以外。龚嘴工程的截流戗就布置在上、下游围堰之间，而不与围堰相结合。由于这种戗堤多数需拆除，因此，采用这种布置时应有专门论证。平堵截流戗堤轴线的位置，应考虑便于抛石桥的架设。

2.龙口位置选择

选择龙口位置时，应着重考虑地质、地形条件及水力条件。从地质条件来看，龙口应尽量选在河床抗冲刷能力强的地方，如岩基裸露或覆盖层较薄处，这样可避免合龙过程中的过大冲刷，防止戗堤突然塌方失事；从地形条件来看，龙口河底不宜有顺流流向陡坡和深坑。如果龙口能选在底部基岩面粗糙、参差不齐的地方，则有利于抛投料的稳定。另外，龙口周围应有比较宽阔的场地，离料场和特殊截流材料堆场的距离近，便于布置交通道路和组织高强度施工，这一点也是十分重要的。从水力条件来看，对于有通航要求的河流，预留龙口一般均布置在深槽主航道处，有利于合龙前的通航，至于对龙口的上下游水流条件的要求，以往的工程设计中有两种不同的见解：一种是认为龙口应布置在浅滩，并尽量造成水流进出龙口的折冲和碰撞，以增大附加壅水作用；另一种见解是认为进出龙口的水流应平直顺畅，因此可将龙口设在深槽中。实际上，这两种布置各有利弊，前者进口处的强烈侧向水流对戗堤端部抛投料的稳定不利，由龙口下泄的折冲水流易对下游河床和河岸造成冲刷；后者的主要问题是合龙段戗堤高度大，进占速度慢，而且深槽中水流集中，不易创造较好的分流条件。

3.龙口宽度

龙口宽度主要根据水力计算而定，对于通航河流，决定龙口宽度时应着重考虑通航要求，对于无通航要求的河流，主要考虑戗堤预进占所使用的材料及合龙工程量。形成预留龙口前，通常均使用一般石渣进占，根据其抗冲流速可计算出相应的龙口宽度。另外，合龙是高强度施工，一般合龙时间不宜过长，工程量不宜过大。当此要求与预进占材料允许的束窄度有矛盾时，也可考虑提前使用部分大石块，或者尽量提前分流。

4.龙口护底

对于非岩基河床，当覆盖层较深，抗冲能力小，截流过程中为防止覆盖层被冲刷，一般在整个龙口部位或困难区段进行平抛护底，防止截流料物流失量过大。对于岩基河床，有时为了降低截流难度，增大河床糙率，也抛投一些料物护底并形成拦石坎。计算最大块体时应按护底条件选择稳定系数K。以葛洲坝工程为例，预先对龙口进行护底，保护河床覆盖层免受冲刷，减少合龙工程量。护底还可增大糙率，改善抛投的稳定条件，减少龙口水深。根据水工模型试验，经护底后，25t混凝土四面体，有97%稳定在戗堤轴线上游，如不护底，则仅有62%稳定。此外，护底还可以增加戗堤端部下游坡脚的稳定，防止塌坡等事故的发生。对护底的结构型式，曾比较了块石护底、块石与混凝土块组合护底及混凝土块拦石坎护底三个方案。块石护底主要用粒径0.4～1.0m的块石，模型试验表明，此方案护底下面的覆盖层有淘刷，护底结构本身也不稳定；组合护底由0.4～0.7m的块石和15t混凝土四面体组成，这种组合结构是稳定的，但水下抛投工程量大。拦石坎护底是在龙口困难区段一定范围内预抛大型块体形成潜坝，从而起到拦阻截流抛投料物流失的作用。拦石坎护底，工程量较小而效果显著，影响航运较少，且施工简单，经比较选用钢架石笼与混凝土预制块石的拦石坎护底。在龙口120m困难段范围内，以17t混凝土五面体在龙口上侧形成拦石坎，然后用石笼抛投下游侧形成压脚坎，用以保护拦石坎。龙口护底长度视截流方式而定对平堵截流，一般经验认为紊流段均需防护，护底长度可取相应最大流速时最大水深的3倍。

立堵截流护底长度主要视水跃特性而定。根据苏联经验，在水深20m以内戗堤线以下护底长度一般可取最大水深的3～4倍，轴线以上可取2倍，即总护底长度可取最大水深的5～6倍。葛洲坝工程上下游护底长度各为25m，约相当于2.5倍的最大水深，即总长度约相当于5倍最大水深。

龙口护底是一种保护覆盖层免受冲刷，降低截流难度，提高抛投料稳定性及防止戗堤头部坍塌的有效措施。

（三）截流泄水道的设计

截流泄水道是指在戗堤合龙时水流通过的地方，例如束窄河槽、明渠、涵洞、隧洞、底孔和堰顶缺口等均为泄水道。截流泄水道的过水条件与截流难度关系很大，应该尽量创造良好的泄水条件，减少截流难度，平面布置应平顺，控制断面尽量避免过大的侧收缩、回流。弯道半径亦需适当，以减少不必要的损失。泄水道的泄水能力、尺寸、高度应与截流难度进行综合比较选定。在截流有充分把握的条件下尽量减少泄水道工程量，降低造价。在截流条件不利、难度大的情况下，可加大泄水道尺寸或降低高程，以减少截流难度。泄水道计算中应考虑沿程损失、弯道损失、局部损失。弯道损失可单独计算，亦可纳入综合糙率内。如泄水道为隧洞，截流时其流态以明渠为宜，应避免出现半压力流态。在截流难度大或条件较复杂的泄水道，则应通过模型试验核定截流水头。

五、截流工程施工作业

（一）截流材料和备料量

截流材料的选择，主要取决于截流时可能的流速及工地开挖、起重、运输设备的能力，一般应尽可能就地取材。在黄河，长期以来用梢料、麻袋、草包、石料、土料等作为堤防溃口的截流堵口材料。在南方，如四川都江堰，则常用卵石竹笼、砾石和料搓等作为截流堵河分流的主要材料。国内外大江大河截流的实践证明，块石是截流的最基本材料。此外，当截流水力条件差时还须使用人工块体，如混凝土六面体、四面体、四角体及钢筋混凝土构架等。

为确保截流既安全顺利，又经济合理，正确计算截流材料的备料量是十分必要的。备料量通常按设计的戗堤体积再增加一定裕度，主要是考虑到堆存、运输中的损失，水流冲失、戗堤沉陷以及可能发生比设计更差的水力条件而预留的备用量等。据不完全统计，国内外许多工程的截流材料备料量均超过实用量，少者多余50%，多则达400%，尤其是人工块体大量多余。

造成截流材料备料量过大的原因，主要是：①截流模型试验的推荐值本身就包含了一定安全裕度，截流设计提出的备料量又增加了一定富裕，而施工单位在备料时往往在此基础上又留有余地；②水下地形不准确，在计算戗堤体积时，从安全角度考虑取偏大值；③设计截流流量通常大于实际出现的流量等。如此层层加码，处处考虑安全富裕，所以即使像青铜峡工程的实际截流流量大于设计，仍然出现备料量比实际用量多78.6%的情况。因此，如何正确估计截流材料的备用量，是一个很重要的课题。当然，备料恰如其分，需留有余地，但对剩余材料，应预做筹划，安排好用处，特别像四面体等人工材料，大量弃置，既浪费，又影响环境，可考虑用于护岸或其他河道整治工程。

（二）截流水力计算方法

截流水力计算的目的是确定龙口诸水力参数的变化规律。它主要解决两个问题：一是确定截流过程中龙口各水力的参数，如单宽流量q、落差z及流速u的变化规律；二是由此确定截流材料的尺寸或重量及相应的数量等。这样一来，在截流前可以有计划有目的地准备各种尺寸或重量的截流材料及其数量，规划截流现场的场地布置，选择起重、运输设备；在截流时，能预先估计不同龙口宽度的截流参数，预估何时何处抛投何种尺寸或重量的截流材料及其方量等。在截流过程中，上游来水量，也就是截流设计流量，将分别经由龙口、分水建筑物及戗堤的渗漏下泄，并有一部分拦蓄在水库中。截流过程中，若库容不大，则拦蓄在水库中的水量可以忽略不计。对于立堵截流，作为安全因素，也可忽略经由戗堤渗漏的水量。

随着截流戗堤的进占，龙口逐渐束窄，因此经分水建筑物和龙口的泄流量是变化的，但二者之和恒等于截流设计流量。其变化规律是，截流开始时，大部分截流设计流量经由龙口泄流，随着截流戗堤的进占，龙口断面不断缩小，上游水位不断上升，经由龙口的泄流量越来越小，而经由分水建筑物的泄流量则越来越大。龙口合龙闭气以后，截流设计流量全部经由分水建筑物泄流。

（三）截流日期与设计流量的选定

截流日期的选择，不仅影响到截流本身能否顺利进行，而且直接影响到工程施工布局。

截流应选在枯水期进行，因为此时流量小，不仅断流容易，耗材少而且有利于围堰的加高培厚。至于截流选在枯水期的什么时段，首先要保证截流以后全年挡水围堰能在汛前修建到拦洪水位以上；若是作用一个枯水期的围堰，则应保证基坑内的主体工程在汛期到来以前，修建到拦洪水位以上（土坝）或常水位以上（混凝土坝等可以过水的建筑物）。因此，应尽量安排在枯水期的前期，使截流以后有足够时间来完成基坑内的工作。对于北方河道，截流还应避开冰凌时期，因冰凌会阻塞龙口，影响截流进行，而且截流后，上游大量冰块堆积也将严重影响闭气工作。一般来说，南方河流量好不迟于12月底，北方河流量好不迟于1月底。截流前必须充分及时地做好准备工作。

截流流量是截流设计的依据，选择不当，或使截流规模（龙口尺寸、投抛料尺寸或数量等）过大造成浪费；或规模过小，造成被动，甚至功亏一篑，最后拖延工期，影响整个施工布局。所以在选择截流流量时，应该慎重。

截流设计流量的选择应根据截流计算任务而定。对于确定龙口尺寸，及截流闭气后围堰应该立即修建到挡水高程，一般采用该月5%频率最大瞬时流量为设计流量。对于决定截流材料尺寸、确定截流各项水力参数的设计流量，由于合龙的时间较短，截流时间又可在规定的时限内，根据流量变化情况进行适当调整，所以不必采用过高的标准，一般采用5%~10%频率的月或旬平均流量。这种方法对于大江河（如长江、黄河）是正确的，因为这些河道流域面积大，因降雨引起的流量变化不大；而中小河道，枯水期的降雨有时也会引起涨水，导致流量加大，但洪峰历时短，最好避开这个时段。因此，采用月或旬平均流量（包含涨水的情况）作为设计流量就偏大了。在此情况下可以采用下述方法确定设计流量。先选定几个流量值，然后在历年实测水文资料中（10~20年），统计出在截流期中小于此流量的持续天数等于或大于截流工期的出现次数。当选用大流量，统计出的出现次数就多，截流可靠性大；反之，出现次数少，截流可靠性差。所以可以根据资料的可靠程度、截流的安全要求及经济上的合理，从中选出一个流量作为截流设计流量。

截流时间选得不同，截流设计流量也不同，如果截流时间选在落水期（汛后），流量可以选得小些；如果是涨水期（汛前），流量要选得大一些。

总之，截流流量应根据截流的具体情况，充分分析该河道的水文特性来进行选择。

（四）减少截流难度的措施

根据以上分析和水力计算结果可知，减少截流难度可以采用以下措施。

1.加大分流量，改善分流条件

分流条件的好坏直接影响到截流过程中龙口的流量、落差和流速，分流条件好，截流就容易，反之就困难。改善分流条件的措施有如下几种。

第一，合理确定导流建筑物尺寸，断面形式和底高程，导流建筑物不仅要满足导流要求，还应该满足截流要求。很明显由于导流建筑物的泄水能力曲线不同，截流过程中所遇到的水力条件和最困难的水力指标是不一样的。

我国多数中型河流，洪枯流量差别较大，导流建筑物要满足泄洪要求，尺寸较大，有利于截流。例如，富春江水电站，截流时由于有5个设在厂房段的泄水孔分流，落差只有30cm，截流顺利。

第二，泄水建筑物上下游引渠开挖和上下游围堰拆除的质量，是改善分流条件的关键环节，应充分引起重视。不然泄水建筑物虽然尺寸大，但分流却受上下游引渠或上下游围堰残留部分控制，泄水能力小，势必增加截流工作的困难。国内外不少工程实践证明，由于水下开挖困难，常使上下游引渠尺寸不足，或是残留围堰的壅水作用，使截流落差大大增加，导致工作遇到不少困难。

第三，在永久泄水建筑物尺寸不足的情况下，可以专门修建截流分水闸或其他型式泄水道帮助分流，待截流完成以后，借助于闸门封堵泄水闸，最后完成截流任务。我国三门峡截流时，在鬼门就专门设置了泄水闸分流。

第四，增大截流建筑物的泄水能力。例如，法国朗斯潮汐电站，在3.3m落差下进行截流，在龙口安放了19个9m直径的钢筋混凝土沉箱形成闸孔，然后下闸板截流。当采用木笼、钢板桩格式围堰时，也可以间隔一定距离安放木笼或钢板桩格体，在其中间孔口宣泄河水，然后以闸板截断中间孔口，完成截流任务。另外，也可以在进占戗堤中埋设泄水管帮助泄水，或者采用投抛构架块体增大戗堤的渗流量等办法减少龙口溢流量和溢流落差，从而降低截流的困难程度。

2.改善龙口水力条件

目前，国内外的截流水平，落差在3m以内，一般问题不大。当落差4m以上用单戗堤截流，大多是在流量较小的情况下完成的；如果流量很大，采用单戗堤截流难度就大了，所以多数工程采用双戗堤、三戗堤或宽戗堤来分散落差改善龙口水力条件完成截流任务。

（1）双戗堤截流

采取上下游二道戗堤，同时进行截流，以分散落差。双戗堤截流，若上戗用立堵，下戗用平堵，总落差不能由双戗堤均摊，且来自上戗龙口的集中水流还可能将下戗已建成部分潜堤冲垮，故不宜采用。若上戗用平堵，下戗用立堵，或上、下戗都用平堵，虽然落差可以均摊，但施工组织复杂，尤其双戗平堵，需在两戗线架桥，造价高，且易受航运、水文（如流水）、场地布置等条件限制，故除可冲刷土基河床外，一般不宜采用。从国内外工程实践来看，双戗截流以采取上下戗都立堵较为普遍，落差均摊容易控制，施工方便，也较经济。从力学观点看，河床在上下戗之间应为缓坡；下戗突出的长度要超出上戗回流边线以外，否则就难以起到分担落差的效益；双戗进占以能均匀分担落差为宜。当戗堤间距较近时，若上戗偶尔超前，水流可能突过下戗龙口，全部落差由上戗单独承担，下戗几乎不起作用。常见的进占方式有上下戗轮换进占、双戗固定进占和以上两种进占方式混合使用。也有以上戗进占为主，由下戗配合进占一定距离，局部有壅高上戗下游水位，减少上戗进占的龙口落差和流速。在可冲刷地基上采用立堵法截流，为了不过分冲刷地基，也有在落差不大时采用双戗进占截流的。如上所述，双戗进占，可以起到分摊落差，减轻截流难度的作用，便于就地取材，避免使用或少使用大块料、人工块料的好处。但二线的施工组织较单戗截流复杂；二戗堤进度要求严格，指挥不易；软基截流，若双线进占龙口均要求护底，则大大增加了护底的工程量；在通航河道，船只要经过两个龙口，困难较多。

（2）三戗截流

三戗截流所考虑的问题基本上和双戗堤截流是一样的，只是程度不同。由于有第三戗堤分担落差，所以可以在更大的落差下用来完成截流任务。第三戗的任务可以是辅戗，也可以是主戗，非洲莫桑比克的赞比亚河上的卡搏拉巴萨水电站施工采用三戗堤立堵进占，结果以400km以下的块石，在流量1600m³/s（设计流量2000m³/s）、落差7m（2000m/s时为9m）的情况下，顺利完成任务，成为目前世界上截流成功的典型。我国龙羊峡水电站地处峡谷，截流流量为1000m³/s，落差9m，设计也采用三戗堤立堵截流。

（3）宽戗截流

增大戗堤宽度，工程量也大为增加，和上述扩展断面一样可以分散水流落差，从而改善龙口水流条件。但是进占前线宽，要求投抛强度大，所以只有当戗堤可以作为坝体（土石坝）的一部分时，才宜采用，否则用料太多，过于浪费。美国奥阿希土坝在落差7.5~8.5m时，采用宽戗截流。戗宽为182m，在龙口束窄至38m后，因下雨，流量由198m³/s增至249m³/s，为提前在流量进一步增大之前断流，采用大量施工机械，将戗宽增大为273m，提前12h完成了截流任务。苏联哥洛夫尼（1962年）工程亦用宽戗截流，欲堤宽18m扩大为30m，也有效地控制了投抛料流失，最终落差为2.08m。除了用双戗、三戗、宽戗来改善龙口的水流条件以外，在立堵进占中还应注意采用不同的进占方式来改善进占抛石面上的流态。我国立堵实践中多采用上挑角进占方式。这种进占方式水流为大块料所形成的上挑角挑离进占面，使得有可能用较小块料在进占面投抛进占。

3.增大投抛料的稳定性，减少块料流失

主要措施有采用葡萄串石、大型构架和异型人工投抛体；或投抛钢构架和比重大的矿石或用矿石为骨料做成的混凝土块体等，来提高投抛体的本身稳定；也有在龙口下游平行于戗堤轴线设置一排拦石坎来保证投抛料的稳定，防止块料的流失。拦石坎可以是特大的块石、人工块体，或是伸到基础中的拦石桩。加大截流施工强度，加快施工速度，一方面可以增大上游河床的拦蓄，从而减少龙口的流量和落差，起到降低截流难度的作用；另一方面，可以减少投抛料的流失，这就有可能采用较小块料来完成截流任务。定向爆破截流和炸倒预制体截流就有这一优点。

第三节　基坑排水

一、基坑排水概述

（一）排水目的

在围堰合龙闭气以后，排除基坑内的存水和不断流入基坑的各种渗水，以便使基坑保持干燥状态，为基坑开挖、地基处理、主体工程正常施工创造有利条件。

（二）排水分类及水的来源

按排水的时间和性质不同，一般分为以下两种排水：

1.初期排水

围堰合龙闭气后进行的排水，水的来源是修建围堰时基坑内的积水、渗水、雨天的降水等。

2.经常排水

在基坑开挖和主体工程施工过程中经常进行的排水工作，水的来源是基坑内的渗水、雨天的降水，主体工程施工的废水等。

3.排水的基本方法

基坑排水的方法有两种：明式排水法（明沟排水法）、暗式排水法（人工降低地下水位法）。

二、初期排水

（一）排水能力估算

选择排水设备，主要根据需要排水的能力，而排水能力的大小又要考虑排水时间安排的长短和施工条件等因素。

（二）排水时间选择

排水时间的选择受水面下降速度的限制，而水面下降速度要考虑围堰的型式、基坑土壤的特性，基坑内的水深等情况，水面下降慢，影响基坑开挖的开工时间；水面下降快，围堰或者基坑的边坡中的水压力变化大，容易引起塌坡。因此，水面下降速度一般限制在每昼夜0.5~1.0m的范围内。当基坑内的水深已知，水面下降速度基本确立的情况下，初期排水所需要的时间也就确定了。

（三）排水设备和排水方式

根据初期排水的能力，可以确定所需要的排水设备的容量。排水设备一般用普通的离心水泵或者潜水泵。为了便于组合，方便运转，一般选择容量不同的水泵。排水泵站一般分固定式和浮动式两种，浮动式泵站可以随着水位的变化而改变高程，比较灵活；若采用固定式，当基坑内的水深较大时，可以采取，将水泵逐级下放到基坑内，在不同高程的各个平台上，进行抽水。

三、经常性排水

主体工程在围堰内正常施工的情况下，围堰内外的水位差较大，外面的水会向基坑内渗透，雨天的雨水，施工用的废水，都需要及时排除，否则会影响主体工程的正常施工，因此经常性排水是不可缺少的工作内容。经常性排水一般采取明式排水或者暗式排水法（人工降低地下水位的方法）。

（一）明式排水法

1.明式排水的概念

明式排水指在基坑开挖和建筑物施工过程中，在基坑内布设排水明沟、设置集水井，抽水泵站，而形成的一套排水系统。

2.排水系统的布置：这种排水系统有以下两种情况

（1）基坑开挖排水系统

该系统的布置原则是，不能妨碍开挖和运输，一般为了两侧出土方便，在基坑的中线部位布置排水干沟，而且要随着基坑开挖进度，逐渐加深排水沟，干沟深度一般保持1～1.5m，支沟0.3～0.5m，集水井的底部要低于干沟的沟底。

（2）建筑物施工排水系统

排水系统一般布置在基坑的四周，排水沟布置在建筑物轮廓线的外侧，为了不影响基坑边坡稳定，排水沟距离基坑边坡坡脚0.3～0.5m。

（3）排水沟布置

内容包括断面尺寸的大小，水沟边坡的陡缓、水沟底坡的大小等，主要根据排水量的大小来决定。

（4）集水井布置

一般布置在建筑物轮廓线以外比较低的地方，集水井、干沟与建筑物之间也应保持适当距离，原则上不能影响建筑物施工和施工过程中材料的堆放、运输等。

（二）暗式排水法（人工降低地下水位法）

1.基本概念

在基坑开挖之前，在基坑周围钻设滤水管或滤水井，在基坑开挖和建筑物施工过程中，从井管中不断抽水，以使基坑内的土壤始终保持干燥状态的做法叫暗式排水法。

2.暗式排水的意义

在细砂、粉沙、亚砂土地基上开挖基坑，若地下水位比较高时，随着基坑底面的下降，渗透水位差会越来越大，渗透压力也必然越来越大，因此容易产生流沙现象，一边开挖基坑，一边冒出流沙，开挖非常困难，严重时，会出现滑坡，甚至危及临近结构物的安全和施工的安全。因此，人工降低地下水位是必要的。常用的暗式排水法有管井法和井点法两种。

3.管井排水法

（1）基本原理

在基坑的周围钻造一些管井，管井的内径一般为20～40cm，地下水在重力的作用下，流入井中，然后，用水泵进行抽排。抽水泵有普通离心泵、潜水泵、深井泵等，可根据水泵的不同性能和井管的具体情况进行选择。

（2）管井布置

管井一般布置在基坑的外围或者基坑边坡的中部，管井的间距应视土层渗透系数的大小，而渗透系数小的，间距小一些；渗透系数大的，间距大一些，一般为15～25m。

（3）管井组成

管井施工方法就是农村打机井的方法。管井包括井管、外围滤料、封底填料三部分。井管无疑是最重要的组成部分，它对井的出水量和可靠性影响很大，要求它过水能力大，进入泥沙少，应有足够的强度和耐久性。因此，一般用无砂混凝土预制管，也有的用钢制管。

（4）管井施工

管井施工多用钻井法和射水法。钻井法是先下套管，再下井管，然后一边填滤料，一边拔出套管。射水法是用专门的水枪冲孔，井管随着冲孔下沉。这种方法主要是根据不同的土壤性质选择不同的射水压力。

（5）井点排水法

井点排水法分为轻型井点、喷射井点、电渗井点三种类型，它们都适用雨渗透系数比较小的土层排水，其渗透系数都在0.1～50米/天。但是它们的组成比较复杂，如轻型井点就有井点管、集水总管、普通离心式水泵、真空泵、集水箱等设备组成。当基坑比较深，地下水位比较高时，还要采用多级井点，因此需要设备多，工期长，基坑开挖量大，一般不经济。

第六章　地基处理与基础工程施工技术

第一节　岩石地基灌浆

一、灌浆方法

（一）纯压式和循环式灌浆

1.纯压式灌浆

将浆液灌注到灌浆孔段内，不再返回的灌浆方式称为纯压式灌浆，是纯压式灌浆的灌浆设备、管路布置安装形式。

很显然，纯压式灌浆的浆液在灌浆孔段中是单向流动的，没有回浆管路，灌浆塞的构造也很简单，施工工效也较高，这是它的优点；它的缺点是，当长时间灌注后或岩层裂隙很小时，浆液的流速慢，容易沉淀，可能会堵塞一部分裂隙通道，解决这一问题的办法是提高浆液的稳定性，如在浆液中掺加适量的膨润土，或者使用稳定性浆液。

2.循环式灌浆

浆液灌注到孔段内，一部分渗入岩石裂隙；另一部分经回浆管路返回储浆桶，这种方法称为循环式灌浆。为了达到浆液在孔内循环的目的，要求射浆管出口接近灌浆段底部，规定其距离不大于50cm。

循环式灌浆时，灌浆孔段内的浆液总是保持流动状态，可最大限度地减少浆液在孔内的沉淀现象，不易过早地堵塞裂隙通道，有利于提高灌浆质量，这是其优点；缺点是比纯压式灌浆施工复杂、浆液损耗量大、工效也低一些，有的情况下，如灌注浆液较浓，注入率较大，回浆很少，灌注时间较长等，可能会发生孔内浆液凝住射浆管的事故。

（二）自上而下和自下而上灌浆

1.自上而下灌浆

自上而下灌浆法（也称下行式灌浆法）是指自上而下分段钻孔、分段安装灌浆塞进行的灌浆。在孔口封闭灌浆法推广以前，我国多数灌浆工程采用此法。

采用自上而下灌浆法时，各灌浆段灌浆塞分别安装在其上部已灌灌浆段的底部。每一灌浆段的长度通常为5m，特殊情况下可适当缩短或加长，但最长也不宜大于10m，其他各种灌浆方法的分段要求也是如此。灌浆塞在钻孔中预定的位置上安装时，有时候由于钻孔工艺或地质条件的原因，可能达不到封闭严密的要求，这种情况下，灌浆塞可适当上移，但不能下移。自上而下灌浆法适用于纯压式灌浆和循环式灌浆，但通常与循环式灌浆配套采用。

2.自下而上灌浆

自下而上灌浆法（也称上行式灌浆法）就是将钻孔一次钻到设计孔深，然后自下而上逐段安装灌浆塞进行灌浆的方法。这种方法通常与纯压式灌浆结合使用，很显然，采用自下而上灌浆法时，灌浆塞在预定的位置塞不住时，调整的方法是适当上移或下移，直至找到可以塞住的位置。

3.综合灌浆法

综合灌浆法是在钻孔的某些段采用自上而下灌浆，其他段采用自下而上灌浆的方法。这种方法通常在钻孔较深、地层中间夹有不良地质段的情况下采用。

4.全孔一次灌浆

全孔一次灌浆法是指整个灌浆孔不分段一次进行的灌浆。这种方法一般在孔深不超过6m的浅孔灌浆时采用，也有的工程放宽到8m～10m。全孔一次灌浆法可采用纯压式灌浆，也可采用循环式灌浆。

（三）孔口封闭灌浆法

孔口封闭法是我国当前用得最多的灌浆方法，它是采用小口径钻孔，自上而下分段钻进，分段灌浆，但每段灌浆都在孔口封闭，并且采用循环式灌浆法。

1.工艺流程

孔口封闭灌浆法单孔的施工程序为：孔口管段钻进→裂隙冲洗兼简易压水→孔口管段灌浆→镶铸孔口管→待凝72h→第二灌浆段钻进→裂隙冲洗兼简易压水→灌浆→下一灌浆段钻孔、压水、灌浆→……直至终孔→封孔。

2.技术要点

孔口封闭法是成套的施工工艺，施工人员应完整地掌握其技术要点，不能随意肢解，各取所需。

（1）钻孔孔径

孔口封闭法适宜于小口径钻孔灌浆，因此钻孔孔径宜为 φ46mm ～ φ76mm。与 φ42mm 或 φ50mm 的钻杆（灌浆管）相配合，保持孔内浆液能较快地循环流动。

（2）孔口段灌浆

灌浆孔的第一段即孔口段是镶铸孔口管的位置，各孔的这一段应当先钻出，先进行灌浆。孔口段的孔径要比灌浆孔下部的孔径宜大2级，通常为76mm或91mm。孔口段的深度应与孔口管的长度一致。灌浆时在混凝土盖板与岩石界面处安装灌浆塞，进行循环式或纯压式灌浆，直至达到结束条件。

（3）孔口管镶铸

镶铸孔口管是孔口封闭法的必要条件和关键工序。孔口管的直径应与孔口段钻孔的直径相配合，通常采用φ73mm或φ89mm。孔口管的长度应当满足深入基岩1m～2.5m和高出地面10cm，灌浆压力高或基岩条件差时，深入基岩应当长一些。孔口管的上端应当预先加工有螺纹，以便于安装孔口封闭器。孔口段灌浆结束后应当随即镶铸孔口管，即将孔口管下至孔底，管壁与钻孔孔壁之间填满0.5：1的水泥浆，导正并固定孔口管，待凝72h。

（4）孔口封闭器

由于灌浆孔很深，灌浆管要深入孔底，所以必须确保在灌浆过程中灌浆管不被浆液凝固铸死，因此孔口封闭器的作用十分重要。规范要求，孔口封闭器应具有良好的耐压和密封性能，在灌浆过程中灌浆管应能灵活转动和升降。

（5）射浆管

孔口封闭法的射浆管即孔内灌浆管，也就是钻杆。射浆管必须深入灌浆孔底部，离孔底的距离不得大于50cm，这是形成循环式灌浆的必要条件。

（6）孔口各段灌浆

孔口段及其以下2～3段段长划分宜短，灌浆压力递增宜快，这样做的目的一方面是减少抬动危险，另一方面是尽快达到最大设计压力。通常孔口三段按2m、1m、2m段长划分，第四段恢复到5m长度，并升高到设计最大压力。

（7）裂隙冲洗及简易压水

除地质条件不允许或设计另有规定外，一般孔段均合并进行裂隙冲洗和简易压水。

需要注意的是各段压水虽然都在孔口封闭，全孔受压，但在计算透水率时，试段长度只取未灌浆段的段长，已灌浆段视为不透水。

（8）活动灌浆管和观察回浆

采用孔口封闭法进行灌浆，特别是在深孔（大于50m）、浓浆（小于0.7∶1）、高压力（大于4MPa）、大注入率和长时间灌注的条件下必须经常活动灌浆管和注意观察回浆。灌浆管的活动包括转动和上下升降，每次活动的时间为1min～2min，间隔时间为2min～10min，视灌浆时的具体情况而定，回浆应经常保持在15L/min以上。这两条措施都是为了防止在灌浆的过程中灌浆管被凝住。

（9）灌浆结束条件

孔口封闭法的灌浆结束条件比其他灌浆方法严格，主要表现在达到设计压力和足够小的注入率后的持续时间稍长。这样做的目的是使灌入岩体的浆液受到更充分的挤压、脱水、密实，从而可以进行以下孔段的钻灌作业，而不必待凝。

（10）不待凝

一个灌浆段灌浆结束以后，不待凝，立即进行下一段的钻孔和灌浆作业。孔口封闭灌浆法诞生以前，灌浆后的待凝大大影响灌浆工效的提高，此问题曾长期困扰灌浆工程界。孔口封闭法的实践成功地解决了这一问题，它的技术保证就是上述的灌浆结束条件。

二、灌浆压力

（一）灌浆压力的构成和计算

准确地说，灌浆压力是指灌浆时浆液作用在灌浆段中点的压力，是由灌浆泵输出压力（由压力表指示）、浆液自重压力、地下水压力和浆液流动损失压力的代数和。

浆液在灌浆管和钻孔中流动的压力损失包括沿程损失和局部损失。此项数值与管路长度、管径、孔径、糙率、接头弯头的多少与形式、浆液黏度、流动速度等有关，可以通过计算或试验得出，但由于计算比较复杂，试验也不易做得准确，且这项数值相对较小，因此为简便起见一般予以忽略。

在灌浆施工实践中，特别是现今多采用的高压灌浆施工中，由于灌浆压力很大（大于3MPa），浆柱压力、地下水压力、管路损失相对较小，因此习惯上常常采用表压力作为灌浆压力。

（二）灌浆压力的控制

灌浆过程中，灌浆压力的控制主要有以下两种方法：

一次升压法。灌浆开始后，尽快地将灌浆压力升到设计压力。

分级升压法。在灌浆过程中，开始使用较低的压力，随着灌浆注入率的减少，将压力分阶段逐步升高到设计值。

一次升压法适用于透水性不大、裂隙不甚发育的岩层灌浆。分级升压法适用于裂隙发育，透水率较大的地层。

灌浆压力应当根据注浆率的变化进行控制。灌浆压力和注浆率是相互关联的两个参数，在施工中应遵循以下原则：当地层吸浆量很大、在低压下即能顺利地注入浆液时，应保持较低的压力灌注，待注浆率逐渐减小时再提高压力；当地层吸浆量较小、注浆困难时，应尽快将压力升到规定值，不要长时间在低压下灌浆。

（三）灌浆压力趋向的判断

在灌浆过程中，根据实际情况合理地控制灌浆压力是灌浆成功的关键，施工人员必须对灌浆压力趋向进行正确判断，并采取相应措施。

三、基岩帷幕灌浆

帷幕灌浆通常布置在靠近坝基面的上游，是应用最普遍、工艺要求较高的灌浆工程。

（一）施工的条件与施工次序

基岩帷幕灌浆通常在具备以下条件后实施：

（1）灌浆地段上覆混凝土已经浇筑了足够厚度，或灌浆隧洞已经衬砌完成。上覆混凝土的具体厚度各工程规定不一，龙羊峡水电站要求为30m，也有的工程要求为15m，应视灌浆压力的大小而定。（2）同一地段的固结灌浆已经完成。（3）基岩帷幕灌浆应当在水库开始蓄水以前，或蓄水位到达灌浆区孔口高程以前完成。

基岩帷幕灌浆通常由一排孔、二排孔或多排孔组成。由二排孔组成的帷幕，一般应先进行下游排的钻孔和灌浆，再进行上游排的钻孔和灌浆；由多排孔组成的帷幕，一般应先进行边排孔的钻孔和灌浆，然后向中间排逐排加密。

单排孔组成的帷幕应按三个次序施工，各次序孔按"中插法"逐渐加密，先导孔最先施工，接着顺次施工Ⅰ、Ⅱ、Ⅲ次序孔，最后施工检查孔。由两排孔或多排孔组成的帷幕，每排可以分为二个次序施工。

（二）帷幕灌浆孔钻孔的要求

帷幕灌浆孔钻孔的钻机最好采用回转式岩芯钻机、金刚石或硬质合金钻头。这样钻出来的孔型圆整，孔斜较易控制，有利于灌浆。以往，经常采用的是钢粒或铁砂钻进，在金刚石钻头推广普及后，除有特殊需要外，钻粒钻进一般就用得很少。

为了提高工效，国内外越来越多地采用冲击钻进和冲击回转钻进。但是由于冲击钻进要将全部岩芯破碎，因此，岩粉较其他钻进方式多，故应当加强钻孔和裂隙冲洗。另外，在同样情况下，冲击钻进较回转钻进的孔斜率大，这也是应当加以注意的。在各种灌浆中，帷幕灌浆孔的孔斜要求是较高的，因此应当切实注意控制孔斜和进行孔斜测量。

（三）灌浆压力的确定

灌浆压力是灌浆能量的来源，一般情况下使用较大的灌浆压力对灌浆质量有利，因为较大的灌浆压力有利于浆液进入岩石的裂隙，也有利于水泥浆液的泌水与硬结，提高结石强度；较大的灌浆压力可以增大浆液的扩散半径，从而减少钻孔灌浆工程量（减少孔数）。但是，过大的灌浆压力会使上部岩体或结构物产生有害的变形，或使浆液渗流到灌浆范围以外的地方，造成浪费；较高的灌浆压力对灌浆设备和工艺的要求也更高。

（四）先导孔施工

1.先导孔的作用

一项灌浆工程在设计阶段通常难以获得最充分的地质资料，因此在施工之初，利用部分灌浆孔取得必要的补充地质资料或其他资料，用以检验和核对设计及施工参数，这些最先施工的灌浆孔就是先导孔。

先导孔的工作内容主要是获取岩芯和进行压水试验，同时要完成作为Ⅰ序孔的灌浆任务。

2.先导孔的布置

先导孔应当在Ⅰ序孔中选取，通常1～2个单元工程可布置一个，或按本排灌浆孔数的10%布置。双排孔或多排孔的帷幕先导孔应布置在最深的一排孔中并最先施工，先导孔的深度一般应比帷幕设计深5m。

3.先导孔施工的方法

先导孔通常使用回转式岩芯钻机自上而下分段钻孔，采取岩芯，分段安装灌浆塞进行压水试验。压水试验的方法为三级压力五个阶段的五点法。

先导孔各孔段的灌浆宜在压水试验后进行。这样灌浆的效果好，施工简便，压水试验成果的准确性可满足要求。也有在全孔逐段钻孔，并逐段进行压水试验到达设计深度后，再自下而上逐段安装灌浆塞进行纯压式灌浆直至孔口的。除非钻孔很浅，否则不允许对先导孔采取全孔一次灌浆法灌浆。

（五）浆液变换

在灌浆过程中，浆液浓度的使用一般是由稀浆开始，逐级变浓，直到达到结束标准。过早地换成浓浆，易将细小的裂隙进口堵塞，致使未能填满灌实，影响灌浆效果；灌注稀浆过多，浆液过度扩散，造成材料浪费，也不利于结石的密实性。因此，根据岩石的实际情况，恰当地控制浆液浓度的变换是保证灌浆质量的一个重要因素。一般灌浆段内的细小裂隙多时，稀浆灌注的时间应长一些；反之，如果灌浆段中的大裂隙多时，则应较快换成较浓的浆液，使灌注浓浆的历时长一些。

（六）抬动观测

1.抬动观测的作用

在一些重要的工程部位进行灌浆，特别是高压灌浆时，有时要求进行抬动观测。抬动观测有以下两个作用：

（1）了解灌浆区域地面变形的情况，以便分析判断这种变形对工程的影响；（2）通过实时监测，及时调整灌浆施工参数，防止上部构筑物或地基发生抬动变形。

2.抬动观测的方法

常用的抬动观测方法有：

（1）精密水准测量

即在灌浆范围内埋设测桩或建立其他测量标志，在灌浆前和灌浆后使用精密水准仪测量测桩或标点的高程，对照计算地面升高的数值，必要时也可在灌浆施工的中期进行加测。这种方法主要用来测量累计抬动值。

（2）测微计观测

建立抬动观测装置，安装百分表、千分表或位移传感器进行监测。浅孔固结灌浆的抬动观测装置的埋置深度应大于灌浆孔深度，深孔灌浆抬动观测装置的深度一般不应小于20m。这种方法用来监测每一个灌浆段在灌浆过程中的抬动值变化情况，指导操作人员实时控制灌浆压力，防止发生抬动或抬动值超过限值。

（七）特殊情况处理

1.冒浆

冒浆是指某一孔段灌浆时在其周围的地面或其他临空面，或结构物的裂缝冒出浆液。轻微的冒浆，可让其自行凝固封闭；严重者，可变浓浆液、降低灌浆压力或间歇中断待凝，必要时应采取堵漏措施，如用棉纱、麻刀、木楔等嵌填漏浆的缝隙。

2.串浆

串浆是指正在灌浆的孔段与相邻的钻孔串通，浆液从邻孔中串漏出来。

应对这种情况，应争取将所有互串孔同时进行灌浆。如其总的注入率不大于泵的正常排浆能力，可用一台泵以并联法作群孔灌浆，否则应用多台泵分别灌浆。若因条件限制，不能采用多台泵灌浆时，可暂将被串孔塞住，待灌浆孔灌完后再将被串孔内的浆液清理出来进行补灌。应用一台泵或多台泵进行群孔灌浆时，应当密切注意防止地面抬动。

3.灌浆中断

一个孔段的灌浆作业应连续进行直到结束，尽量避免中断。实际施工中发生的中断有以下两种情况：一是被迫中断，如机械故障、停电、停水、器材问题等；二是有意中断，如实行间歇灌浆，制止串冒浆等。

发生前一种中断情况，应立即采取措施排除故障，尽快恢复灌浆。恢复时一般应从稀浆开始，如注入率与中断前接近，则可尽快恢复到中断前的浆液稠度，否则应逐级变浓。若恢复后的注入率减少很多，且短时间内停止吸浆，说明裂隙因中断被堵塞，应起出栓塞进行扫孔和冲洗后再灌。

4.绕塞渗漏

绕塞渗漏是指浆液沿着孔壁或基岩裂隙绕过灌浆塞渗漏到孔口外面。在进行自下而上分段灌浆时，由于灌浆孔的孔壁不圆整、岩石陡倾角裂隙发育或灌浆塞阻塞封闭不严等原因，浆液绕流到灌浆塞上面，时间一长，灌浆塞就会被凝固在孔里。

为避免发生这种现象，在灌浆前进行压水试验时应当注意检查，看有无绕塞返水现象，如果发现压水时孔口返水，应再度压紧灌浆塞或移动位置，重新安装灌浆塞。

5.孔口涌水

灌浆孔孔口涌水有两个原因：一是钻孔与地层中承压水穿透；二是灌浆孔孔口高程低于地下水或河水、库水水位。灌浆孔孔口涌水轻则影响灌浆效果，涌水压力大时甚至导致灌浆难以进行。

第一种情况通常在钻孔时很容易发现，这时无论原计划是采用自上而下还是自下而上灌浆方法，无论已经钻进的孔段长度是否达到5m或其他规定的长度，都应当停止钻进，先对本段进行灌浆处理。灌浆前可以使钻孔充分排水。有时承压水量不大，排水一段时间后，压力释放了，之后就可以按常规办法灌浆；有时承压水量很大，长时间排水也无济于事，这时应当测量承压水的压力和流量，有针对性地采取处理措施。

第二种情况较常遇见，当涌水压力和流量较大时也应按上述方法处理。当涌水压力和流量不大时，则在常规灌浆方法的基础上适当提高灌浆压力和增加闭浆待凝措施即可。

6.浆液失水变浓

在细微裂隙发育的岩层中灌浆，常常会遇到浆液失水变浓的情况。通常可以采取的措施是：

（1）将已经变浓的浆液弃除，换用新浆灌注。实践证明换用新浆以后还可以注入一部分浆液，原浆加水没有作用。

（2）适当提高灌浆压力，进一步扩张裂隙，增大注入量，但应防止岩体抬动。

（3）当大面积发生失水变浓现象时，说明灌浆材料不适用该地层，应当改换灌浆材料，如使用细水泥、超细水泥或湿磨水泥等。

7.岩体抬动

灌浆工程中有时会发生地面隆起、岩体劈裂或建筑物抬升裂缝等现象，这种情况除了可以通过肉眼观察或仪器观测发现之外，还可以从灌注压力和注入率的异常发觉，如灌浆压力突降、注入率陡增等都是建筑物或岩体可能发生变形的征兆。这时应当立即降低灌浆压力或停灌待凝，同时调查变形的部位及其可能造成的危害，复灌时要以低压浓浆小流量灌注。

抬动变形通常限制在0.2mm以内，超过此限被认为是有害变形，必须防止。抬动一般是不可逆的，既要限制一次抬动量，也要限制累计抬动量。有的工程要求累计抬动值不超过2mm。

8.大渗漏通道和地下动水

这种情况常发生在岩溶地层灌浆时，处理方法可参见本节相关方法。

9.复灌

即在灌浆段已经进行过灌浆的基础上，重复进行灌浆。一般情况下，复灌前应当进行扫孔，除非有明显迹象证明原灌浆孔畅通。复灌采用的压力、浆液水灰比等参数应视前一次灌浆的情况而定，有的可采用前次灌浆结束时的参数，有的应采用灌浆开始时的参数。

10.铸管

铸管，即灌浆管（钻杆）被水泥浆凝固在孔中。这种情况一般发生在孔口封闭灌浆法施工中，可以采取以下措施预防：

（1）当灌浆进入持续时间阶段以后，改用水灰比为1∶1的较稀水泥浆进行循环。在持续时间内，由于高压、高流速和高温的作用，浆液极易失水变浓，甚至发生假凝，这时应及时将浆液调稀；

（2）如持续时间已经超过20min，可适当上提部分灌浆管（钻杆），或者改循环式灌浆为纯压式灌浆。

（八）灌浆结束条件

灌浆结束条件对于灌浆施工十分重要，它对灌浆工程的质量、工效和成本都有较大影响。

我国的大多数工程采用了上述结束条件。少数工程，主要是利用外资的工程采用的灌浆结束条件不大相同，如二滩工程规定：灌浆应灌到孔中不显著吸浆为止。不显著吸浆的含义是指灌浆段长3m～6m或其他规定长度的孔段，在设计最大压力下每10min吸浆不大于10L，在压力降到允许最大压力的75%时，10min内吸浆为0。小浪底工程规定：进行帷幕灌浆时，在设计压力下，灌浆段吸浆率小于1L/min，继续灌注30min后可以结束；采用自下而上分段灌浆时，继续灌注的时间缩短为15min。

（九）封孔

各灌浆孔、测试孔（检查孔）完成灌浆或测试检查任务后，均应很好地将孔回填封堵密实。

1.导管注浆法

全孔灌浆完毕后，将导管（胶管、铁管或钻杆）下入钻孔底部，用灌浆泵向导管内泵入水灰比为0.5的水泥浆。水泥浆自孔底逐渐上升，将孔内余浆或积水顶出孔外。在泵入浆液过程中，随着水泥浆在孔内上升，可将导管徐徐上提，但应注意务必使导管底口始终保持在浆面以下。工程有专门要求时，也可注入砂浆。这种封孔方法适用于浅孔和灌浆后孔口没有涌水的钻孔。

切忌：不应用导管，径直向孔口注入浆液。因为孔内的水或稀浆不能被置换出来，会在钻孔中留下通道。

2.全孔灌浆法

全孔灌浆完毕后，先采用导管注浆法将孔内余浆置换成水灰比0.5的浓浆，而后将灌浆塞塞在孔口，继续使用这种浆液进行纯压式灌浆封孔。封孔灌浆的压力可根据工程具体情况确定，采用尽可能大的压力，一般不小于1MPa。当采用孔口封闭法灌浆时，可使用最大灌浆压力，灌浆持续时间不应小于1h。经验表明，当采用这种方法封孔时，孔内水泥浆液结石的密度都可达到2.0g/cm³以上，抗压强度20MPa以上，孔口无渗水。

当采用自下而上灌浆法，一孔灌浆结束后，通常全孔已经充满凝固或半凝固状态的浓稠浆体，在这种情况下可直接在孔口段进行封孔灌浆。

3.分段灌浆封孔法

全孔灌浆完毕后，自下而上分段进行纯压式灌浆封孔，分段长度20m～30m，使用浆液水灰比0.5，灌浆压力为相应深度的最大灌浆压力，持续时间一般为30min，孔口段为1h。这种方法适用于采用自上而下分段灌浆、孔深较大和封孔较为困难的情况。

4.其他注意事项

（1）当进行封孔灌浆时出现较大的注入量（如大于1L/min）时，应按正常灌浆过程进行灌浆，直至达到要求的结束条件，如封孔前孔口仍有涌水或渗水，则应当适当延长封孔灌浆的持续时间，或采取闭浆措施。

（2）采用上述方法封孔，待孔内水泥浆液凝固后，灌浆孔上部空余部分，大于3m时，应继续采用导管注浆法进行封孔；小于3m时，可使用干硬性水泥砂浆人工封填捣实，孔口压抹齐平。

（3）封孔的浆液材料通常情况下采用纯水泥浆，当灌浆后孔口仍有细微渗水时，封孔水泥浆和砂浆中宜加入膨胀剂。

四、坝基固结灌浆

（一）坝基固结灌浆的特点

1.固结灌浆的特点

在混凝土重力坝或拱坝的坝基、混凝土面板堆石坝址板基岩以及土石坝防渗体坐落的基岩等通常都要进行固结灌浆。坝基固结灌浆的目的之一是用来提高基岩中软弱岩体的密实度，增加它的变形模量，减少大坝基础的变形和不均匀沉陷；目的之二是弥补因爆破松动和应力松弛所造成的岩体损伤。

固结灌浆还可以提高岩体的抗渗能力，因此有的工程将靠近防渗帷幕的固结灌浆适当加深作为辅助帷幕。

与帷幕灌浆不同，固结灌浆有如下特点：

（1）固结灌浆要在整个或部分坝基面进行，常常与混凝土浇筑交叉作业，工程量大、工期紧、施工干扰大，特别需要做好多工种、多工序的统筹安排。

（2）固结灌浆主要用于加固大坝建基面浅表层的岩体，因而通常孔深较浅，灌浆压力较低。

固结灌浆孔通常采用方格形或梅花形布置，各孔按分序加密的原则分为二序或三序施工。

2.固结灌浆的盖重

为了增强固结灌浆的效果，通常固结灌浆应尽可能在浇筑了一定厚度的混凝土（盖重混凝土）后施工。以下部位必须在浇筑盖重混凝土后施工：

（1）防渗帷幕上游区的固结灌浆以及兼作辅助帷幕的固结灌浆；

（2）规模较大的地质不良地段的固结灌浆；

（3）结构上有特殊要求部位的固结灌浆。

固结灌浆区浇筑的盖重混凝土的厚度一般不宜小于3m，特殊情况下不应小于1.5m。

当盖重混凝土的强度达到设计强度的50%后，可以进行钻孔灌浆施工。

盖重混凝土也不宜太厚，否则加大了混凝土中的钻孔深度，对工程不利。

3.无盖重灌浆

有的时候，由于某些原因难以做到在浇筑盖重混凝土以后再进行固结灌浆，这就需要在无盖重条件下灌浆。无盖重灌浆有两种情况：浇筑找平混凝土后灌浆和在裸露基岩上灌浆。找平混凝土也可以用喷混凝土代替。我国许多工程在尽量坚持有盖重灌浆时，也把无盖重灌浆作为一个重要的补充措施。

长江三峡工程的部分坝基固结灌浆采取了浇筑"找平混凝土"的方法。

找平混凝土的浇筑应在建基面开挖达到设计高程并经验收合格后进行，找平混凝土的强度等级与大坝基础混凝土相同。浇筑厚度一般为30～40cm，以填平低洼坑槽为主，新鲜完整岩体可部分外露。待找平混凝土强度达到70%的设计强度后，固结灌浆的钻灌作业可以开始。

黄河小浪底水利枢纽进水塔基岩进行的无盖重固结灌浆在基岩面上浇筑了20～50cm的"垫层混凝土"，在垫层混凝土的保护下，先进行表层3m岩体的固结灌浆，在岩石里形成"盖板"，而后进行以下岩体的灌浆。

四川二滩拱坝坝基固结灌浆原则上自无盖重灌浆开始，至有盖重灌浆结束。无盖重灌浆在岩石裸露条件下施工，主要进行3m孔深以下岩体的灌浆，3m以上通过接管引自坝后集中地点在浇筑坝体基础混凝土后再行灌注。

（二）固结灌浆孔地钻进

固结灌浆孔的孔径不小于38mm，几乎可以使用各种钻机钻进，包括风动或液动凿岩机、潜孔锤和回转钻机。工程上可以根据固结灌浆孔的深度、工期要求和设备供应情况选用。一般来说，孔深不大于5m的浅孔可采用凿岩机钻进，5m以上的中深孔可用潜孔锤或岩芯钻机钻进。

固结灌浆钻孔的孔位偏差对于有盖重灌浆通常要求不大于10cm，无盖重灌浆应当根据现场条件在适当范围内选择调整。钻孔方向以垂直孔居多，无盖重灌浆时，可以适当向主裂隙面垂直方向倾斜。为施工方便钻孔斜度用钻机的钻杆方向控制，有的工程规定孔斜不大于5°。

在盖重混凝土上进行固结灌浆时，为了避免钻孔时损坏混凝土内的结构钢筋、冷却水管、止水片、监测仪器和锚杆等，除在设计时妥善布置固结灌浆孔位外，重要部位应当采取预埋导管等措施，预埋管可用PVC塑料管。

（三）裂隙冲洗

一般情况下，固结灌浆孔不需要采取特别的冲洗方法。但对不良地质地段灌浆时常常要求进行裂隙冲洗，有时要求强力冲洗（高压压水冲洗、脉动冲洗、风水联合冲洗或高压喷射冲洗）。

（四）灌浆方法和压力

1.固结灌浆的方法

孔深小于6m的固结灌浆孔可以采用全孔一次灌浆法，有的工程规定8m或10m孔深以内可以进行全孔一次灌浆。对于较深孔，自下而上纯压式灌浆和自上而下循环式灌浆都可采用。

2.灌浆压力

固结灌浆的压力应根据坝基的岩石状况、工程要求而定。在不使水工建筑物及岩体产生有害变形的前提下尽量采用较高的压力，如上部混凝土盖重小，必须特别注意防止基岩及混凝土上抬。

固结灌浆压力，有盖重灌浆时，可采用0.4～0.7MPa；无盖重灌浆时可采用0.2～0.4MPa。对缓倾角结构面发育的基岩，可适当降低灌浆压力。

有些工程坝基固结灌浆采用了如下方法：在混凝土浇筑前进行Ⅰ序孔固结灌浆，灌浆压力稍低，当混凝土浇筑到一定高度后，再用较大的压力进行Ⅱ序孔的灌浆。对于岩体抬动敏感部位，施工时应严格监测抬动变形，及时调整灌浆压力。

3.结束条件

固结灌浆各灌浆段的结束条件为在该灌浆段最大设计压力下，当注入率不大于1L/min后，继续灌注30min。

（五）深孔固结灌浆

在坝基面或较深的岩体中，常常有一些软弱岩带需要进行固结灌浆，这就是深孔固结灌浆，也称深层固结灌浆。现在深孔固结灌浆使用灌浆压力都较高，与帷幕灌浆无异。

有些地质复杂地段，在高压水泥灌浆完成后还要进行化学灌浆。

高压固结灌浆的施工方法基本可以依照帷幕灌浆的工艺进行，但二者也有区别，后者一般对裂隙冲洗要求不严或不要求，前者有的要求严格。另外，高压固结灌浆工程的质量检查，除可进行压水试验以外，宜以弹性波测试或岩体力学测试为主。

五、岩溶地层灌浆

自从乌江渡水电站建设成功以来，我国在岩溶地层修建了越来越多的高坝，积累了较多的施工经验。岩溶地层的灌浆与非岩溶地层的灌浆，除一般工艺基本相同外，还有一些重要的特点。

（一）岩溶地层灌浆的特点

与非岩溶地层的灌浆相比较，岩溶地层灌浆有如下特点：

（1）地质条件复杂，灌浆前无法将施工区的地质情况勘探得十分详尽，因而在施工过程中往往会出现各种地质异常情况，设计和施工要及时变更调整。（2）施工技术较为复杂。施工、勘探、试验三者并行的特点更突出，要求施工人员有丰富的经验。（3）灌浆工程量通常较大，水泥注入量很大，工程费用较高。这些情况在施工完成前不可能预计得很准，因此必须留有余地。

（二）岩溶地层灌浆的技术要点

（1）充分利用勘探孔、先导孔和灌浆孔资料对岩溶成因、发育规律、分布情况、岩溶类型以及大型溶洞的规模尺寸了解清楚，只有情况明，方能措施对。（2）对已经揭露的溶洞，尽量清除充填物，回填混凝土，也可以回填毛石、块石或碎石，并作回填灌浆和固结灌浆。湖南江垭水库帷幕灌浆发现厅堂式大溶洞，通过在地面钻大口径孔灌注混凝土；云南五里冲水库在施工过程中发现特大溶洞群，为此在帷幕轴线上开挖残留岩体，清除充填物，浇筑了一道长59m、高100.4m、厚2m～2.5m的地下混凝土防渗墙。（3）认真灌好Ⅰ序孔。即使在强岩溶地区，除了溶蚀裂隙、洞穴发育的地段以外，大部分完整或较完整的石灰岩透水性很弱。如以双排孔帷幕计，仅占工程量1/8的先灌排Ⅰ序孔所注入的水泥量通常为注入总量的50%～80%。因此在施工初期要有足够的物资和技术储备。（4）恰当地使用灌浆压力。在渗透通道畅通，注入率很大的孔段应避免使用高压力，防止浆液流失过远；但当注入率降低到相当小以后，则必须尽早升高到设计最大灌浆压力。（5）对于岩溶帷幕灌浆，一般不需要进行裂隙冲洗。实践和理论研究表明，溶洞充填物质通过高压灌浆的挤压密实，具有良好的渗透稳定性，它和周围岩体完全可以构成防渗帷幕的一部分。

（三）大渗漏通道的灌浆

岩溶地区经常有大的裂隙通道，灌浆时如不采取措施，浆液会流失得很远，造成浪费。

为了节约灌浆材料，当发现裂隙通道很大时，视情况可以改灌水泥砂浆、黏土水泥浆、粉煤灰水泥浆等。

（四）大型溶洞的灌浆

溶洞的充填情况不同，采取的措施也不尽相同。

1.无充填或半充填溶洞的灌浆

对于没有充填满的溶洞，一般来说必须要将它灌注充满。施工的目标是如何采用相对廉价的材料和便捷的措施。

（1）创造条件，例如利用已有钻孔或扩孔，或专门钻孔，向溶洞中灌注流态混凝土，也可以先填入级配骨料，再灌入水泥砂浆或水泥浆。钻孔孔径不宜小于150mm，混凝土骨料最大粒径不得大于40mm，塌落度18cm～22cm。级配骨料的最大粒径也不得大于40mm。直至不能继续灌入为止。

（2）在上述工作的基础上，扫孔灌注水泥砂浆、粉煤灰水泥浆或水泥黏土浆等，达到设计灌浆压力而后改灌注普通水泥浆液，直至达到规定的结束条件。

2.充填型溶洞的灌浆

有许多溶洞洞内充满了砾、砂、淤泥等，灌浆的任务主要是将这些松散软弱物质相对地固结起来，或在其间形成一道帷幕。在这样的溶洞中灌浆就相当于在覆盖层中灌浆一样，常会遇到钻进成孔的困难。

（五）地下动水条件下的灌浆

有的岩溶通道中存在流速很大的地下水流，它使灌入的浆液稀释并随水流走，轻则浪费大量的灌浆材料，长时间达不到结束条件，严重影响灌浆效果；重则使灌浆无法进行。遇到这样的情况首先要尽可能地探明溶洞的特征、大小和地下水流速，有针对性地采取措施。

1.级配料灌浆

（1）首先应创造条件向溶洞或通道中填入级配料，根据地下水的流速所用级配料的粒径应当尽量大一些，使用水力冲填，干填很容易堵塞，一旦堵塞，要重新扫孔，级配料大小宜分开，先填大料，后填小料。（2）填料完成以后，可以进行膏状浆液或浓浆的灌浆。一般来说，级配料填妥以后，地下水已经减速，灌浆可以进行。如仍有困难，可改灌速凝浆液，包括双液浆液。

2.膜袋灌浆

膜袋灌浆是中国水利科学研究院和贵阳勘测设计研究院研制的解决地下动水灌浆难题的一项专利技术。这项技术的特点是：

（1）充分探明地下渗水通道或溶洞的位置、形态、大小和地下水的流量流速；

（2）向溶洞或通道钻孔，通过钻孔向其中下设特制的、大小与溶洞通道相适应的膜袋；

（3）向膜袋中注入速凝浆液。

六、灌浆工程质量检查

灌浆工程是隐蔽工程，灌浆施工过程是特殊过程，其工程质量不能进行直观地和完全的检查，质量缺陷常常要在运行中方能真正暴露出来。保证灌浆工程质量最好的办法就是搞好施工过程质量，严格工艺过程，加强对工序质量的检验。

同时，灌浆工程的质量（效果）除受施工质量的影响之外，还取决于地质条件的适应性和设计方案的正确性。

因此在灌浆施工过程中，施工、监理和设计人员应当密切配合，掌握情况，发现问题，必要时及时调整设计，改进工艺，确保设计方案和施工工艺的针对性和有效性，取得工程的优良效果。

（一）帷幕灌浆质量检查

1.帷幕灌浆质量检查的原则

（1）检查项目

帷幕灌浆工程的质量应以检查孔压水试验成果为主，结合对施工记录、成果资料和检验测试资料的分析，进行综合评定。

（2）检查孔的布置

帷幕灌浆检查孔应在分析施工资料的基础上布置在下述部位：①帷幕中心线上；②断层、岩体破碎、裂隙发育、强岩溶等地质条件复杂的部位；③末序孔注入量大的部位；④钻孔偏斜过大、灌浆过程不正常等经分析资料认为可能对帷幕质量有影响的部位。

检查孔的方向一般与灌浆孔相同，也有采用与灌浆孔交叉布置的。

总的来说，灌浆工程的检查孔布置不完全是"随机取样"的方法，而是有意选择在地质条件较差和灌浆质量有疑问的部位，因此其检查结果是偏于安全的，同时，这些检查孔还是补充灌浆孔，如果这些部位的灌浆质量尚不能完全满足设计要求，那么，经过检查孔补充灌浆以后，就起到了加强作用。如果检查孔的合格率低得很多，应深入研究原因，加密布孔或调整工艺。

这一原则也适用于固结灌浆和其他灌浆工程。

（3）检查数量和时间

帷幕灌浆检查孔的数量规定为帷幕灌浆孔数的10%左右，重要和地质复杂的工程可多一点，例如长江三峡工程有的地段检查孔数量达到灌浆孔的15%~20%，一般的和地质条件好的可少一点，但一个坝段或一个单元工程内，至少应布置一个检查孔。

帷幕灌浆进行检查孔压水试验的时间应在该部位灌浆结束7~14d以后，

在工程实践中由于工期紧迫也有提前的。

2.检查孔施工

（1）施工程序

检查孔施工可采取以下三种方法：

①自上而下分段钻孔，采取岩芯，分段安装灌浆塞进行压水试验；一段完成以后接着进行下一段钻进、取芯、压水……直至终孔，然后由孔底自下而上分段灌浆，封孔。②与①的做法基本相同，每段压水试验之后即进行灌浆，直至终孔。③一次钻进到孔底，然后使用双灌浆塞分段进行压水试验，最后自下而上分段灌浆。在实际工程中，①、②种方法均有应用，③方法使用较少。

（2）采取岩心

岩芯是地质资料的主要物质凭据，帷幕灌浆检查孔应当采取岩芯。施工单位应制定一套必要的、确保检查孔取芯有最高采取率的技术措施。应使用双管单动取芯钻具进行检查孔的取芯，除原始地层较完整的情况外一般不应使用普通钻具对检查孔取芯。操作人员应从岩芯管中小芯地取出岩芯，并按正确的方位放置在岩芯箱内。每个回次岩芯的末端应用岩芯牌做出标记，表明深度和采取岩芯的长度、岩芯块数。岩芯要做地质描述，绘制钻孔柱状图，尤其要把地质缺陷的位置、裂隙的产状和发育程度、水泥结石充填的情况详细记录下来。

（3）压水试验

一般情况下可采用单点法。因为通常帷幕灌浆检查孔的透水率都很小，试验中水流处于层流状态，单点法与五点法的结果是一致的。

压水试验使用的压力：对于中低坝，通常为1.0MPa并不大于该部位灌浆压力的80%；对于坝高大于100m的高坝，其河床部位帷幕检查孔的压水试验压力可为1.5H（H为帷幕所在部位的坝前水深），并不大于2.0MPa。

压水试验的段长通常与灌浆施工保持一致，一般采用5m。孔口封闭法的孔口段也可以采用5m，即对应于3个灌浆段。

由于检查孔布置在帷幕的中心线上，所以检查得出的是半帷幕的防渗性能。

（4）封孔质量检查

针对有些工程部分封孔质量不好的情况，《水工建筑物水泥灌浆施工技术规范》制定了应对灌浆孔封孔质量进行抽样检查的规定。检查方法为对已封孔的灌浆孔沿原孔钻孔取芯，取出的水泥结石芯样应当连续、密实或比较密实。取样的数量规范未作具体要求，应视施工情况而定，施工过程控制得比较严格的工程可以少作。

（5）灌浆与封孔

帷幕幕体范围内的检查孔完成检查任务后应按（1）所述程序进行灌浆、封孔，帷幕线以外测试孔可直接封孔。

3.其他检验试验

对于大型工程或复杂地层的灌浆试验来说，为了充分论证试验成果，常常还安排了多种试验检测手段：

耐久性压水试验：选择1～2个检查孔，先进行常规压水试验，之后将试验压力提高到1.5～2倍水头，对全孔持续进行48～72h的压水试验；

破坏性压水试验：在耐久性压水试验的基础上，分级提高试验压力，直至达到帷幕发生劈裂破坏（试验流量明显增加）；

弹性波测试：进行声波或地震波测试，检测弹性波在帷幕幕体基岩的传播速度，从而反映其密实度；

孔内电视录像：对重点部位的检查孔或其他指定孔段的孔壁进行电视录像，观察岩体裂隙发育及其被灌注充填情况；

大口径钻孔、竖井或平洞检查：在幕体范围内钻直径1m的钻孔，或开挖2×2m的竖井（平洞），在钻孔或竖井内直观地检查岩体被灌注的情况或进行大型力学试验。

岩芯试验：取检查孔岩芯进行磨片试验，检验灌浆浆液对岩石裂隙的充填情况；将岩芯加工成试件进行力学和渗透试验，检测被灌注后的岩石试样的性能。

4.合格标准

帷幕灌浆质量检查的合格标准为：经检查孔压水试验检查，坝体混凝土与基岩的接触段及其下一段透水率的合格率为100%，其余各段的合格率不小于90%；当设计防渗标准小于2Lu时，不合格试段的透水率不超过设计规定的200%；当设计防渗标准大于或等于2Lu时，不合格试段的透水率不超过设计规定的150%；不合格试段的分布不集中。

所谓分布不集中是指，不合格试段在高低、左右以及上下游的三个方向上均不连续、不靠近。

（二）固结灌浆质量检查

1.固结灌浆质量检查的要求

（1）检查项目

固结灌浆工程质量的检查可采用检测岩体弹性波波速或岩体静弹性模量的方法，也可采用检查孔压水试验的方法。

（2）检查数量和时间

固结灌浆压水试验检查孔的数量不宜少于灌浆孔总数的5%，弹性波测试孔的数量也可按照5%的比例布置。检查孔布置的原则可参照帷幕灌浆，各项检测的试验时间：压水试验可在灌浆结束3d或7d以后，弹性波测试可在灌浆结束14d以后，静弹模测试可在灌浆结束28d以后。

2.压水试验检查

检查孔压水试验采用单点法。要求试段合格率在85%以上，不合格试段的透水率不超过设计规定的150%，且不集中，灌浆质量可评为合格。

3.弹性波测试

弹性波测试包括声波法和地震波法，用地震仪或声速仪测定岩石弹性波的传播速度，再根据弹性波波速计算出岩石的动弹模，必要时转换为静弹模或变模。弹性波测试常用的仪器有岩石声波参数测定仪、12道和24道地震仪等。

重要的和地质条件复杂地段的高压固结灌浆也有使用声波、地震波或电磁波CT层析成像法测试的。这种方法通过大量的波射线对两个钻孔间的岩体的约束，建立并求解大型线性方程组，绘制岩体波速等值线，直观评价岩体及其灌浆质量。

在固结灌浆工程中应用弹性波法检查灌浆效果（包括CT测试）经常需要进行灌浆前和灌浆后的对比测试，以检查经过灌浆后岩体性能及灌浆前的改善程度。

4.岩体变形试验和强度试验

用于检测固结灌浆效果的岩体变形试验和强度试验，常用的有钻孔变形测试，有的大型灌浆试验也进行岩体承压板法试验和直剪试验。

钻孔变形测试目前使用较多的是钻孔膨胀计法。它是对下入钻孔中的钻孔膨胀计的膨胀胶囊加压，使钻孔孔壁受压变形，并依据变形和压力的关系求得该处岩体的弹性模量或变形模量。

5.钻孔取芯、开挖竖井或平洞检查

对于重要部位的高压固结灌浆，在灌浆试验阶段也常常利用检查孔所采取的岩芯，观察水泥结石充填及胶结情况，对岩芯做必要的物理力学性能试验，或开挖井洞或钻设大口径钻孔，进行实地直观检查，同时在井、洞内还可做原位岩石力学性能试验。

第二节　砂砾石地层灌浆

并不是所有的软土地基都适合灌浆，砂砾石的可灌性是指砂砾石地层能否接受灌浆材料灌入的一种特性。砂砾石地基的可灌性取决于灌浆材料的细度、灌浆的压力和灌浆工艺等因素。

砂砾石地基是比较松散的地层，其空隙率大，渗透性强、孔壁易坍塌等。因而在灌浆施工中，为保证灌浆质量和施工的进行，还需要采取一些特殊的施工工艺措施。

一、可灌性

可灌性是指砂砾石地基能接受灌浆材料灌入的一种特性。可灌性主要取决于地基的颗粒级配、灌浆材料的细度、浆液的稠度、灌浆压力和施工工艺等因素。

二、灌浆材料

砂砾石地基灌浆，多用于修筑防渗帷幕，很少用于加固地基，一般多采用水泥黏土浆。

有时为了改善浆液的性能，可掺少量的膨润土和其他外加剂。

砂砾石地基经灌浆后，一般要求帷幕幕体内的渗透系数能够降低到 $10 \sim 10 cm/s$ 以下；浆液结石28d的强度能够达到0.4～0.5MPa。

水泥黏土浆的稳定性和可灌性指标，均优于水泥浆；其缺点是析水能力低，排水固结时间长，浆液结石强度不高，黏结力较低，抗掺和抗冲能力较差等。

要求黏土遇水以后，能迅速崩解分散，吸水膨胀，并具有一定的稳定性和黏结力。

浆液配比，视帷幕的设计要求而定，一般配比（重量比）为水泥：黏土=1：2～1：4，浆液的稠度为水：干料=6：1～1：1。

有关灌浆材料的选用，浆液配比的确定以及浆液稠度的分级等问题，均需根据沙砾石层的特性和灌浆要求，通过室内外的试验来确定。

三、打管灌浆

灌浆管由厚壁的无缝钢管、花管和锥形体管头组成，用吊锤夯击或振动沉管的方法，打入砂砾石受灌地层设计深度，打孔和灌浆在工序上紧密结合。每段灌浆前，用压力水通过水管进行冲洗，把土砂等杂质冲出管外或压入地层，使射浆孔畅通，直至回水澄清。可采用自流式或压力灌浆，自下而上，分段拔管分段灌浆，直到结束。

此法设备简单，操作方便，一般适用于深度较浅，结构松散，空隙率大，无大孤石的沙砾石层，多用于临时性工程或对防渗性能要求不高的帷幕。

四、套管灌浆

施工程序是：边钻孔边下护壁套管（或随打入护壁套管，随冲淘管内的砂砾石），直到套管下到设计深度。然后将钻孔冲洗干净，下入灌浆管，再起拔套管至第一灌浆段顶部，安好阻塞器，然后注浆。如此自下而上，逐段提升灌浆管和套管，逐段灌浆，直至结束。

也可自上而下，分段钻孔灌浆，缺点是施工控制较为困难。

采用这种方法灌浆，由于有套管护壁，不会产生塌孔埋钻事故；但压力灌浆时，浆液容易沿着套管外壁向上流动，甚至产生表面冒浆，还会胶结套筒造成起拔困难，甚至无法拔出。

五、循环灌浆

循环灌浆，实质上是一种自上而下，钻一段、灌一段，无须待凝，钻孔与灌浆循环进行的一种施工方法。钻孔时用黏土浆或最稀一级水泥黏土浆固壁。钻灌段的长度，视孔壁稳定情况和砂砾石渗漏大小而定，一般为1~2m，逐段下降，直到设计深度。这种方法灌浆，没有阻塞器，而是采用孔口管顶端的。封闭器阻浆，用这种方法灌浆，在灌浆起始段以上，应安装孔口管，目的是防止孔口坍塌和地表冒浆，提高灌浆质量，同时也兼起钻孔导向的作用。

六、埋管法

（1）在孔位处先挖一个深1~1.5m，半径大于0.5m的坑。从底部用干钻向下钻进至沙砾石层1~1.5m，把加工好的孔口管下入孔内，孔口管下端1~1.5m加工成花管，孔口管管径要与钻孔孔径相适应，上端应高出地面

20cm左右。在浅坑底部设止浆环，防止灌浆时浆液沿管壁向上窜冒，浅坑用混凝土回填（或黏、壤土分层夯实），待凝固后，通过花管灌注纯水泥浆，以便固结孔口管的下部，并形成密实的防止冒浆的盖板。（2）打管法钻机钻孔，孔口管插入钻孔用吊锤打至预定位置，然后再向下钻深30～50cm，并清除孔内废渣，灌注水泥浆。

七、预埋花管灌浆

在钻孔内预先下入带有射浆孔的灌浆花管，管外与孔壁的环形空间注入填料，后在灌浆管内用双层阻塞器（阻塞器之间为灌浆管的出浆孔）进行分段灌浆，其施工程序是：

（1）钻孔及护壁常使用回转钻机钻孔至设计深度，接着下套管护壁或用泥浆固壁。（2）清孔钻孔结束后，立即清除孔底残留的石渣，将原固壁泥浆更换为新鲜泥浆。（3）下花管和下填料若套管护壁时，先下花管后下填料（若泥浆固壁时，则先下填料后下花管）。花管直径为75～110mm，沿管长每隔0.3～0.5cm环向钻一排（4个）孔径为10mm的射浆孔。射浆孔外面用弹性良好的橡胶圈箍紧，橡胶圈厚度为1.5～2mm，宽度10～15cm。花管底部要封闭严密、牢固。安设花管要垂直对中，不能偏在套管（或孔壁）的一侧。

用泵灌注花管与套管（或孔壁）之间环形空间的填料，边下填料，边起拔套管，连续浇筑，直到全孔填满将套管拔出为止。填料配比为水泥∶黏土＝1∶2～1∶3；水∶干料＝1∶1～3∶1；浆体密度1.35～1.36t/m³；黏度25s；结石强度R＝0.1～0.2MPa，R≤0.5～0.6MPa。

八、开环

孔壁填料待凝5～15d，达到一定强度后，可进行开环。在花管中下入双层阻塞器，灌浆管的出浆孔要对准花管上准备灌浆的射浆孔，然后用清水或稀浆逐渐升压至开环为止。

压开花管上的橡皮圈，压裂填料，形成通路，称为开环，为浆液进入沙砾石层创造条件。

九、灌浆

开环以后，继续用清水或稀浆灌注5~10min，再开始灌浆。花管的每一排射浆孔就是一个灌浆段，灌完一段，移动阻塞器使其出浆孔对准另一排射浆孔，进行另一灌浆段的开环和灌浆。

由于双层阻塞器的构造特点，可以在任一灌浆段进行开环灌浆，必要时还可重复灌浆，比较机动灵活。灌浆段长度一般为0.3~0.5m，不易发生串浆、冒浆现象，灌浆质量比较均匀，质量较有保证。国内外比较重要的沙砾石层灌浆多采用此法，其缺点是有时有不开环的现象，且花管被填料胶结后，不能起拔回收，耗用钢材较多，工艺复杂，成本较高。

前三种灌浆方法的灌浆结束后，应立即封孔，以防塌孔冒浆；预埋花管法则可在帷幕检查后集中进行封孔，但孔口应加盖进行保护。砂砾石地基灌浆，应根据各工程的具体条件和灌浆应达到的要求，通过灌浆试验，提出需要掌握的控制标准，用以指导灌浆施工。

十、高压喷射注浆法

高压喷射注浆法（HighPressureJetGrouting），20世纪70年代初，我国铁路、煤炭、水电等系统相继引进并开始研究这项技术。80年代以来，其他国家也开始大规模采用这项技术。我国水利系统于1980年首先将此技术应用于山东白浪河土坝工程。

根据喷嘴的喷射范围，高压喷射注浆分为旋喷、摆喷和定喷。

近年来，高压喷射注浆技术作为一个日趋成熟的地基基础处理方法，被广泛地应用于砂、土质地层的河道、堤坝、工业民用建筑基础防渗和地基加固中。但在砂砾石地层的应用因其成孔困难、成墙效果不理想等原因，并未被广泛采用。由水电十一局承建的九甸峡水电站厂房工程砂砾石围堰截渗应用了高压旋喷灌浆，取得了成功，现对之进行总结，形成本施工工法。

沙砾石层主要由细砂及砂卵石等粗颗粒组成，其透水性较强，透水率较大，对于该类型地层防渗，一般采用帷幕灌浆处理，但帷幕灌浆的施工速度慢，投资大，防渗效果不明显。采用高压旋喷灌浆进行防渗处理可达到帷幕灌浆处理所达不到的效果。但高压喷射灌浆存在其不可回避的弊端，一是砂砾石地层成孔过程中的塌孔问题，二是地层中的孤石能否有效被水泥浆包裹的问题。

本工法依据九甸峡水电站厂房基础防渗进行总结。为了解决高压旋喷防渗墙处理方案在沙砾石层中的可施工性，在常规施工方法的基础上采取了有效改进措施。针对砂砾石地层成孔难、易塌孔、钻进速度慢等技术难题，采取了大扭矩风动回转式液压钻机跟管钻进，PVC套管护壁成孔方法。这种钻孔方法与传统泥浆、水泥浆护壁钻孔方法相比，具有成孔快、不塌孔、工艺简单等优点。针对注浆过程中的孤石能否有效被水泥浆包裹及水泥浆与砂砾石充分搅拌的问题，在注浆施工方法上选用高压水孔内切割，风动搅拌，水泥固结的三管法。在参数选择上尽量选择大水压，加大高压水对地层的冲击、切割力度。在遇有孤石时，采取在孤石上、下50cm加大喷嘴旋转速度、慢速提升的办法，充分将孤石用水泥浆包住，从而使固结后的柱体达到连续完整的目的。工程所取得的成功经验值得类似工程借鉴和使用。

（一）适用范围

高压喷射注浆法防渗和加固技术主要适用于砂类土、黏性土、黄土和淤泥等软弱土层，本工法主要介绍其在砂砾石中的应用。

（二）工艺原理

高压喷射注浆是利用钻机成孔后，由高压喷射注浆台车（简称高喷台车）把前端带有喷嘴的注浆管置入沙砾石层预定深度后，以30～40Mpa压力把浆液或水从喷嘴中喷射出来，形成喷射流切割破坏沙砾石层，使原沙砾石层被破坏并与高压喷射进来的水泥浆按一定的比例和质量大小，有规律地重新排列组合，浆液凝固后，便在沙砾石层中形成一个柱状固结体，无数个柱状固结体的连接便形成一道屏蔽幕墙。

因从喷嘴中喷射出来的浆液或水能量很大，能够置换部分碎石土颗粒，使浆液进入碎石土中，从而起到加固地基和防渗的作用。

（三）施工工艺及特殊情况处理

1.高压旋喷施工参数确定

高压旋喷渗墙施工前期，首先进行试验孔施工，试验孔施工主要确定孔深、孔距、水气浆压力、浆液密度、注浆率、旋转及提升速度，试验孔施工结束后，进行钻孔取芯、注水试验和开挖检查。计算透水率并通过试验得出芯体的抗压强度，从开挖检查旋喷墙厚度及成墙连续性。

2.高压旋喷防渗墙施工工法

高压旋喷防渗墙钻孔注浆分两序施工，先施工Ⅰ序孔，后施工Ⅱ序孔，相邻孔的施工间隔时间不少于24小时。注浆采用同轴三管法高压旋喷灌浆，同轴三管法即以浆、气、水三种介质同时作用于地层，使浆液与地层颗粒成分混合、搅拌、置换、充填渗透形成固结体。

施工程序为：场地平整压实→造孔（跟管钻进）→下PVC管护壁→跟管拔出→高喷台车就位→试喷→下喷具→喷灌→封孔→高喷台车移位。

（1）造孔

针对砂砾石地层成孔难、易塌孔、钻进速度慢等技术难题，采取了大扭矩液压工程钻机跟管钻进。一是采用YGJ-80风动液压钻机配偏心式冲击器冲击跟管钻进；二是采用QLCN-120履带式多功能岩土钻机跟管钻进。钻孔直径均为φ140mm，造孔效率可达6.0m/h。钻机就位后，用水平尺校正机身，使钻杆轴线垂直对准钻孔中心位置，孔位偏差不大于5cm。钻孔达到设计深度后，将钻杆提出，在跟管内下设小于跟管口径的PVC套管取代跟管。PVC护壁套管下至孔底后，再用液压拔管器分节拔出钢质护壁跟管。PVC护壁套管滞留在孔中，待喷射灌浆时通过高压水切割破碎，通过水泥浆与砂砾石固结在一起。

（2）护壁

造孔结束，将钻杆提出，下设底端透水无纺布包扎φ120PVC护壁管，进行成孔护壁，护壁套管接头用塑料密封带连接。护壁套管下至孔底后，采用YGB液压拔管机将套管分节拔出。

（3）喷具组装及检查

喷具由水、气、浆三管并列组成，采用专用螺栓连接，自下而上由喷头、喷管、旋喷三叉管组成，连接处用尼龙垫密封。喷具组装后试运行水、气、浆管的畅通和承压情况，当水压达到设计压力的1.5倍时，管路无泄漏后再试喷15min后结束检查。

（4）试喷检查结束

使喷嘴喷射方向与高喷轴线一致，并设置好旋喷转速下入喷具至设计孔深。为防止在下喷具过程中因意外而堵塞喷嘴，可送入低压水、气、浆，并开始喷浆。在初始喷浆时只喷转不提，静喷3~5min，待孔口返浆浓度接近1.3g/cm³时，按参数要求的提升速度和旋转速度自下而上喷射灌浆到设计高程，喷射浆液为灰水比0.8∶1的纯水泥浆。

3.特殊情况处理

（1）漏浆处理

在砂砾石围堰高喷灌浆防渗墙的施工中，可能会有部分孔发生漏浆现象，说明围堰基础存在一定的集中渗流区，对工程施工安全十分不利。因此，在发生漏浆时，视严重程度应采取停止提升或放慢提升速度的办法，尽可能使漏浆地层充分灌满水泥浆，从而达到充分固结的目的。

（2）孤石处理

针对注浆过程中的孤石能否有效被水泥浆包裹及水泥浆与砂砾石充分搅拌的问题，在注浆施工方法上应选用高压水孔内切割、风动搅拌、水泥固结的三管法。参数选择大水压，加大高压水对地层冲击、切割的力度，在遇有孤石时，采取在孤石上、下50cm加大喷嘴旋转速度、慢速提升的办法，充分将孤石用水泥浆包住，从而使固结后的柱体达到连续完整的目的。

（3）事故停喷

在高喷过程中发生停电、停喷事故，均采取重新扫孔、复喷的办法，扫孔底至停喷段以下1.2m，解决因停喷造成的柱体连续性问题。

（四）劳动组织

施工现场根据实际情况配备专业技术人员2名，专业技师1名，熟练工12名，普工25名。

（五）质量要求

在施工过程中，应着重对钻孔和灌浆两道工序进行控制，以及对防渗墙质量进行检查，主要有以下几方面：

1.钻孔

要经常检查钻孔孔位有无偏差，及时予以纠正。孔斜一般要钻孔孔斜小于0.5%~1.5%的孔深。

检测喷浆管的旋转和提升速度，以设计要求为准或通常将旋转速度控制在5~20r/min，提升速度为5~20cm/min。

当因拆卸钻杆或其他原因暂停喷射时，再喷射时应使新旧固结体搭接10cm以上，防止断桩。

2.灌浆

要检查灌浆浆液的比重和流动度指标以及灌浆压力和流量等指标，并及时进行调整，使其满足要求。利用灌浆自动记录仪记录灌浆过程，随时核算灌入浆液的总量是否满足要求。要及时观察和检测冒浆，在高喷施工过程中，往往有一定数量的土粒随着部分浆液冒出地面，通过对冒浆现象的观察，及时了解地层的变化情况、喷射灌浆效果以及各项施工参数是否合理，以便适时做出适当调整。

3.防渗墙质量检验

对高喷防渗墙固结体的质量检验可采用开挖检查、钻取岩芯、压（注）水试验等多种方法来进行。检验主要内容为：固结体的整体性和均匀性；固结体的几何特性，包括有效直径、深度和偏斜度；固结体的水力学特性，包括渗透系数和水力坡降等。

质量检验一般在高喷工作结束后4周内进行，根据检验结果采取适当措施以确保达到预期要求。对防渗墙应进行渗透试验，一般做法为：在高喷固结体的适当部位钻孔（取芯），然后在孔内进行压水或注水试验，判断其抗渗透能力。

（六）安全措施

（1）施工前对风、水、浆、电及施工顺序进行详细规划，保证作业面规范整齐。

（2）加强施工人员的安全教育，建立各种设备操作规程。

（3）设置醒目的安全标志，人员上下机架要系安全带。

（4）电动机械设备应设置安全防护设施和安全保护措施。

（5）施工前必须检查防水电缆是否完好，防止触电伤人。

（6）施工时，做好废浆排放工作；工程结束时，要做到工完、料净、场地清。

第三节　混凝土防渗墙与垂直防渗施工

一、混凝土防渗墙施工

（一）施工准备

（1）安排工程技术人员勘查现场，进一步了解实施本工程的目的、设计标准、技术要求，按设计文件及图纸要求进行测量放样。（2）针对槽孔式防渗墙工程的要求，编制详细的专项施工方案，用于指导施工。（3）按施工技术要求平整、清理场地，准备好堆料场，联系好原材料供应厂商。（4）确定好设备进场道路，施工设备运输进场、安装。

（二）施工现场布置

1.施工用电

槽孔式防渗墙使用与本标段同一电力供应系统，电力系统可以满足防渗墙施工的需要。

2.施工用水

施工用水使用与本标段同一供水系统。

3.施工道路

槽孔式防渗墙工程施工时，上坝道路已修好，可直接与上坝公路相连，防渗墙所使用的机械设备、原材料等可以直接运至施工场地。

（三）导墙施工

导墙施工是防渗墙施工的关键环节，其主要作用为成槽导向、控制标高、槽段定位、防止槽口坍塌及承重，根据选用的机械形式和现场布置，导墙断面形式采用钢筋砼倒"L"形断面。

导槽里侧净宽度0.8m，导墙混凝土强度等级为C20，导墙施工时，导墙壁轴线放样必须准确，误差不大于10mm，导墙壁施工平直，内墙墙面平整度偏差不大于3mm，垂直度不大于0.5%，导墙顶面平整度为5mm。导墙顶面宜略高于施工地面100～150mm，每个槽段内的导墙上至少应设有一个溢浆孔。导墙基底与土面密贴，为防止导墙变形，导墙两内侧拆模后，每隔1.5m布设一道木撑，砼未达到70%强度，严禁重型机械在导墙附近行走。

（四）主要施工方法

1.沟槽开挖

（1）导墙沟槽采用人工辅助机械开挖。

（2）导墙分段施工，分段长度根据模板长度和规范要求，一般控制在30～50m。

（3）导墙开挖前根据测量放样成果、防渗墙的厚度及外放尺寸，实地放样出导墙的开挖宽度，并洒白灰线。

（4）开挖工程中如遇塌方或开挖过宽的地方施作120砖墙外模，外侧应用土分层回填夯实。

（5）为及时排除坑底积水应在坑底中央设置一条排水沟，在一定距离设置集水坑，用抽水泵外排。

2.导墙钢筋、模板及砼施工

（1）导墙沟槽开挖后立即将导墙中心线引至沟槽中，及时整平槽底，如遇软基础地质，可采用换填或浇注C15素混凝土垫层，保证基底密实。

（2）土方开挖到位后，绑扎导墙钢筋，钢筋施工结束，并经"三检"合格后，填写隐蔽工程验收单，报监理验收，经验收合格后方可进行下道工序施工。

（3）导墙模板采用木模板，模板加固采用钢管支撑或10×10cm方木支撑加固，支撑的间距不大于1米，严防跑模，并保证轴线和净空的准确。砼浇注前先检查模板的垂直度和中线以及净距是否符合要求，经"三检"合格后报监理通过方可进行砼浇注。

（4）砼浇注采用泵车入模，砼浇注时两边对称分层交替进行，严防走模，如发生走模，立即停止砼的浇注，重新加固模板，并纠正到设计位置后，再继续进行浇注。

（5）砼的振捣采用插入式振捣器，振捣间距为0.6m左右，防止振捣不均，同时也要防止在一处过振而发生走模现象。

3.模板拆除

导墙混凝土达到规范强度要求后开始拆除模板，具体时间由试验确定。拆模后立即再次检查导墙的中心轴线和净空尺寸，以及侧墙砼的浇筑质量，如发现侧墙砼侵入净空或墙体出现孔洞需及时修凿或封堵，并召集相关人员分析讨论事件的发生原因，制定出相应措施，防止类似问题再次发生。

模板拆除后立即架设木支撑，支撑上下各一道，呈梅花形布置，水平间距1.5m。经检查合格后报监理验收，验收后立即回填，防止导墙内挤。

（五）槽孔式混凝土防渗墙施工

1.主要施工方法

（1）成槽采用SG30型挖槽机和CZ-30型冲击钻机；

（2）采用膨润土或优质黏土泥浆护壁；

（3）"泵吸反循环法"置换泥浆清孔；

（4）混凝土搅拌站拌和混凝土；

（5）混凝土运输车输送混凝土；

（6）泥浆下直升导管法浇筑混凝土；

（7）采用"预设工字钢法"进行Ⅰ、Ⅱ期槽段连接；

（8）自制灌浆平台进行混凝土浇筑。

在施工前，先进行混凝土和泥浆的配合比及其性能试验，报送监理审查批准后实施。

2.槽段划分

单元槽段长度的划分根据设计图纸要求确定，本工程槽段划分为：一期槽孔长6.0m，共6段；二期槽孔长6.0m，共6段（均为标准段）。

（六）泥浆制作

为保证成槽的安全和质量，护壁泥浆生产循环系统的质量控制是关系到槽壁稳定、砼质量及沙砾石层成槽的必备条件。

工程优先采用优质膨润土为主、少量的黏土为辅的泥浆制备材料，造孔用的泥浆材料必须经过现场检测合格后，方可使用。质量控制主要指标为：比重1.1～1.3，黏度18～25s，胶体率95%，必要时可适量的添加。

1.泥浆的拌制

拌制泥浆的方法及时间通过试验确定，并按批准或指示的配合比配制泥浆，计量误差值不大于5%。泥浆搅制系统布置在防渗墙轴线的下游侧，泥浆搅拌站布置1m³泥浆搅拌机3台。制浆池、沉淀池、贮浆池容量各200m³，满足两个槽段同时施工用浆需求。泥浆制浆系统配制的泥浆通过现场布置的输送管输送到各段施工槽孔。

2.泥浆处理

泥浆必须经过制浆池、沉淀池及储存池三级处理，泥浆制作场地以利于施工方便为原则。

（七）成槽工艺

根据地质结构情况，单元槽段成槽用抓斗成槽机进行挖槽，成槽机上有垂直最小显示装置，当偏差大于1/300时，则进行纠偏工作，纠偏可采取以下两种方法：一是将槽段用砂土回填，再利用槽壁机挖槽；二是根据成槽机上垂直度的显示装置，特别偏差大于1/300开始位置，逐步向下抓或空挖修整槽壁的倾斜。一般成槽垂直精度可达1/500～1/300。抓斗工作宽度2.8m，一个标准槽段需要三幅抓才能完成，当抓斗至弱风化岩岩层时，改用冲击钻钻孔，直至达到设计位置。

抓斗每抓一次，应根据垂线观察抓斗的垂直及位置情况，然后下斗直到土面，若土质较硬则提起抓斗约80cm，冲击数次抓土，起斗时应缓慢，在斗出泥浆面时应及时回灌泥浆，保证一定液面。抓取的泥土用自卸汽车运输至指定地方，不得就地卸土，待泥土较干时再采用挖沟机装上自卸汽车外运，冲孔的返浆沉积泥渣用泥浆车外运，不影响文明施工。

（八）岩面鉴定与终孔验收

第一，基岩面需按下列方法确定。

①依照防渗墙中心线地质剖面图，当孔深接近预计基岩面时，即开始取样，然后根据岩样的性质确定基岩面；②对照邻孔基岩面高程，并参考钻进情况确定基岩面；③当上述方法难以确定基岩面，或对基岩面产生怀疑时，应采用岩芯钻机取岩样，加以确定和验证。

第二，终孔后，由监理工程师同施工单位质检人员进行孔形、孔深检测验收，确保孔形、孔斜、孔深符合设计要求。

第三，基岩岩样是槽孔嵌入基岩的主要依据，必须真实可靠，并按顺序、深度、位置编号、填好标签，装箱，妥善保管。

（九）钢筋笼制作吊装

1.钢筋笼制作平台设计

钢筋笼的加工制作应在离施工现场最近的地方，本工程钢筋笼加工制作场地设在坝顶坝左0+48.865段至坝左0+089.34段，防渗墙中心线上游段16m外场地内。由于防渗墙特殊的工艺和精度要求，钢筋笼的制作精度必须满足设计和施工要求，因此将钢筋笼在平整度≤5mm的硬化场地上制作加工，平台上要设置钢筋定位样板，确保钢筋位置的准确，钢筋笼的加工速度及顺序要和槽孔施工相一致，不宜积存过多的钢筋笼，以免增加倒运和造成钢筋笼变形。

2.钢筋笼加工

地下防渗墙钢筋笼最大长度为26m，标准段宽6m，最重11.32吨（含接头工字钢）。为保证钢筋笼的加工质量和整体性，将采用整片制作吊装的方案。

钢筋笼加工制作时先将钢箍排列整齐，再将竖直主筋依次穿入钢箍（竖直主筋间隔错位搭接），采用间隔点焊就位，定位要准确。钢筋笼保护层用$100 \times 100 \times 10$mm厚钢板按竖向间距$3 \sim 5$m布置一块焊在钢筋笼主筋内外侧（每层布置$2 \sim 3$块）。钢筋笼加工时按设计的位置预留2个水下砼灌注导管孔，并做好标记。根据帷幕设计要求，防渗墙每幅需设置4根预埋管（中110钢管），在钢筋笼制作时，焊接在钢筋笼的内侧处，须避开导管预留位置布置。

3.钢筋笼吊放

钢筋笼的端部设8个吊点，吊环采用20圆钢制作，中间部位设置两个吊点，焊在钢桁架竖筋上，同时起吊钢筋笼的头部及中部。

起吊时应特别注意防止钢筋笼的扭曲，起吊钢筋笼采用50t履带吊整片吊装。起吊时不能使钢筋笼下端在地面上拖引，以防造成下端钢筋弯曲变形。为防止钢筋笼吊起后在空中摆动，应在钢筋笼下端系上拽引绳以人力操纵。

插入钢筋笼时，最重要的是使钢筋笼对准单元槽段、垂直而又准确的插入槽内。钢筋笼进入槽内时，吊点中心必须对准槽段中心，徐徐下降，必须注意不要因起重臂摆动或其他影响而使钢筋笼产生横向摆动，造成槽壁坍塌。

如果钢筋笼不能顺利插入槽内，应立即吊出，查出原因加以解决，在修槽之后再吊放不能强行插放，否则会引起钢筋笼变形或使槽壁坍塌，产生大量沉渣，而且预埋管位置将可能发生偏移。

4.钢筋笼入槽时的标高控制

制作钢筋笼时，选主桁架的两根立筋作为标高控制的基准，做好标记；下钢筋笼前测定主桁架位置处的导墙顶面标高，根据标高关系计算好固定钢筋笼于导墙上的设于焊接钢筋笼上的吊攀，钢筋笼下到位后用工字钢穿过吊攀将钢筋笼悬吊于导墙之上。下笼前技术人员须根据实际情况进行技术交底单，确保钢筋笼及预埋件位于槽段设计上的标高。

（十）防渗墙接头施工

各单元墙段由接缝（或接头）连接成防渗墙整体，墙段间的接缝是防渗墙的薄弱环节，如果接头设计方案不当或施工质量不好，有可能在某些接缝部位产生集中渗漏，严重者会引起墙后地基土的流失，给主体结构留下长期质量隐患。因此，为加强防渗墙接头防水质量，接头均采用工字钢接头。

接头工字钢采用10mm和12mm厚钢板焊接而成，施工现场加工制作，钢板原材料根据施工进度使用汽车集中运输至施工现场进行焊接拼装，工字钢一侧与钢筋笼焊接牢固，两侧各伸出45cm（侧边采用12mm钢板），施工中要保证钢筋笼与工字钢的垂直度，相邻墙段钢筋笼之间插入一序槽段工字钢内。

二、垂直防渗施工

（一）混凝土防渗墙

混凝土防渗墙是在松散透水地基或土石坝坝体中连续造孔成槽，以泥浆固壁，在泥浆下浇筑混凝土而建成的起防渗作用的地下连续墙，是保证地基稳定和大坝安全的工程措施。就墙体材料而言，目前采用最多的是普通砼和塑性砼，其成槽的工法主要有钻劈法、钻抓法、抓取法、铣削法和射水法。

混凝土防渗墙施工一般包括施工准备、槽孔建造、泥浆护壁、清孔换浆、水下混凝土浇筑、接头处理等几个重要环节。上述各个环节中槽孔建造投入的人力、设备最多，使用的设备最关键，是成墙过程中影响因数最多、技术也最复杂的一环，就成槽的工法而言，主要有如下几种：钻劈法、钻抓法、钻抓法和射水法。

1.钻劈法

钻劈法是用冲击钻机钻凿主孔和劈打副孔形成槽孔的一种防渗墙成槽方法，其适用于槽孔深度较大范围，从几米到上百米的都适应，墙体厚度60cm以上，其优点是适应于各种复杂地层，缺点是工效相对较低、机械装备落后、造价较高，对于复杂地层，其工效约为10~15m/台班，相对60cm厚的墙体，其综合造价约450~550元/m²。

2.钻抓法

钻抓法是用冲击或回转钻机先钻主孔，然后用抓斗挖掘其间副孔，形成槽孔的一种防渗墙成槽施工方法。此工法与上一种工法类似，是用抓斗抓取副孔替代冲击钻劈打副孔，但两种工法施工机械组合不同，钻抓法的工效高于钻劈法，工程规模较大，地质不太复杂，对于有砂卵石且要进入基岩的防渗墙成槽，一般采用此工法。对于防渗墙要穿过较大粒径的卵石、漂石进入坚硬的基岩层时，上部用冲击钻配合抓斗成槽，下部复杂地层由冲击钻成槽。此工法有成槽墙体连续性好，质量易于控制和检查，施工速度较快等特点，成槽质量优于上一种工法。此工法的工效主要是根据地质情况选用成槽设备组合，如一般一台抓斗配6台冲击钻综合工效约为30~35m²/台班，相对于墙厚60cm的防渗墙，此工法综合造价约400~500元/m²。

3.抓取法

抓取法是只用抓斗挖掘地层，形成槽孔的一种防渗墙施工方法，抓取法施工时也分主孔与副孔。对于一般松软地层采用如堤防、土坝等，而且墙体只进入基岩强分化地层最适合抓取法，特别是采用薄型液压抓斗更能抓取30cm厚度薄墙。抓取法的成墙深度一般小于40m，深度过深其工效显著降低，用抓取法建造的防渗墙，其墙段连方法多采用接头管法，而对于墙深度较大时，也可采用钻凿法。该工法的特点是适用于堤防、土坝性等一般松软地层，墙体连续性好，质量易于控制和检查，施工速度较快等。抓斗法平均工效与地质、深度、厚度、设备状况等因素有关，一般在$60 \sim 160 m^2$/台班，相对于墙厚60cm的防渗墙，此工法综合造价约$400 \sim 500$元/m，影响造价的主要因素是地质情况、深度和墙体厚度。

4.射水法

射水法是我国20世纪80年代初期开始研究的一种防渗加固技术，现已发展到第三代机型，在垂直防渗领域大量用于堤防防渗加固处理，近几年在水库土坝坝身及坝基防渗方面也有应用。其主要原理：利用灰渣泵及成槽器中的射水喷嘴形成高速泥浆液流来切割，破碎地层岩土结构，同时卷扬机带动成槽器以及整套钻杆系统作上、下往复冲击运动，加速破碎地层。反循环砂石泵将水混合渣土吸出槽孔，排入沉淀池。槽孔由一定浓度的泥浆固壁，成槽器上的下刃口切割修整槽孔壁，形成具有一定规格的槽孔，成槽后采用水砼浇筑方法在槽内抗渗材料，形成槽板，用平接技术连接成整体地下防渗墙。

射水法成墙的深度已突破30m，但一般在30m以内为多。射水法成墙质量的关键是墙体的垂直度和两序槽孔接头质量，一般情况下，只要精心操作垂直度易于保证。成墙接缝多，且采用平接头方式，这是此工法有别其他工法之处。

射水法：具有地层适应性强、工效较高、成本适中的特点，最适宜于颗粒较小的软弱地层，如在粉细砂层，淤泥质粉质黏土地层中的工效可达$80 m^2$/台班，在砂卵石地层工效相对较低，但普遍也能达到$35 m^2$/台班。由于在各种地层中的工效不同，材料用量也不一样，因此每平方米成墙造价也不同，一般约$160 \sim 230$元/m^2。

（二）深层搅拌法水泥土防渗墙

深层搅拌法水泥土防渗墙是利用钻搅设备将地基土水泥等固化剂搅拌均匀，使地基土固化剂之间产生一系列物理、化学反应，硬凝成具有整体性、稳定性和一定强度的水泥土，深层搅拌法包括单头搅、双头搅、多头搅。水泥土防渗墙是深层搅拌法加固地基技术作为防渗方面的应用，这几年在堤防垂直防渗中得到大量应用，特别是为了适应和推广这一技术，已研究出适应这一技术的专用设备——多头小直径深层搅拌截渗桩机。深搅法的特点是施工设备市场占有量大、施工速度快、造价低等，特别是采用多头搅拌形成薄型水泥土截渗墙，工效更高。此种工法成墙工效一般为45～200m²/台班，工程单价约70～130元/m²，影响造价的主要因素是墙体厚度、深度和地质情况。

深搅法处理深度一般不超过20m，比较适用于粉细以下的细颗粒地层，该技术形成的水泥土均匀性和底部的连续性在施工中应加以重视。

第七章　土石坝与混凝土坝施工技术

第一节　土石坝施工技术

一、料场规划

土石坝施工中，料场的合理规划和使用是土石坝施工中的关键技术之一，它不仅关系坝体的施工质量、工期和工程造价，甚至还影响周围的农林业生产。

施工前，应配合施工组织设计，对各类料场作进一步的勘探和总体规划、分期开采计划，使各种坝料有计划、有次序地开采出来，满足坝体施工的要求。

选用料场材料的物理力学性质，应满足坝体设计施工质量要求，勘探中的可供开采量不少于设计需要量的两倍。在储量集中的主要料区，布置大型开采设备，避免经常性的转移，保留一定的备用料场（为主要料场总储量的20%~30%）和近料场作为坝体合龙以及抢筑拦洪高程用。

在料场的使用时间及程序上，应考虑施工期河水位的变化及施工导流使上游水位抬高的影响。供料规划上要近料、上游易淹料先用，远料及下游不淹料后用。含水量高料场夏季用，含水量低料场雨季用。施工强度高时利用近料，强度低时利用远料，应平衡运输强度，避免窝工。对料场高程与相应的填筑部位，应选择恰当、布置合理，有利于重车下坡。做到就近取料、低料低用、高料高用，避免上下游料过坝的交叉运输，减少干扰。

充分合理地利用开挖弃渣料，这对降低工程造价和保证施工质量具有重要意义。做到弃渣无隐患，不影响环保。在料场规划中应考虑到挖、填各种坝料的综合平衡，做好土石方的调度规划，合理用料。料场的覆盖剥离层薄，有效料层厚，便于开采，获得率高。减少料物堆存、倒运，做好料场的防洪、排水，防止料物污染和分离。不占或少占农业耕地，做到占地还地、占田还田。

总之，料场的规划和开采，考虑的因素很多而且又很灵活，对拟定的规划、供料方案，在施工中不合适的进行调整，以便取得最佳的技术经济效果。

二、土石料开挖运输

土石坝施工中，从料场的开挖、运输，到坝面的平料和压实等各项工序，都可由互相配套的工程机械来完成，构成"一条龙"式的施工工艺流程，即综合机械化施工。在大中型土石坝，尤其在高土石坝中，实现综合机械化施工对提高施工技术水平，加快土石坝工程建设速度，具有十分重要的意义。

坝料的开挖与运输是保证上坝强度的重要环节之一。开挖运输方案，主要依据坝体结构布置特点、坝料性质、填筑强度、料场特性、运距远近、可供选择的机械型号等多种因素综合分析比较确定。土石坝施工中开挖运输方案主要有以下几种：

（一）正向铲开挖，自卸汽车运输上坝

正向铲开挖、装载，自卸汽车运输直接上坝，通常运距小于10km。自卸汽车具有可运各种坝料、运输能力高、设备通用、能直接铺料、机动灵活、转弯半径小、爬坡能力较强、管理方便、设备易于获得等优点，在国内外的高土石坝施工中获得了广泛的应用，且挖运机械朝着大斗容量、大吨位方向发展。在施工布置上，正向铲一般都采用立面开挖，汽车运输道路可布置成

循环路，装料时停在挖掘机一侧的同一平面上，即汽车鱼贯式地装料与行驶。这种布置形式，可避免或减少汽车的倒车时间，正向铲采用60°~90°的转角侧向卸料，回转角度小、生产率高，能充分提高正向铲与汽车的效率。

（二）正向铲开挖，胶带机运输

国内外很多水利工程施工中，广泛采用了胶带机运输土、砂石料，国内的大伙房、岳城、石头河等土石坝施工，胶带机成为主要的运输工具。胶带机的爬坡能力大，架设简易，运输费用较低，比自卸汽车可降低运输费用1/3~1/2，运输能力也较高，胶带机合理运距小于10km，胶带机可直接从料场运输上坝；也可与自卸汽车配合，做长距离运输，在坝前经漏斗由汽车转运上坝；与有轨机车配合，用胶带机转运上坝做短距离运输。目前，国外已发展到可用胶带机运输块径为400~500mm的石料，甚至向运输块径达700~1000mm的更大堆石料发展。

（三）斗轮式挖掘机开挖，胶带机运输，转自卸汽车上坝

当填筑方量大、上坝强度高的土石坝，料场储量大而集中时，可采用斗轮式挖掘机开挖，它的生产率高，具有连续挖掘、装载的特点，斗轮式挖掘将料转入移动式胶带机，其后接长距离的固定式胶带机至坝面或坝面附近，经自卸汽车运至填筑面。这种布置方案，可使挖、装、运连续进行，简化了施工工艺，提高了机械化水平和生产率。

（四）采砂船开挖，有轨机车运输，转胶带机（或自卸汽车）上坝

国内一些大中型水电工程施工中，广泛采用采砂船开采水下的砂砾料，配合有轨机车运输。在我国大型载重汽车尚不能充分满足需要的情况下，有轨机车仍是一种效率较高的运输工具，它具有机械结构简单、修配容易的优点。当料场集中、运输量大、运距较远（大于10km）时，可用有轨机车进行水平运输。有轨机车运输的临建工程量大，设备投资较高，对线路坡度和转

弯半径的要求也较高，但有轨机车不能直接上坝，在坝脚经卸料装置至胶带机或自卸汽车转运上坝。

坝料的开挖运输方案很多，但无论采用何种方案，都应结合工程施工的具体条件。组织好挖、装、运、卸的机械化联合作业，提高机械利用率，减少坝料的转运次数。各种坝料铺填方法及设备应尽量一致，减少辅助设施。充分利用地形条件，统筹规划和布置。运输道路的质量标准，对提高工效降低车辆设备损耗具有重要作用。

三、土料压实

土石料的压实是土石坝施工质量的关键。维持土石坝自身稳定的土料内部主力（黏结力和摩擦力）、土料的防渗性能等，都是随土料密实度的增加而提高。例如，干表观密度为 $1.4t/m^3$ 的沙壤土，压实后若提高到 $1.7t/m^3$，其抗压强度可提高4倍，渗透系数将降低至1/2000。土料压实，可使坝坡加陡，加快施工进度，降低工程投资。

（一）土料压实特性

土料压实特性与土料自身的性质，颗粒组成情况、级配特点、含水量大小以及压实功能等有关。

黏性土和非黏性土的压实有显著的差别。一般黏性土的黏结力较大，摩擦力较小，具有较大的压缩性，但由于它的透水性小，排水困难，压缩过程慢，所以很难达到固结压实。非黏性土料则相反，它的黏结力小、摩擦力大、有较小的压缩性，但由于它的透水性大、排水容易、压缩过程快，因此能很快压实。

土料颗粒粗细、组成也影响压实效果。颗粒越细，空隙比越大，含矿物分散度越大，就越不容易压实，所以黏性土的压实干表观密度低于非黏性土的压实干表观密度。颗粒不均匀的沙砾料，比颗粒均匀的细砂可能达到的干表观密度要大一些。土料的含水量是影响压实效果的重要因素之一。用原南京水利实验处击实仪（南实仪）对黏性土的击实试验，得到一组击实次数、干表观密度与含水量的关系曲线。

非黏性土料的透水性大、排水容易、压实过程快，能够很快达到压实，不存在最优含水量，含水量不做专门控制，这是非黏性土料与黏性土料压实特性的根本区别。压实功能大小也影响着土料干表观密度的大小，击实次数增加，干表观密度也随之增大而最优含水量则随之减小，说明同一种土料的最优含水量和最大干表观密度并不是一个恒定值，而是随压实功能的不同而异。

一般说来，增加压实功能可增加干表观密度，这种特性对于含水量较低（小于最优含水量）的土料比对于含水量较高（大于最优含水量）的土料更为显著。

（二）土石料的压实标准

土料压实得越好，物理力学性能指标越高，坝体填筑质量就越有保证。但土料过分压实，不仅提高了压实费用，而且会产生剪力破坏，反而达不到应有的技术经济效果，可见对坝料的压实应有一定的标准。坝料性质不同，压实的标准也各异。

1.黏性土料（防渗体）

黏性土的压实标准，主要以压实干表观密度和施工含水量这两指标来控制。（1）用击实试验来确定压实标准；（2）用最优饱和度与塑限的关系，计算最大干表观密度；（3）施工含水量确定。

2.砂土及砂砾石

砂土及砂砾石是填筑坝体或坝壳的主要材料之一，对其填筑密度也应严格要求。对砂性土，还要求颗粒不能太小和过于均匀，级配要适当，并有较高的密实度，防止产生液化。

3.石渣及堆石体（坝壳料）

石渣或堆石体作为坝壳材料，可用空隙率作为压实指标。根据国内外的工程实践经验，碾压式堆石体空隙率应小于30%，控制空隙率在适当范围内，有利于防止过大的沉陷和湿陷裂缝。

（三）压实机械

压实机械对工程进度、工程质量和造价有很大的影响。压实机械的选择原则：应根据筑坝材料的性质、原状土的结构状态、填筑方法、施工强度及作业面积的大小等，选择性能达到设计施工质量标准的碾压设备类型。如按不同材料分别配置不同的压实机械，就会出现机械闲置的情况。所以确定机械种类和台数时，还应从填筑整体出发，考虑互相配合使用的可能。

1.羊脚碾

羊脚碾的羊脚插入土中，不仅使羊脚底部的土料受到压实，而且使侧向上方土料也受到挤压，从而达到均匀的压实效果。羊脚碾仅适用于压实黏性土料和黏土，不适合压非黏性土。土料压实层在一定深度的范围内，可以获得较高的压实干表观密度，但土体的干表观密度沿深度方向的分布不均匀。羊脚碾的独特优点是能够翻松表面土层，可省去刨毛工序，保证了上下土层的结合质量，此外，羊脚碾还能起到混合土料的作用，可以使土料级配和含水量比较均匀。羊脚顶端接触应力的过大或过小，都会降低碾压效果。

2.气胎碾

气胎碾适用于压实黏土料，也适合于压实非黏性土料，如黏性土、黏土、沙质土和沙砾料等，都可以获得较好的压实效果。气胎碾的充气轮胎，在压实过程中具有一定的弹性，可以和压实的土料同时发生变形，轮胎与土料的接触应力主要取决于轮胎的充气压力，与轮胎的荷载大小无关。

3.振动碾

振动碾是一种以碾重静压和振动力共同作用的压实机械，较之没有振动的压实机械，土中应力可提高4～5倍，能有效压实堆石体、沙砾料和砾质土，也可用与压实黏性土和黏土。

4.夯实机械（重锤）

夯板适用于压实沙砾料、砾质土和黏性土，也可用于压实黏土。

四、坝体填筑

土石坝的坝基开挖、基础处理及隐蔽工程等验收合格后，就可以全面展开坝体填筑。坝体填筑包括基本作业（卸料、平料、压实及质检）和辅助作业（洒水、刨毛、清理坝面和接触缝处理）。

（一）坝面流水作业

土石坝填筑必须严密组织，保证各工序的衔接，通常采用分段流水作业。分段流水作业是根据施工工序数目将坝面分段，组织各工种的专业队伍，依次进入各工段施工。对同一工段来讲，各专业队按工序依次连续施工；对各专业队来讲，依次连续地在各工段完成固定的专业工作。进行流水作业，有利于施工队伍技术水平的提高，保证施工过程中人、地和机具的充分利用，避免施工干扰，有利于坝面连续有序的施工。

组织流水作业原则：

（1）流水作业方向和工作段大小的划分要与相应高程的坝面面积相适应，并满足施工机械正常作业要求。宽度应大于碾压机械能错车与压实的最小宽度，或卸料汽车最小转弯半径的两倍，一般为10～20m；长度主要考虑碾压机械的作业要求，一般为40～100m。其布置形式主要有三种：A.垂直坝轴线流水；B.平行坝轴线流水；C.交叉流水。

（2）坝体填筑工序按基本作业内容进行划分（辅助作业可穿插进行，不过多占用基本作业时间），其数目与填筑面积大小铺料方式、施工强度和季节等有关。一般多划分为铺料和压实两个工序，也可划分为铺料、压实、质检三个工序，还可划分为铺料、平料、压实、质检四个工序。为保证个工序能同时施工，坝面划分的工作段数目至少应等于相应的工序数目，在坝面较大或强度较低的情况下，工作段数可大于工序数。

（3）完成填筑土料的作业时间，应控制在一个班以内，最多不超过一个半班，冬夏季施工为防止热量和水分散失应尽量缩短作业循环时间。

（4）应将反滤料和防渗料的施工紧密配合，统一安排。

（二）卸料及平料

通常采用自卸汽车、胶带机直接进入坝面卸料，由推土机平铺成要求的厚度。自卸汽车倒土的间距应使后面的平料工作减少，便于铺成要求的厚度。在坝面各料区的边界处，铺料会有出入，通常规定其他材料不准进入防渗区边界线的内侧，边界外侧铺土距边界线的距离不能超过5cm。

为配合碾压施工，防渗体土料铺筑应平行于坝轴线方向进行。

1.自卸汽车卸料

自卸汽车可分为后卸、底卸和侧卸三种。底卸式汽车可边行驶边卸料，但不能运输大粒径的块石或漂石；侧卸式汽车适用运输反滤料及有固定卸料点的运输。自卸汽车上坝的运输线路布置取决于坝址两岸地形条件、枢纽布置、坝的高低、上坝强度等因素，主要有两种布置方式：一种为汽车自两岸（或一岸）岸坡上坝公路上坝，因此采用由两岸向中央（或一岸向另一岸）进占方式；另一种为汽车沿坝坡"之"字形公路上坝。

（1）土料

当用自卸汽车运输防渗土料时，为了避免重型汽车多次反复在已压实的填筑土层上行驶，会使土层产生弹簧土、光面与剪力破坏，严重影响结合层的质量，应采取进占法卸料与平料。即汽车一边沿卸料方向向前进展，一边卸料，推土机也随即平料，交替作业，汽车在刚平好的松土上行驶，重车行驶坝面路线应尽量不重复。

（2）沙砾料

一般粒径较小，推土机很容易在料堆上平土，因此，可采用常规的后退法卸料，即汽车沿卸料方向后退扩展。

（3）堆石料

堆石料往往含大量的大块径石料，不仅影响推土机、汽车在卸料上行驶，还容易损坏推土机履带和汽车的轮胎、而且也难以将堆石料散开。可采用进占法卸料，推土机随即平料，这样大粒径块石就易推至铺料前沿的下部，细粒料填入堆石体上部的空隙，使表面平整，便于车辆通行。

2.胶带机上坝布置及卸料

（1）上坝布置

上坝胶带机应根据地形、坝长、施工场地具体条件、运输强度以及施工分期等因素进行布置。布置方式主要有：①岸坡式布置；②坝坡式布置。

（2）胶带机坝面卸料

与铺土厚度或压实工具有关，适用于黏性土、沙砾料、沙质土。其优点是可以利用坝坡直接上坝，不需专门道路，但要配合专门机械或人工散料。随着坝体升高，应经常移动胶带机，一般有以下两种卸、散料方式：①摇臂胶带机卸料、推土机散料；②摇臂胶带机卸料，人工——手推车散料。

（三）碾压方法

坝面的填筑压实应按一定的次序进行，避免发生漏压与超压。防渗体土料的碾压方向应平行坝轴线方向进行，不得垂直于坝轴线方向碾压，避免局部漏压形成横穿坝体的集中渗流带。碾压机械行驶的行与行之间必须重叠20～30cm左右，以免产生漏压。此外，坝料分区之间的边界也容易成为漏压的薄弱带，必须重叠碾压。

根据工程实践经验，碾压机械行驶速度大小对坝料（如黏性土）压实效果有一定的影响，各种碾压机械的行驶速度一般应通过试验确定，自行式碾压机械的行驶速度以1～2档为宜。羊脚碾、气胎碾可采用进退错距法或转圈套压法两种。

（四）结合部位施工

土石坝施工中，坝体的防渗土料不可避免地与地基、岸坡、周围其他建筑的边界相结合。由于施工导流、施工方法、分期分段分层填筑等的要求，必须设置纵横向的接坡、接缝。这些结合部位，都是影响坝体整体性和质量的关键部位，也是施工中的薄弱环节，处理工序复杂，施工技术要求高，且多系手工操作，质量不易控制。接坡、接缝过多，还会影响坝体填筑速度，特别是影响机械化施工。对结合部位的施工，必须采取可靠的技术措施，加强质量控制和管理，确保坝体的填筑质量满足设计要求。

（五）反滤层施工

反滤层的填筑方法，大体可分为削坡体，挡板法及土、砂松坡接触平起法三类。土、砂松坡接触平起法能适应机械化施工，填筑强度高，可做到防渗体、反滤料与坝壳料平起填筑，均衡施工，被广泛采用。根据防渗体土料和反滤层填筑的次序、搭接形式的不同，可分为先土后砂法和先砂后土法。

无论是先砂后土法或先土后砂法，土砂之间必然出现犬牙交错的现象。反滤料的设计厚度，不应将犬牙厚度计算在内，不允许过多削弱防渗体的有效断面，反滤料一般不应伸入心墙内，犬牙大小由各种材料的休止角决定，且犬牙交错带不得大于其每层铺土厚度的1.5～2倍。

五、砼面板堆石坝垫层与面板的施工

（一）垫层施工

垫层为堆石体坡面上最上游部分可用人工碎料或级配良好的沙砾料填筑。垫层须与其他堆石体平起施工，要求垫层坡面必须平整密实，坡面偏离设计坡面线最大不应超过5cm，避免面板厚薄不均，有利于面板应力分布。施工程序：①先沿坡面上下无振碾压数遍，随即将突出及凹陷处加以平整；②然后用振动碾沿坡面自下而上用振动碾压数遍，再次对凹凸处进行平整；③在坡面上涂抹三次阳离子沥青乳胶，每涂抹一次用手或机械喷洒一些粒径小于3mm的砂子，再在坡面上自下向上用振动碾碾压。涂抹沥青乳胶的目的是黏结垫层坡面的松散材料不被振动滚落，防止雨水对垫层坡面的冲刷，提高垫层的阻水性和使面板易于沿垫层坡面滑移，避免开裂。

（二）砼面板的分缝止水及施工

砼防渗面板包括主面板及砼底座。面板砼应满足设计和施工强度、抗渗、抗侵蚀、抗冻及温度控制的要求：

（1）面板的分缝止水；

（2）砼面板施工，底座的基坑开挖、处理、锚筋及灌浆等项目，应按设计及有关规范要求进行，并在坝体填筑前施工。砼面板是面板堆石坝挡水防渗的主要部位，同时也是影响进度与工程造价的关键。在确保质量的前提下，还必须进一步研究快速经济的施工技术，如施工机具的研制、砼输送和浇筑方案的选择、施工工艺及技术措施等方面的问题。

六、质量检查控制及事故处理

土石坝施工的整个过程中，加强施工质量的检查与控制是保证施工质量的重要措施，同时，对施工中出现的质量事故，必须及时地认真处理，确保坝体的安全运用。

（一）质量检查控制

施工质量是直接影响坝体土料物理力学性质，从而影响到大坝安全的重要因素。土石坝施工中，质量检查控制的项目较多，从坝基的开挖及处理，直到坝体的填筑，都应按国家和部颁发的有关标准、工程的设计和施工图、技术要求以及工地制定的施工规定进行。

（二）事故处理

最常见的事故是土石坝的防渗土体发生裂缝、滑坡、坝体及坝基漏水等。

1.干缩、冻融裂缝

干缩裂缝多发生在施工期上下游坝坡或坝顶的填筑面上，其特征是规律性差、呈龟裂状。如不及时处理，将加速水力劈裂或不均匀沉陷裂缝的产生和发展，造成严重的危害。其防治方法是及时做好护坡和保护层，对已出现的裂缝，可视深浅的不同，采用开挖回填或将裂缝全部铲除重新回填处理。

2.沉陷裂缝

由于岸坡过陡或坡率变差大、地基不均匀沉降、黄土湿陷变形、坝体施工期填筑高度过大及坝体压实不够等原因而产生沉陷裂缝，这种裂缝有横向和纵向两种，而以横向裂缝危害更大。对横向裂缝，不论其大小，都应进行严格处理，防止贯穿坝体漏水失事，如裂缝深度在1.5m以内，可沿缝开挖成梯形断面，应挖至裂缝尖灭后再加深0.2～0.5m，以防止遗漏"多"字形成或"纺锤形"裂缝的存在；在裂缝水平方向的开挖宽度，应延伸裂缝尖灭后再加长1～2m。裂缝开挖后应避免日晒雨淋，防止雨水渗入缝内，回填时要注意新老土料的结合。

3.滑坡裂缝

土坝的滑坡多出现在均质土坝的施工期或初期运行中，据裂缝的不同特点，可分成滑弧形式和溯流滑动两大类。

七、雨季和冬季施工

受外界气象环境的影响，雨季和冬季施工对防渗土料影响更大。雨季会给土料增大含水量，而冬季土料又会冻结成块，影响压实效果和施工质量。此外，为了保证坝体的施工速度、降低工程造价，也需要解决好雨季和冬季中的施工措施问题。

（一）雨季施工

土石坝防渗体土料，在雨季施工总的原则是"避开、适应和保护"。一般情况下应尽量避免在雨季进行土料施工，选择对含水量不敏感的非黏性土料适应雨季施工，争取小雨日施工，增加施工天数；在雨日不太多、降低强度大、花费不大的情况下，采取一般性的防护措施也能奏效。

运输道路也是雨季施工的关键之一。一般的泥结碎石路面，遇雨水浸泡时，路面容易破坏，即使天晴坝面可复工，但因道路影响了运输而不能即时复工，不少工程有过此教训，所以应加强雨季路面维护和排水措施，在多雨地区的主要运输道路，可考虑采用砼路面。

（二）冬季施工

寒冷地区，当日平均气温低于0℃时，黏性土料按低温季节施工；日平均气温低于-10℃时，一般不宜填筑土料，否则应进行技术论证。冬季施工的主要问题在于：土的冻结使土体强度增高，不易压实，而冻土的融化却使土体的强度、土坡的强度和土坡的稳定性降低，处理不好，将使土体产生渗漏或溯流滑动。外界气温降低时，土料中水分开始结冰的温度低于0℃，即所谓过冷现象。

第二节　混凝土坝施工技术

混凝土坝按结构特点可分为重力坝、大头坝和拱坝；按施工特点可分为常态混凝土坝、碾压混凝土坝和装配式混凝土坝；按是否通过坝顶溢流可分为非溢流混凝土坝和溢流混凝土坝。混凝土坝泄水方式除坝顶溢流外，还可在坝身中部设泄水孔（中孔）以便洪水来临前快速预泄，或在坝身底部设泄水孔（底孔）用以降低库水位或进行冲砂。

混凝土坝的主要优点：①可以通过坝身泄水或取水，省去专设的泄水和取水建筑物；②施工导流和施工度汛比较容易；③枢纽布置较土石坝紧凑，便于运用和管理；④遇偶然事故时，即使非溢流坝顶漫流，也不一定失事，安全性较好。主要缺点：①对地基要求比土石坝高，混凝土坝通常建在地质条件较好的岩基上，其中混凝土拱坝对坝基和两岸岸坡岩体强度、刚度、整体性的要求更高，同时要求河谷狭窄对称，以充分发挥拱的作用（当坝高较低时，通过采取必要的结构和工程措施，也可在土基上修建混凝土坝，但技术比较复杂）；②混凝土坝施工中需要温控设施，甚至在炎热气候情况下不能浇筑混凝土；③利用当地材料较土石坝少。

拱坝要求地基岩石坚固完整、质地均匀，有足够的强度、不透水性和耐久性，没有不利的断裂构造和软弱夹层，特别是坝肩岩体，在拱端力系和绕坝渗流等作用下能保持稳定，不产生过大的变形。拱坝地基一般需做工程处理，通常对坝基和坝肩做帷幕灌浆、固结灌浆，设置排水孔幕，如有断层破碎带或软弱夹层等地质构造，需做加固处理。

混凝土坝的安全可靠性计算主要体现在两个方面：①坝体沿坝基面、两岸岸坡坝座或沿岩体中软弱构造面的滑动稳定有足够的可靠度；②坝体各部分的强度有足够的保证。

混凝土坝在19世纪后期才开始出现，并得到迅速发展。美国建成坝高221.4m、体积336万 m³ 的胡佛（Hoover）坝，是现代混凝土坝建成的典型代表，其主要标志：①建立了较实用的坝体应力分析法；②采用较合理的坝体构造；③提出了较完整的施工方法和采用了相应的施工设备；④制定了较完善的控制混凝土开裂措施；⑤用安全系数来协调安全与经济的关系等。全世界已建的坝高在百米以上的大坝中，大部分是混凝土坝。20世纪60年代以后，由于施工技术和机械化有所提高，土石坝的建设技术得到了发展，混凝土坝的比重有所下降，但随着混凝土坝设计理念的不断创新，特别是碾压混凝土筑坝技术的发展，混凝土坝建设将开创更广阔的前景。

一、碾压混凝土施工

（一）原材料控制与管理

（1）碾压混凝土所使用原材料的品质必须符合国家标准和设计文件及本工法所规定的技术要求。

（2）水泥品质除符合现行国家标准普通硅酸盐水泥要求外，且必须具有低热、低脆性、无收缩的性能。

（3）高温条件下施工时，为降低水化热及延长混凝土的初凝时间，粉煤灰掺量可适量增加，但总量应控制在65%以内。

（4）砂石骨料绝大部分采用红河天然砂石骨料。开采砂、石的质量需满足规范要求，粗骨料逊径不大于5%，超径10%，RCC用砂细度模数必须控制在2.3±0.2，且细粉料要达到18%。不许有泥团混在骨料中。试验室负责对生产的骨料按规定的项目和频数进行检测。

（5）为满足碾压混凝土层间结合时间的要求，必须根据温度变化的情况对混凝土外加剂品种及掺量进行适当调整，平均温度不高于20℃时，采用普通型缓凝高效减水剂掺量，按基本掺量执行；温度高于30℃时，采用高温型缓凝高效减水剂掺量，掺量调整为0.7～0.8%。在施工大仓面时，若间隔时不能保证在砼初凝时间内覆盖第二层，宜采用在RCC表喷含有1%的缓凝剂水溶液，并在喷后立即覆上彩条布，以防砼被晒干，保证上下层砼的结合。外加剂配置必须按试验室签发的配料单配制外加剂溶液，要求计量准确、搅拌均匀，试验室负责检查和测试。

（6）水与混凝土拌和，养护用水必须洁净、无污染。

（7）凡用于主体工程的水泥、粉煤灰、外加剂、钢材均须按照合同及有关规定，作抽样复检，抽样项目及频数按抽样规定表执行。

（8）混凝土公司应根据月施工计划（必要时根据周计划）制定水泥、粉煤灰、外加剂、氧化镁、钢材等材料物资计划，物资部门保障供应。

（9）每一批水泥、粉煤灰、外加剂及钢筋进场时，物资部必须向生产厂家索取材料质保（检验）单，并交试验室，由物资部通知试验室及时取样检验。检验项目：水泥细度、安定性、标准稠度、抗压、抗折强度、粉煤灰。严禁不符合规范要求的材料入库。

（10）仓库要加强对进场水泥、粉煤灰、外加剂等材料的保管工作，严禁回潮结块。袋装水泥贮藏期超过3个月、散装水泥超过6个月时，使用前进行试验，并根据试验结果确定是否可以使用。

（11）混凝土开盘前须检测砂、石料含水率、砂细度模数及含泥量，并对配合比作相应调整，即细度±0.2，砂率±1%。对原材料技术指标超过要求时，应及时通知有关部门立即纠正。

（12）拌和车间对外加剂的配置和使用负责，严格按照试验室要求配置外加剂，使用时搅拌均匀，并定期校验计量器具，保证计量准确，混凝土外加剂浓度每天抽检一次。

（13）试验室负责对各种原材料的性能和技术指标进行检验，并将各项检测结果汇入月报表中，并报送监理部门。所有减水剂、引气剂、膨胀剂等外加剂需在保质期内使用，进场后按相应材料保质保存措施进行，严禁使用过期失效外加剂。

（二）配合比的选定

（1）碾压混凝土、垫层混凝土、水泥砂浆、水泥浆的配合比和参数选择按审批后的配合比执行。

（2）碾压混凝土配合比通过一个月施工统计分析后，如有需要，由工程处试验室提出配合比优化设计报告，报相关方审核批准后使用。

（三）施工配料单的填写

（1）每仓混凝土浇筑前由工程部填写开仓证，注明浇筑日期，浇筑部位，混凝土强度等级、级配、方量等，交予现场试验室值班人员，由试验员签发混凝土配料单。

（2）施工配料单由试验室根据混凝土开仓证和经审批的施工配合比制定、填写。

（3）试验室对所签发的施工配料单负责，施工配料单必须经校核无误后使用，除试验室根据原材料变化按规范规定调整外，任何人无权擅自更改。

（4）试验室在签发施工配料单之前，必须对所使用的原材料进行检查及抽样检验，掌握各种原材料质量情况。

（5）试验室在配料单校核无误后，立即送交拌和楼，拌和楼应严格按施工配料单进行拌制混凝土，严禁无施工配料单情况下拌制混凝土。

（四）碾压混凝土施工前检查与验收

1.准备工作检查

（1）由前方工段（或者值班调度）负责检查RCC开仓前的各项准备工作，如机械设备、人员配置、原材料、拌和系统、入仓道路（冲洗台）、仓内照明及供排水情况检查、水平和垂直运输手段等。

（2）自卸汽车直接运输混凝土入仓时，冲洗汽车轮胎处的设施符合技术要求，距大坝入仓口应有足够的脱水距离，进仓道路必须铺石料路面并冲洗干净、无污染。指挥长负责检查，终检员将其列入签发开仓证的一项内容进行检查。

（3）若采用溜管入仓时，检查受料斗弧门运转是否正常，受料斗及溜管内的残渣是否清理干净、结构是否可靠、能否满足碾压混凝土连续上升的施工要求。

（4）施工设备的检查工作应由设备使用单位负责（如运输车间）。

2.仓面检查验收工作

（1）工程施工质量管理

实行三检制：班组自检，作业队复检，质检部终检。

（2）基础或混凝土施工缝处理的检查项目

建基面、地表水和地下水、岩石清洗、施工缝面毛面处理、仓面清洗、仓面积水。

（3）模板的检查项目

①是否按整体规划进行分层、分块和使用规定尺寸的模板。②模板及支架的材料质量。③模板及支架结构的稳定性、刚度。④模板表面相邻两面板高差。⑤局部不平。⑥表面水泥砂浆黏结。⑦表面涂刷脱模剂。⑧接缝缝隙。⑨立模线与设计轮廓线偏差预。⑩留孔、洞尺寸及位置偏差。⑪测量检查、复核资料。

（4）钢筋的检查项目

①审批号、钢号、规格。②钢筋表面处理。③保护层厚度局部偏差。④主筋间距局部偏差。⑤箍筋间距局部偏差。⑥分布筋间距局部偏差。⑦安装后的刚度及稳定性。⑧焊缝表面。⑨焊缝长度。⑩焊缝高度。⑪焊接试验效果。⑫钢筋直螺纹连接的接头检查。

（5）止水、伸缩缝的检查项目

①是否按规定的技术方案安装止水结构（如加固措施、混凝土浇筑等）。②金属止水片和橡胶止水带的几何尺寸。③金属止水片和橡胶止水带的搭结长度。④安装偏差。⑤插入基础部分。⑥敷沥青麻丝料。⑦焊接、搭结质量。⑧橡胶止水带塑化质量。

（6）预埋件的检查项目

①预埋件的规格。②预埋件的表面。③预埋件的位置偏差。④预埋件的

安装牢固性。⑤预埋管子的连接。

（7）混凝土预制件的安装

①混凝土预制件外形尺寸和强度应符合设计要求。②混凝土预制件型号、安装位置应符合设计要求。③混凝土预制件安装时底部及构件间接触部位连接应符合设计要求。④主体工程混凝土预制构件制作必须按试验室签发的配合比施工，并由试验室检查，出厂前应进行验收，合格后方能出厂使用。

（8）灌浆系统的检查项目

①灌浆系统埋件（如管路、止浆体）的材料、规格、尺寸应符合设计要求。②埋件位置要准确、固定，并连接牢固。③埋件的管路必须畅通。

（9）入仓口

汽车直接入仓的入仓口道路回填及预浇常态混凝土道路的强度（横缝处），必须在开仓前准备就绪。

（10）仓内施工设备

包括振动碾、平仓机、振捣器和检测设备，必须在开仓前按施工要求的台数就位，并保持良好的机况，无漏油现象发生。

（11）冷却水管

采用导热系数 $\lambda \geq 1.0KJ/m \cdot h \cdot ℃$，内径28mm，壁厚2mm的高密度聚乙烯塑料管，按设计图蛇行布置。单根循环水管的长度不大于250m，冷却水管接头必须密封，开仓之前检查水管不得堵塞或漏水，否则应进行更换。

3.验收合格证签发和施工中的检查

（1）未签发开仓合格证，严禁开仓浇筑混凝土，否则按严重违章处理。

（2）在碾压混凝土施工过程中，应派人值班并认真保护，发现异常情况及时认真检查处理，如损坏严重应立即报告质检人员，通知相关作业队迅速采取措施纠正，并需重新进行验仓。

（3）在碾压混凝土施工中，仓面每班专职质检人员包括质检员1人，试验室检测员2人，质检人员应相互配合，对施工中出现的问题，需尽快反映给指挥长，指挥长负责协调处理。仓面值班监理工程师或质检员发现质量问题时，指挥长必须无条件按监理工程师或质检员的意见执行，如有不同意见可在执行后向上级领导反映。

（五）混凝土拌和与管理

1.拌和管理

（1）混凝土拌和车间应对碾压混凝土拌和生产与拌和质量全面负责。值班试验工负责对混凝土拌和质量全面监控，动态调整混凝土配合比，并按规定进行抽样检验和成型试件。

（2）为保证碾压混凝土连续生产，拌和楼和试验室值班人员必须坚守岗位，认真负责和填写好质量控制原始记录，严格坚持现场交接班制度。

（3）拌和楼和试验室应紧密配合，共同把好质量关，对混凝土拌和生产中出现的质量问题应及时协商处理，当意见不一致时，以试验室的处理意见为准。

（4）拌和车间对拌和系统必须定期检查、维修保养，保证拌和系统正常运转和文明施工。

（5）工程处试验室负责原材料、配料、拌和物质量的检查检验工作，负责配合比的调整优化工作。

2.混凝土拌和

（1）混凝土拌和楼计量必须经过计量监督站检验合格才能使用。拌和楼称量设备精度检验由混凝土拌和车间负责实施。

（2）每班开机前（包括更换配料单），应按试验室签发的配料单定称，经试验室值班人员校核无误后方可开机拌和。用水量调整权属试验室值班人员，未经当班试验员同意，任何人不得擅自改变用水量。

（3）碾压混凝土料应充分搅拌均匀，满足施工的工作度要求，其投料顺序按砂+小石+中石+大石→水泥+粉煤灰→水+外加剂，投料完后，强制式拌和楼拌和时间为75S（外掺氧化镁加60S），自落式拌和楼拌和时间为150S（外掺氧化镁加60S）。

（4）混凝土拌和过程中，试验室值班人员对出机口混凝土质量情况加强巡视、检查，发现异常情况应查找原因并及时处理，严禁不合格的混凝土入仓。

（5）拌和过程中，拌和楼值班人员应经常观察灰浆在拌和机叶片上的黏结情况，若黏结严重应及时清理。交接班之前，必须将拌和机内黏结物清除。

（6）配料、拌和过程中出现漏水、漏液、漏灰和电子秤频繁跳动现象后，应及时检修，严重影响混凝土质量时应临时停机处理。

（7）混凝土施工人员均必须在现场岗位上交接班，不得因交接班中断生产。

（8）拌和楼机口混凝土VC值控制，应在配合比设计范围内，根据气候和途中损失值情况由指挥长通知值班试验员进行动态控制，如若超出配合比设计调整值范围，值班试验员需报告工程处试验室，由工程处试验室对VC值进行合理的变更，变更时应保持W/C+F不变。

（六）混凝土运输

1.自卸汽车运输

（1）由驾驶员负责自卸汽车运输过程中的相关工作，每一仓块混凝土浇筑前后应冲洗汽车车厢，使之保持干净，自卸汽车运输RCC应按要求加盖遮阳棚，减少RCC温度回升，仓面混凝土带班负责检查执行情况。

（2）采用自卸汽车运输混凝土时，车辆行走的道路必须平整，自卸汽车入仓道路采用道路面层用小碎渣填平，防止坑洼及路基不稳，道路面层铺设洁净卵（碎）石。

（3）混凝土浇筑块开仓前，由前方工段负责进仓道路的修筑及其路况的检查，发现问题及时安排整改。冲洗人员负责自卸汽车入仓前用洗车台或人工用高压水将轮胎冲洗干净，并经脱水路面以防将水带入仓面，轮胎冲洗情况由砼值班人员负责检查。

（4）汽车装运混凝土时，司机应服从放料人员指挥。由集料斗向汽车放料时，自卸汽车驾驶员必须坚持分两次受料，防止高堆骨料分离，装满料后驾驶室应挂标识牌，标明所装混凝土的种类后方可驶离拌和楼，未挂标识牌的汽车不得驶离拌和楼进入浇筑仓内。装好的料必须及时运送到仓面，倒料时必须按要求带条依次倒料，混凝土进仓采用进占式，倒料叠压在已平仓的混凝土面上，倒完料后车辆必须立即开出仓外。

（5）驾驶员负责在仓面运输混凝土的汽车应保持整洁，加强保养、维修，保持车况良好，无漏油、漏水。

（6）自卸汽车进仓后，司机应听从仓面指挥长的指挥，不得擅自乱倒。自卸汽车在仓面上应行驶平稳、严格控制速度，无论是空车还是载重，其行驶速度必须控制在5Km/h之内，行车路线尽量避开已铺砂浆或水泥浆的部位，避免急刹车、急转弯等有损RCC质量的操作。

2.溜管运行管理

（1）溜管安装应符合设计要求。溜管由受料斗、溜管、缓解降器、阀门、集料斗（或转向溜槽、或运输汽车）等几部分组成。

（2）溜管在安装后必须经过测试、验收合格，方可投入生产。

（3）仓面收仓后、RCC终凝前，如需对溜槽冲洗保养，其出口段设置水箱接水，防止冲洗水洒落仓内。

（七）仓内施工管理

1.仓面管理

（1）碾压混凝土仓面施工由前方工段负责，全面安排、组织、指挥、协调碾压混凝土施工，对进度、质量、安全负责。前方工段应接受技术组的技术指导，遇到处理不了的技术问题时，应及时向工程部反映，以便尽快解决。

（2）实验室现场检测员对施工质量进行检查和抽样检验，按规定填写记录。发现问题应及时报告指挥长和仓面质检员，并配合查找原因且做详细记录，如发现问题不报告则视为失职。

（3）所有参加碾压混凝土施工的人员，必须遵守现场交接班制度，坚守工作岗位，按规定做好施工记录。

（4）为保持仓面干净，禁止一切人员向仓面抛掷任何杂物（如烟头、矿泉水瓶等）。

2.仓面设备管理

（1）设备进仓

①仓面施工设备应按仓面设计要求配置齐全。②设备进仓前应进行全面检查和保养，使设备处于良好运行状态方可进入仓面，设备检查由操作手负责，要求作详细记录并接受机电物资部的检查。③设备在进仓前应进行全面清洗，汽车进仓前应把车厢内外、轮胎、底部、叶子板及车架的污泥冲洗干净，冲洗后还必须脱水干净方可入仓，设备清洗状况由前方工段不定期检查。

（2）设备运行

①设备的运行应按操作规程进行，设备专人使用，持证上岗，操作手应爱护设备，不得随意让别人使用。②驾驶员驾驶车辆在碾压混凝土仓面行驶时，应避免紧急刹车、急转弯等有损混凝土质量的操作，汽车卸料应听从仓面指挥，指挥必须采用持旗和口哨方式。③施工设备应尽可能利用RCC进仓道路在仓外加油，若在仓面加油必须采取铺垫地毡等措施，以保护仓面不受污染，质检人员负责监督检查。

（3）设备停放

①仓面设备的停放由调度安排，做到设备停放文明整齐，操作手必须无条件服从指挥，不使用的设备应撤出仓面。②施工仓面上的所有设备、检测仪器工具，暂不工作时，均应停放在指定的位置或不影响施工的地方。

（4）设备维修

①设备由操作手定期维修保养，维修保养要求作详细记录，出现设备故障情况应及时报告仓面指挥长和机电物资部。②维修设备应尽可能利用碾压混凝土入仓道路开出仓面，或吊出仓面，如必须在仓面维修时，仓面须铺垫地毡，保护仓面不受污染。

（5）允许进入仓面人员的规定

①凡进入碾压混凝土仓面的人员必须将鞋子上黏着的污泥洗净，禁止向

仓面抛掷任何杂物。②进入仓面的其他人员行走路线或停留位置不得影响正常施工。

（6）施工人员的培训与教育

①施工人员必须经过培训并经考核合格、具备施工能力方可参加RCC施工。②施工技术人员要定期进行培训，加强继续教育，不断提高素质和技术水平。③培训工作由混凝土公司负责，工程部协助，各种培训工种按一体化要求进行计划、等级和考核。

3.卸料

（1）铺筑

180高程以下碾压混凝土采用汽车直接进仓，大仓面薄层连续铺筑，每层间隔层为3m，为了缩短覆盖时间，采用条带平推法，铺料厚度为35cm，每层压实厚度为30m。高温季节或雨季应考虑斜层铺筑法。

（2）卸料

①在施工缝面铺第一碾压层卸料前，应先均匀摊铺1～1.5cm厚水泥砂浆，随铺随卸料，以利层面结合。②采用自卸汽车直接进仓卸料时，为了减少骨料分离，卸料宜采用双点叠压式卸料。卸料尽可能均匀，料堆旁出现的少量骨料分离，应由人工或其他机械将其均匀地摊铺到未碾压的混凝土面上。③仓内铺设冷却水管时，冷却水管铺设在第一个碾压混凝土坯层"热升层"30cm或1.5m坯层上，避免自卸汽车直接碾压HDPE冷却水管，造成水管破裂渗漏。④采用吊罐入仓时，由吊罐指挥人员负责指挥，卸料自由高度不宜大于1.5m。⑤卸料堆边缘与模板距离不应小于1.2m。⑥卸料平仓时应严格控制三级配和二级配混凝土分界线，分界线每20m插一面红旗作为标识，混凝土摊铺后的误差对于二级配不允许有负值，也不得大于50cm，并由专职质检员负责检查。

4.平仓

（1）测量人员负责在周边模板上每隔20m画线放样，标识桩号、高程，每隔10m绘制平仓厚度35cm控制线，用于控制摊铺层厚等；对二级配区和三级配区等不同混凝土之间的混凝土分界线每20m放样一个点，放样点用红旗标识。

（2）采用平仓机平仓，运行时履带不得破坏已碾好的混凝土，人工辅助边缘部位及其他部位的堆卸与平仓作业。平仓机采用TBS80或D50，平仓时应严格控制二级配及三级配混凝土的分界线，二级配平仓宽度小于2.0m时，卸料平仓必须从上游往下游推进，保证防渗层的厚度。

（3）平仓开始时采用串联式摊铺法及深插中间料分散于两边粗料中，来回三次均匀分布粗骨料后，才平整仓面，部分粗骨料集中应用人工分散于细料中。

（4）平仓后仓面应平顺没有显著凹凸起伏，不允许仓面向下游倾斜。

（5）平仓作业采取"少刮、浅推、快提、快下"操作要领平仓，RCC平仓方向应按浇筑仓面设计的要求，摊铺要均匀，每碾压层平仓一次，质检员根据周边所画出的平仓线进行拉线检查，每层平仓厚度为35cm，检查结果超出规定值的部分必须重新平仓，局部不平部位用人工辅助推平。

（6）混凝土卸料应及时平仓，以满足由拌和物投料起至拌和物在仓面上于1.5h内碾压完毕的要求。

（7）平仓过程出现在两侧和坡脚集中的骨料，由人工均匀分散于条带上，在两侧集中的大骨料未作人工分散时，不得卸压新料。

（8）平仓后层面上若发现层面有局部骨料集中，可用人工铺洒细骨料予以分散均匀处理。

5.碾压

（1）对计划采用的各类碾压设备，应在正式浇筑RCC前，通过碾压试验来确定满足混凝土设计要求的各项碾压参数，并经监理工程师批准。

（2）由碾压机手负责碾压作业，每个条带铺筑层摊平后，按要求的振动碾压遍数进行碾压，采用BM202AD、BM203AD振动碾。VC值在4～6S时，一般采用无振2遍+有振6遍+静碾2遍；VC值大于15S时，采用无振2遍+有振8遍+静碾2遍；当VC值超过20S，或平仓后RCC发白时，先采用人工造雾使混凝土表面湿润，在无振碾时振动碾自喷水，振动后使混凝土表面泛浆。碾压遍数是控制砼质量的重要环节，一般采用翻牌法记录遍数，以防漏压，碾压机手在每一条带碾压过程中，必须记点碾压遍数，不得随意更改。砼值班人员和专职质检员可以根据表面泛浆情况和核子密度仪检测结果决定是否增加碾压遍数。专职质检员负责碾压作业的随机检查，碾压方向应按仓面设计的要求，碾压方向应为顺坝轴线方向，碾压条带间的搭结宽度为20cm，端头部位搭结宽度不少于100cm。

（3）由试验室人员负责碾压结果检测，每层碾压作业结束后，应及时按网格布点检测混凝土压实容重，核子密度计按100～200m²的网格布点且每一碾压层面不少于3个点，相对压实度的控制标准为：三级配混凝土应≥97%、二级配应≥98%。若未达到，应重新碾压达到要求。

（4）碾压机手负责控制振动碾行走速度在1.0～1.5km/h范围内。

（5）碾压混凝土的层间间隔时间应控制在混凝土的初凝时间之内。若在初凝与终凝之间，可在表层铺砂浆或喷浆后，继续碾压；达到终凝时间，必须当冷缝处理。

（6）由于高气温、强烈日晒等因素的影响，已摊铺但尚未碾压的混凝土容易出现表面水分损失，碾压混凝土如平仓后30min内尚未碾压，宜在有振碾的第一遍和第二遍开启振动碾自带的水箱进行洒水补偿，水分补偿的程度以碾压后层面湿润和碾压后充分泛浆为准，不允许过多洒水而影响混凝土结合面的质量。

（7）当密实度低于设计要求时，应及时通知碾压机手，按指示补碾，补碾后仍达不到要求，应挖除处理。碾压过程中仓面质检员应做好施工情况记录，质检人员做好质检记录。

（8）模板、基岩周边采用BM202AD振动碾直接靠近碾压，无法碾压到的50～100cm或复杂结构物周边，可直接浇筑富浆混凝土。

（9）碾压混凝土出现有弹簧土时，检测的相对密实度达到要求，可不处理，未达到要求，应挖开排气并重新压实达到要求。混凝土表层产生裂纹、表面骨料集中部位碾压不密实时，质检人员应要求砼值班人员进行人工挖除，重新铺料碾压达到设计要求。

（10）仓面的VC值根据现场碾压试验，VC值以3～5s为宜，阳光暴晒且气温高于25℃时取3s，出现3mm/h以内的降雨时，VC值为6~10s，现场试验室应根据现场气温、昼夜、阴晴、湿度等气候条件适当动态调整出机口VC值。碾压混凝土以碾压完毕的混凝土层面达到全面泛浆、人在层面上行走微有弹性、层面无骨料集中为标准。

6.缝面处理

（1）施工缝处理

①整个RCC坝块浇筑必须充分连续一致，使之凝结成一个整体，不得有层间薄弱面和渗水通道。②冷缝及施工缝必须进行缝面处理，处理合格后方能继续施工。③缝面处理应采用高压水冲毛等方法，清除混凝土表面的浮浆及松动骨料（以露出砂粒、小石为准），处理合格后，先均匀刮铺一层1~1.5cm厚的砂浆（砂浆强度等级与RCC高一级），然后才能摊铺碾压混凝土。④冲毛时间根据施工时段的气温条件、混凝土强度和设备性能等因素，经现场试验确定，混凝土缝面的最佳冲毛时间为碾压混凝土终凝后2~4h，不得提前进行。⑤RCC铺筑层面收仓时，基本上达到同一高程，或者下游侧略高、上游侧略低（i=1%）的斜面。因施工计划变更、降雨或其他原因造成施工中断时，应及时对已摊铺的混凝土进行碾压，停止铺筑处的混凝土面碾压成不大于1：4的斜面。⑥由仓面混凝土带班人应在浇筑过程中保持缝面洁净和湿润，不得有污染、干燥区和积水区。为减少仓面二次污染，砂浆宜逐条分段依次铺浆。已受污染的缝面待铺砂浆之前应清扫干净。

（2）造缝

由仓面指挥长负责安排切缝时间，在混凝土初凝前完成。切缝采用NPFQ-1小型振动式切缝机，宜采用"先碾后切"的方法，切缝深度不小于25cm，成缝面积每层应不小于设计面积的60%，填缝材料用彩条布，随刀片压入。

（3）层面处理

①水泥砂浆铺设全过程，应由仓面混凝土带班安排，在需要洒铺作业前1h，应通知值班人员进行制浆准备工作，保证需要灰浆时可立即开始作业。②砂浆铺设与变态混凝土摊铺同步连续进行，防止砂浆的黏结性能受水分

蒸发的影响，砂浆摊铺后20～30min内必须覆盖。③洒铺水泥浆前，仓面混凝土带班必须负责监督洒铺区干净、无积水，并避免出现水泥砂浆晒干的现象。

7.埋件施工

止水结构施工由机电车间负责，位置要有测量放样数据（测量大队提供），要求放样和埋设准确，止水片埋设必须采用"一字形"且以结构缝为中对称的安装方法，禁止采用贴模板内的"7字形"的安装方法。在止水材料周围1.5m范围采用一级配混凝土和软轴振捣器振捣密实，以免产生任何渗水通道，质检人员应把止水设施的施工作为重要质控项目加以检查和监督。

8.入仓口施工

（1）采用自卸汽车直接运输碾压混凝土入仓时，入仓口施工是一个重要施工环节，直接影响RCC施工速度和坝体混凝土施工质量。

（2）RCC入仓口应精心规划，一般布置在坝体横缝处，且距坝体上游防渗层下游15～20m。

（3）入仓口采用预先浇筑仓内斜坡道的方法，其坡度应满足自卸汽车入仓要求。

（4）入仓口施工由仓面指挥长负责指挥，采用常态混凝土，其强度等级不低于坝体混凝土设计强度等级，应与坝体混凝土一样确保振捣密实（特别是斜坡道边坡部分）。施工时段应有计划地充分利用混凝土浇筑仓位间歇期，提前安排施工，以便斜坡道混凝土有足够强度行走自卸汽车。

（八）变态混凝土施工

1.富浆混凝土浇筑

（1）电站变态混凝土施工的第一方案采用在拌和楼生产富浆混凝土，运输至工作采用高频振捣器振捣密实，主要施工部位为上游面50cm变态混凝土区域，以及岸坡60cm、廊道周边50cm、下游斜面模板边等。

（2）富浆混凝土采用在拌和二级配碾压混凝土中掺50L/m³的胶浆，胶浆水胶比控制在0.5，粉煤灰掺量为50%，外加剂掺量为0.7%，使砼坍落度达到1～1.5cm左右。

（3）针对上游模板或沿基岩边坡振动碾无法碾压地区，采用富浆混凝土施工，其铺筑宽度为50cm，采用φ100高频振捣器，沿模板边有外到里，依次振捣，防止超捣及漏振，若砼稠度偏小时，用力尽快将振捣器插入砼，直到砼表面翻浆粗骨多数下沉时缓慢拨起，边拔边用脚踏平孔洞。为了防止边部有气泡，可采用软轴振捣器，沿模板边进行二次振捣，待全部振实后用平板振捣器拖平。

2.加浆混凝土浇筑

（1）加浆混凝土为××电站变态混凝土施工的第二方案。加浆混凝土采用在摊铺好的碾压混凝土面上，用φ100的振捣棒人工造孔，造孔按矩形或梅花形布置，孔距约为30cm，孔深20cm，然后人工手提桶定量定孔数进行顶面加浆的方式，加浆量控制在50L/m³，最大不得大于60L/m³，加浆5～10min后进行振捣。

（2）加浆混凝土主要用于两岸坡基岩面、大坝上下游模板面、伸缩缝、上、下游止水位置、廊道、电梯井周边及振动碾压不到的地方，也可用在常态混凝土与RCC交接部位。变态混凝土与RCC可同步或交叉浇筑，并应在两种混凝土规定时间内振捣或碾压完毕。

（3）根据现场情况，宜采用先变态混凝土后碾压混凝土的方式。如采用先碾压后变态的方式，在变态混凝土与RCC交接处，用振捣器向RCC方向振捣，使两者互相融混密实。

（4）对于上游面30cm变态混凝土区域，以及岸坡60cm、廊道周边50cm、下游斜面模板边的变态混凝土施工，采用在摊铺好的碾压混凝土面上用φ100的振捣棒人工造孔，造孔按矩形或梅花形布置，孔距约为30cm，孔深20cm，先变态混凝土后碾压混凝土时的振捣时间≥20s，先碾压混凝土后变态混凝土时的振捣时间≥30s。对于变态混凝土与碾压混凝土搭接凸出部分，用振动碾把搭接部位碾平。

（5）对于岸坡部位的基础面垫层混凝土，应与坝体RCC同步浇筑，先施工碾压混凝土，后加浆振捣基础变态混凝土，两种混凝土均在1.5h内振捣完毕。

（6）制浆站接到浇筑工区的通知后即可制浆，水泥浆的配比由试验室提供，制浆应做到配料准确、均匀，特别要控制好外加剂掺量。

（7）加浆混凝土的浇筑控制在变态混凝土区，不得在仓内出现灰浆漫溢、飞溅等现象。

3.防渗层施工

（1）电站碾压混凝土坝的上游面，设置二级配RCC混凝土作为防渗结构体，它的厚度根据上游面所承受的水压力和水位变化情况做适当变化。

（2）大坝上游面变态混凝土、二级配RCC混凝土防渗体尤其要严格控制混凝土施工质量，防渗体的渗透系数要求小于坝体垂直向的渗透系数，这是目前碾压混凝土坝防渗工作的难点之一。

（3）实际碾压混凝土工程整体的抗渗能力主要受水平施工缝面抗渗性能所控制，要特别注意对碾压混凝土坝上游区二级配混凝土层面进行抗渗处理，确保层面有良好的结合，达到防渗的目的。

（4）防渗体变态混凝土采用拌和楼集中搅拌富浆混凝土、现场振捣密实的浇筑方法。当采用加浆混凝土时，应在模板边缘人工铺料的基础上进一步剔除大石，以利于水泥浆的渗入和振捣棒插入操作，确保掺浆变态混凝土质量，上游防渗体变态混凝土必须加强振捣（亦应防止过振），确保混凝土密实。

（九）斜层平推法施工

（1）碾压混凝土坝在高气温、强烈日照的环境条件下，碾压混凝土放置时间越长质量越差，所以大幅度缩减层间间隔时间是提高层间结合质量的最有效、最彻底的措施。而采用斜层铺筑法，浇筑作业面积比仓面面积小，可以灵活地控制层间间隔时间的长短，在质量控制上有着特殊重要的意义。

（2）每一仓块由工程部绘制详细的仓面设计，仓面指挥长、质检员等必须在开仓前熟悉浇筑要领，并按仓面设计的要求组织实施。

（3）浇筑工区测量员负责在周边模板上按浇筑要领图上的要求和测量放

样，在每隔10m画出碾压层控制线上，标识桩号、高程和平仓控制线，用于控制斜面摊铺层厚度。

（4）按1：10～1：15坡度放样，砂浆摊铺长度与碾压混凝土条带宽度相对应。

（5）下一层RCC开始前，挖除坡脚放样线以外的RCC，坡脚切除高度以切除到砂浆为准，已初凝的混凝土料作废料处理。

（6）采用斜层平推法浇筑碾压混凝土时，"平推"方向分为两种：一种方向垂直于坝轴线，即碾压层面倾向上游，混凝土浇筑从下游向上游推进；另一种是平行于坝轴线，即碾压层面从一岸倾向另一岸。碾压混凝土铺筑层以固定方向逐条带铺筑，坝体迎水面8～15m范围内，平仓、碾压方向应与坝轴线方向平行。

（7）开仓段碾压混凝土施工。碾压混凝土拌和料运输到仓面，按规定的尺寸和规定的顺序进行开仓段施工，其要领在于减少每个铺筑层在斜层前进方向上的厚度，并要求使上一层全部包容下一层，逐渐形成倾斜面。沿斜层前进方向每增加一个升程H，都要对老混凝土面（水平施工缝面）进行清洗并铺砂浆，碾压时控制振动碾不得行驶到老混凝土面上，以避免压碎坡角处的骨料，影响该处碾压混凝土的质量。

（8）碾压混凝土的斜层铺筑。这是碾压混凝土的核心部分，其基本方法与水平层铺筑法相同。为防止坡角处的碾压混凝土骨料被压碎而形成质量缺陷，施工中应采取预铺水平垫层的方法，并控制振动碾不得行驶到老混凝土面上去，施工中按图中的序号施工。首先清扫、清洗老混凝土面（水平施工缝面），摊铺砂浆，然后沿碾压混凝土宽度方向摊铺并碾压混凝土拌和物，形成水平垫层，水平垫层超出坡脚前缘30～50cm，第一次不予碾压而与下一层的水平垫层一起碾压，以避免坡脚处骨料压碎，接下来进行下一个斜层铺筑碾压，如此往复，直至收仓段施工。

（9）收仓段碾压混凝土施工。首先进行老混凝土面的清扫、冲洗、摊铺砂浆，然后采用折线形状施工，其中折线的水平段长度为8～10m，当浇筑面积越来越小时，水平层和折线层交替铺筑，满足层间间歇的时间要求。

（十）特殊气候条件下的施工

1.高温气候条件下的施工

（1）改善和延长碾压混凝土拌和物的初凝时间

针对碾压混凝土坝高气温条件下连续施工的特点，比较了不同的高效缓凝剂对碾压混凝土拌和物缓凝的作用效果，研究掺用高效缓凝减水剂对碾压混凝土物理力学性能的影响。长期试验和较多工程实践表明，掺用高温型缓凝高效剂效果显著、施工方便，是一种有效的高气温施工措施。

（2）采用斜层平推法

在高气温环境条件下，由于层面暴露时间短，预冷混凝土的冷量损失也将减少；施工过程遇到降雨时，临时保护的层面面积小，有利于斜层表面排水，对雨季施工同样有利。因此，碾压混凝土坝应优先采用该方法。

（3）允许间隔时间

日平均气温在25℃以上时（含25℃），应严格按高气温条件下经现场试验确定的直接铺筑允许间隔时间施工，一般不超过5h。

（4）碾压混凝土仓面覆盖

①在高气温环境下，对RCC仓面进行覆盖，不仅可以起到保温、保湿的作用，还可以延缓RCC的初凝时间，减少VC值的增加。现场试验表明，碾压混凝土覆盖后的初凝时间比裸露的覆盖时间延缓2h。②仓面覆盖材料要求具有不吸水、不透气、质轻、耐用、成本低廉等优点，工地使用经验证明，采用聚乙烯气垫薄膜和PT型聚苯乙烯泡沫塑料板条复合制作而成的隔热保温具有上述特点。③仓面混凝土带班、专职质检员应组织专班作业人员及时进行仓面覆盖，不得延误。④除了全面覆盖、保温、保湿外，对自卸汽车、下料溜槽等应设置遮阳防雨棚，尽可能减少运输、卸料时间和RCC的转运次数。

（5）碾压混凝土仓面喷雾

①仓面喷雾是高温气候环境下，碾压混凝土坝连续施工的主要措施之一。采用喷雾的方法，可以形成适宜的人工小气候，起到降温保湿、减少VC值的增长、降低RCC的浇筑温度以及防晒作用。②仓面喷雾采用冲毛机配备

专用喷嘴。仓面喷雾以保持混凝土表面湿润，仓面无明显集水为准。③仓面混凝土带班、专职质检员一定要高度重视仓面喷雾，真正改善RCC高气温的恶劣环境，使RCC得到必要的连续施工条件。

（6）降低浇筑温度，增加拌和用水量和控制VC值

①降低混凝土的浇筑温度。②在高气温环境下，RCC拌和物摊铺后，表层RCC拌和物由于失水迅速而使VC值增大，混凝土初凝时间缩短，以致难以碾压密实。因此，可适当增加拌和用水量，降低出机口的VC值，为RCC值的增长留有余地，从而保证碾压混凝土的施工质量。③在高气温环境条件下，根据环境气温的高低，混凝土拌和楼出机口VC值按偏小、动态控制。

（7）避开白天高温时段

在高气温环境条件下，尽量避开白天高温时段（11：00～16：00）施工，做好开仓准备，抢阴天、夜间施工，以减少预冷混凝土的温度回升，从而降低碾压混凝土的浇筑温度。

2.雨天施工

（1）加强雨天气象预报信息的搜集工作，应及时掌握降雨强度、降雨历时的变化，妥善安排施工进度。

（2）要做好防雨材料准备工作，防雨材料应与仓面面积相当，并备放在现场。雨天施工应加强降雨量的测试工作，降雨量测试由专职质检员负责。

（3）当每小时降雨量大于3mm时，不开仓混凝土浇筑，或浇筑过程中遇到超过3mm/h降雨强度时，停止拌和，并尽快将已入仓的混凝土摊铺碾压完毕或覆盖妥善，用塑料布遮盖整个新混凝土面，塑料布的遮盖必须采用搭接法，搭接宽度不少于20cm，并能阻止雨水从搭接部流入混凝土面。雨水集中排至坝外，对个别无法自动排出的水坑用人工处理。

（4）暂停施工令发布后，碾压混凝土施工一条龙的所有人员，都必须坚守岗位，并做好随时复工的准备工作。暂停施工令由仓面指挥长首先发布给拌和楼，并汇报给生产调度室和工程部。

（5）当雨停后或者每小时降雨量小于3mm，持续时间30min以上，且仓面未碾压的混凝土尚未初凝时，可恢复施工。

（十一）碾压混凝土温度控制

1.遮阳、喷雾降温措施

（1）砼料仓搭设敞开式遮阳雨篷。

（2）在水泥和煤灰储罐顶部、罐身外围环形布置塑料花管喷水，对粉罐进行淋水降温处理。

（3）上料皮带机搭设敞开式遮阳篷。

（4）晴天气温超过25℃或工区风速达到1.5m/s时，砼开仓前半小时应对仓面进行喷雾降温。在完成砼浇筑6h后，方能改用其他砼养护方式或措施，养护至上一层混凝土开始浇筑（或28d）。喷雾用水采用基坑内渗出的洁净地下水。

2.通水冷却

（1）水管布设。在砼开仓前技术组提供冷却水管布置图，并严格按图放样，层间距偏差±10cm。采用U型钢筋固定在碾压层面上。接头部位应严格按照操作规程施工，保证质量，做到滴水不漏。水管通水前，管口采用封口塞封闭，严禁采用无封闭管头的冷却管在仓面施工。

（2）冷却水管可以边碾压（浇筑）边布设。施工时禁止使用任何设备或重物直接积压水管。

（3）冷却水管完成一个单元施工后，不论水管完全覆盖与否，应在半小时内即开始通水保压或冷却，并做好相应的记录。

（4）通水过程严格按设计要求控制。

3.MgO砼施工

基础强约束区常态砼外掺4%MgO，强约束区碾压态砼外掺4.5%MgO。要求计量准确，拌和均匀，控制均匀性离差系数≤0.2。并按试验操作规程要求做好原材料品质检测，仓面测量和取样。

4.混凝土表面保护

在混凝土表面覆盖保温材料，以减少内外温差、降低表面温度梯度。低温季节施工未满28d龄期混凝土的暴露面均应进行表面保护。

5.测量混凝土入仓、浇筑温度

混凝土浇筑过程中，施工单位专职质检员每隔2h（高温时段1h）测量混凝土入仓温度、浇筑温度，每100m²仓面面积不少于一个测点，每一浇筑层不少于三个测点，及时、准确记录，情况有异常时应及时向质检员反映。

（十二）质量检测与控制

1.原材料

（1）碾压混凝土所使用的各类原材料，必须有相关的质量检测合格证明，并按规定进行使用前质量检测试验，原材料质量检验和控制由试验室负责。如发现较大的质量问题，试验室应将试验成果及处理意见报工程部，再由工程部向上反映，并提出整改措施。

（2）严格控制细骨料的含水率。砂子细度模数允许偏差为0.2，超过时应调整碾压混凝土的配合比。细骨料必须有一定的脱水时间，搅拌前含水率不大于6%，含水率允许偏差为0.5%。

（3）严格控制各级骨料超、逊径含量。原孔筛检验时，其控制标准为：超径小于5%，逊径小于10%。石子含水率的允许偏差为0.2%。

（4）外加剂需按品种、进场日期分别存放，存放场所应通风、干燥。检验合格的外加剂存储期超过6个月，使用前必须重新检验。

2.拌和

（1）当称量误差超过偶然波动范围时，操作人员应采用手动添加或扣除。当情况严重，对混凝土质量影响大时，则应作为废料处理。当频繁发生且波动范围大，混凝土质量失控时，应立即报告值班领导，停机检修。

（2）碾压混凝土拌和质量检测，在拌和楼出机口进行取样，检测项目和频率按规定的检测表确定。

（3）混凝土抗拉、抗渗、抗冻及其他性能检测频率按规范及技术要求取样检验。

3.仓面施工质量检测

（1）碾压混凝土施工中，质检人员、试验室值班人员应按规定的项目对仓面施工进行检查、测试，并做好记录。

（2）质检人员、试验人员应按规定做好各自分管的检测项目的检查和质检记录。对重要问题的产生原因及处理过程必须记录清楚。

（3）仓面施工质量控制：在碾压混凝土施工中，质检部门、试验室值班人员应按规定的项目检查、测试并做好记录。

（4）碾压混凝土的每一升层作为一个单元工程，当一个升层的碾压混凝土施工结束后，质检员和试验室应根据现场质检记录，按不同项目依次对每一碾压层进行评定，根据各项目的质量评定结果，质量部会同试验室对该升层的碾压混凝土施工质量等级做出评定，作为混凝土单元工程质量评定的依据。

（5）碾压混凝土施工中，对较大的质量问题必须及时处理不得遗留下来，否则要追究责任，属于施工人员不执行质检和试验人员意见造成的，由施工人员负全部责任，属于质检和试验漏检或未及时提出的，施工人员负施工责任，质检和试验负检查责任。

（6）本工法要求仓面指挥长对RCC作业人员有直接行政处罚权，处罚包括批评、罚款和解除施工资格（退场）。对仓面指挥长指挥失误或拒绝执行质检员整改意见造成质量事故的，首先解除其指挥长职务，并按有关规定处罚。

4.混凝土表面质量缺陷检查

（1）大坝上、下游表面及其他外露面质量情况，在拆模后由工程部负责检查，并记录拆模时间，对缺陷的比例进行统计。

（2）质量部应对混凝土表面质量缺陷产生的原因进行分析，会同有关部门提出处理措施。并对处理后的质量情况进行评定。

（3）混凝土表面蜂窝、麻面、气泡密集区、错台、挂帘、狗洞、表面裂缝等，由工程部提出处理措施报监理审批后，应及时予以处理。

5.钻孔取样

（1）钻孔取样是检验混凝土质量的综合方法，对评价混凝土的各项技术指标十分重要。钻孔在碾压混凝土浇筑3个月后进行，钻孔的位置、数量根据现场施工情况由监理工程师审定。

（2）钻孔应能保证最大限度地取得芯样。为保证混凝土芯样的施工质量，确定使用金刚石钻头双套管单动钻孔取样，混凝土芯样直径为150~250mm。钻孔时钻机必须固定牢靠，不得摆动，应严格控制钻孔压力与钻进速度。

（3）钻孔芯样应按顺序编号装箱，连同芯样素描，送交试验室对混凝土芯样进行外观描述和照相，并按要求对混凝土的各种力学性能进行试验，撰写混凝土芯样检测试验报告，评定碾压混凝土的均质性和力学性能。

（4）利用混凝土芯样的钻孔，按监理通知要求进行分段压水试验，撰写压水试验报告，评价碾压混凝土抗渗性。

（5）坝体碾压混凝土压水试验，按有关条文的规定进行。

（十三）安全与文明施工

1.施工安全

（1）所有进入施工现场的工作人员，必须穿着劳保工作服，正确佩戴安全帽。

（2）所有特殊工种操作人员必须经过培训，持证上岗。

（3）仓内所有机械设备的行驶均应遵从仓面指挥长的指挥，不得随意改变行驶方向，防止发生设备碰撞事故。

（4）浇筑共振捣、电焊工焊接时均应佩戴绝缘手套，防止触电。

（5）施工现场电气设备和线路，必须配置漏电保护器，并有可靠的防雨措施，以防止因潮湿漏电和绝缘损坏引起触电及设备事故。

（6）电气设备的金属外壳应采用接地或接零保护。汽车运输必须执行交通规则和有关规定，严禁无证驾驶、酒后开车、无证开车。

（7）翻转模板、悬臂模板的提升、安装，必须采用吊车吊装。起重人员必须熟悉模板的安装要求，提升前，必须检查确认预埋螺栓是否已拆除，不得强行起吊。

（8）利用调节螺杆进行模板调节时，螺帽必须满扣，且螺杆伸出螺帽的长度不得少于两个丝扣。

（9）悬臂模板的外悬工作平台每周必须检查一次，发现变形、螺丝松动时，要及时校正、加固，工作平台网板要确保牢固、满铺。

（10）入仓道路必须保证路面良好，以便车辆行驶安全。栈桥或跳板必须架设牢固，表面必须采取防滑措施。

（11）运输混凝土的车辆，车速控制在25km/h以内，进入仓道路及仓内后，车速不得大于5km/h。

（12）夜间施工仓内必须有充足的照明。仓面指挥人员必须持手旗，且配明显标志。

（13）振捣棒必须保持良好的绝缘，每台振捣棒均应配备漏电保护器。平仓及碾压设备应定期检查保养，灯光及警示灯信号必须完好、齐全。

（14）其他未尽事宜参照相关安全规定执行。

2.文明施工

（1）从沙石系统、拌和系统，到浇筑仓面，每一道工序的工作部位，均应设置施工作业牌、安全标志牌及其他指示牌，明确责任范围、责任人，以警示进入工作部位的各方面人员。所有施工人员必须佩戴"工卡"上岗。

（2）筛分楼作业区、拌和楼区等部位，常产生泥浆、废渣、洒料等，必须随时派人清理干净，以保持清洁的工作环境。

（3）混凝土运输道路应平顺，无障碍物，排水有效。当路面洒料后，应及时清理。如遇天晴路面扬灰时，应及时洒水。

（4）施工过程中，仓内设备应服从仓面指挥人员的指挥，各行其道，有条不紊。设备加油必须行驶出仓外，严禁设备在仓内加油。

（5）在施工过程中，汽车直接入仓的，入仓道路应经常清理和维护，以保证整洁安全。

（6）仓面收仓后，必须做到工完场清，施工机具摆放整齐，不出仓的设备应在仓面上停放整齐，出仓的设备应在指定的停放点停放整齐。

（7）施工现场文明施工的关键在措施落实，应将现场划分若干责任区，挂牌标示，配有专人负责清洁打扫，施工废料运往指定的弃渣场，对文明施工有突出贡献的单位和个人给予适当奖励，对不文明行为应予处罚。

二、混凝土水闸施工

（一）施工准备

（1）按施工图纸及招标文件要求制定混凝土施工作业措施计划，并报监理工程师审批；

（2）完成现场试验室配置，包括主要人员、必要试验仪器设备等；

（3）选定合格原材料供应源，并组织进场，进行试验检验；

（4）设计各品种、各级别混凝土配合比，并进行试拌、试验，确定施工配合比；

（5）选定混凝土搅拌设备，进场并安装就位，进行试运行；

（6）选定混凝土输送设备，修筑临时浇筑便道；

（7）准备混凝土浇筑、振捣、养护用器具、设备及材料；

（8）进行特殊气候下混凝土浇筑准备工作；

（9）安排其他施工机械设备及劳动力组合。

（二）混凝土配合比

工程设计所采用的混凝土品种主要为C30，二期混凝土为C40，在商品混凝土厂家选定后分别进行配合比的设计，用于工程施工的混凝土配合比，应通过试验并经监理工程师审核确定，在满足强度耐久性、抗渗性、抗冻性及施工要求的前提下，做到经济合理。

（三）混凝土运输

工程商品混凝土使用泵送混凝土，运输方式为混凝土罐车陆路运输，从出厂到工地现场距离约为30km，用时约为40min。

（四）混凝土浇筑

工程主体结构以钢筋混凝土结构为主，施工安排遵循"先主后次、先深后浅、先重后轻"的原则，以闸室、翼墙、导流墩、便桥为施工主线，防渗铺盖、护底、护坡、护面等穿插进行。

（五）部位施工方法

1.水闸施工内容

（1）地基开挖、处理及防渗、排水设施的施工。

（2）闸室工程的底板、闸墩、胸墙及工作桥等施工。

（3）上、下游连接段工程的铺盖、护坦、海漫及防冲槽的施工。

（4）两岸工程的上、下游翼墙、刺墙及护坡的施工。

（5）闸门及启闭设备的安装。

2.平原地区水闸施工特点

（1）施工场地开阔，现场布置方便。

（2）地基多为软基，受地下水影响大，排水困难，地基处理复杂。

（3）河道流量大，导流困难，一般要求一个枯水期完成主要工程量的施工，施工强度大。

（4）水闸多为薄而小的混凝土结构，仓面小，施工有一定干扰。

3.水闸混凝土浇筑次序

混凝土工程是水闸施工的主要环节（占工程历时一半以上），必须重点安排，施工时可按下述次序考虑：

（1）先浇深基础，后浅基础，避免浅基础混凝土产生裂缝。

（2）先浇影响上部工程施工的部位或高度较大的工程部位。

（3）先主要后次要，其他穿插进行。

4.闸室施工（平底板）

由于受运用条件和施工条件等的限制，混凝土被结构缝和施工缝划分为若干筑块。一般采用平层浇筑法。当混凝土拌和能力受到限制时，亦可用斜层浇筑法。

（1）搭设脚手架，架立模板

利用事先预制的混凝土柱，搭设脚手架。底板较大时，可采用活动脚手浇筑方案。

（2）混凝土的浇筑

可分两个作业组，分层浇筑。先一、二组同时浇筑下游齿墙，待齿墙浇平后，将一组调到上游浇齿墙，二组则从下游向上游开始浇第一坯混凝土。

5.闸墩施工

（1）"铁板螺栓，对拉撑木"的模板安装

采用对销螺栓、铁板螺栓保证闸墩的厚度，并固定横、纵围图，铁板螺栓还有固定对拉撑木之用，对销螺栓与铁板螺栓间隔布置。对拉撑木保证闸墩的铅直度和不变形。

（2）混凝土的浇筑

需解决好同一块闸底板上混凝土闸墩的均衡上升和流态混凝土的入仓及仓内混凝土的铺筑问题。

6.止水设施的施工

为了适应地基的不均匀沉降和伸缩变形，水闸设计应设置温度缝和沉陷缝（一般用沉陷缝代替温度缝）。沉陷缝有铅直和水平两种，缝宽 1.0～2.5cm，缝内设填料和止水。

（1）沉陷缝填料的施工

常用的填料有沥青油毛毡、沥青杉木板、沥青芦席等。

（2）止水的施工

位于防渗范围内的缝，都应设止水设施。止水缝应形成封闭整体。

7.门槽二期混凝土施工

大中型水闸的导轨、铁件等较大、较重，在模板上固定较为困难，宜采用预留槽，浇二期混凝土的施工方法。

（六）混凝土养护

混凝土的养护对强度增长、表面质量等至关重要，混凝土的养护期时间应符合规范要求，在养护期前期应始终保持混凝土表面处于湿润状态，其后养护期内应经常进行洒水养护，确保混凝土强度的正常增长条件，保证建筑物在施工期和投入使用初期的安全性。

工程底部结构采用草包、塑料薄膜覆盖养护，中上部结构采用塑料喷膜法养护，即将塑料溶液喷洒在混凝土表面上，溶液挥发后，混凝土表面形成一层薄膜，阻止混凝土中的水分不再蒸发，完成混凝土的水化作用。为达到有效养护目的，塑料喷膜要保持完整性，若有损坏应及时补喷，喷膜作业要与拆模同步进行，模板拆到哪里就喷到哪里。

（七）施工缝处理

在施工缝处继续浇筑混凝土前，首先对混凝土接触面进行凿毛处理，然后清除混凝土废渣、薄膜等杂物，以及表面松动砂石和混凝土软弱层，再用水冲洗干净并充分湿润，浇筑前清除表面积水，并在表面铺一层与混凝土中砂浆配合比一致的砂浆，此时方可开始混凝土浇筑，浇筑时要加强对施工缝处混凝土的振捣，使新老混凝土结合严密。

施工缝位置的钢筋回弯时，要做到钢筋根部周围的混凝土不至受到影响而造成松动和破坏，钢筋上的油污、水泥浆及浮锈等杂物应清除干净。

（八）二期混凝土施工

二期混凝土浇筑前，应详细检查模板、钢筋及预埋件尺寸、位置等是否符合设计及规范的要求，并作检查记录，报监理工程师检查验收。一期混凝土彻底打毛后，用清水冲洗干净并浇水保持24小时湿润，以使二期混凝土与一期混凝土牢固结合。

二期混凝土浇筑空间狭小，施工较为困难，为保证二期混凝土的浇筑质量，可采取减小骨料粒径、增加坍落度，使用软式振捣器，适当延长振捣时间等措施，确保二期混凝土浇筑质量。

（九）大体积混凝土施工技术

工程混凝土块体较多，如闸身底板、泵站底板、墩墙等，均属大体积混凝土。混凝土在硬化期间，水泥的水化过程释放大量的水化热，由于散热慢，水化热大量积聚，造成混凝土内部温度高、体积膨胀大，而表面温度低，产生拉应力。当温差超过一定限度时，使混凝土拉应力超过抗拉强度，就会产生裂缝。混凝土内部达到最高温度后，热量逐渐散发而达到使用温度或最低温度，二者之差便形成内部温差，促使了混凝土内部产生收缩。再加上混凝土硬化过程中，由于混凝土拌和水的水化和蒸发，以及胶质体的胶凝作用，促进了混凝土的收缩。这两种收缩在进行时，受到基底及结构自身的约束，而产生收缩力，当这种收缩应力超过一定限度时，就会贯穿混凝土断面，成为结构性裂缝。

第八章 拱坝施工设计

第一节 拱坝的基础知识

一、拱坝的特点

在平面上呈凸向上游的拱形，在结构上可以起拱作用的坝，称为拱坝。拱坝的水平剖面由曲线形拱构成，两端支承在两岸基岩上；竖直剖面呈悬臂梁形式，底部坐落在河床或两岸基岩上。拱坝与完全依靠自重抵御水荷载的重力坝不同，一般是依靠拱的作用，将大部分水荷载传至两岸基岩，同时依靠自重来维持坝体的稳定。水荷载的一部分通过拱的作用传到两岸坝肩，另一部分通过悬臂梁传到坝底基岩。因为结构上起拱的作用，拱坝的水平拱圈主要承受轴向压力，有利于发挥材料的强度，所以拱坝的坝体厚度小于相同坝高重力坝的厚度，根据工程经验，拱坝的体积比相同高度的重力坝体积可减少20%~70%。为了保证水平拱圈的作用，拱坝的所有横缝都必须灌浆，形成一个整体，整个坝体是一个高次超静定的空间壳体结构。拱坝的结构作用可视为两个系统，即可以将拱坝视为由一系列水平拱和竖直梁组合的空间结构。水荷载和温度荷载等由这两个系统共同承担，当河谷宽高较小时，荷载主要由拱来承担；当河谷宽高较大时，由梁承担的荷载相应增大。

由于拱坝是高次超静定结构，故温度变化和基岩变形对坝体应力的影响比较显著。同时，作为超静定结构，当外荷载增大或坝体出现局部开裂时，

241

变形量较大的拱或梁将把荷载部分转移至变形量较小的拱或梁，拱和梁的作用将会自行调整，所以经过精心设计，施工质量得到保证的拱坝具有很强的超载能力。国内外拱坝结构模型试验的成果表明：只要坝基牢固，拱坝的超载能力可以达到设计荷载的5倍甚至更高，远大于重力坝。大坝建设史上，拱坝失事的比例远小于其他坝型，个别拱坝溃决或损坏往往是与坝肩失稳有关。因此，拱坝坝肩的地质条件及其稳定性是影响拱坝安全最为关键的因素。

拱坝的坝体较轻，地震惯性力比重力坝小，而且结构本身对应力有自调节的能力。工程实践表明，拱坝具有很好的抗震性能。

拱坝与重力坝类似，也可以设置坝身泄水孔和坝顶溢流，坝身孔口对于拱坝坝体应力的影响是局部的。工程实践中，很多拱坝在坝身设置了多层大泄水孔口，实际运行情况良好。目前已建成了单宽泄量200m³/（s·m）以上的溢流拱坝。

拱坝的不足之处是对坝址的地形、地质条件要求相对较高，对混凝土温度控制、筑坝材料的性能以及施工质量的要求等都比重力坝的要求更严格。

二、拱坝对地形、地质条件的要求

拱坝依靠两岸坝肩的支撑以保证水平拱圈能够稳定地承受水荷载，因此，拱坝对坝址的地形、地质条件有比较高的要求。

（一）对地形条件的要求

最适宜布置拱坝的河谷地形是左、右岸大致对称的狭窄河谷，岸坡平顺，平面上最好向下游适度收缩，以保障在下游侧有足够的岩体支撑坝体的稳定。为了显示拱坝选型和地形的关系，采用河谷的宽高比$n=L/H$描述河谷的宽窄，其中L为河谷在坝顶高程处两岸之间的宽度，H为拱坝的最大坝高。采用拱坝厚高比$\beta=B/H$表示拱坝的相对厚度，其中B为拱坝坝底最大厚度。很显然β值越小，表示拱坝坝体相对较薄，坝的体积相对较小，经济性较好。河谷的宽高比n越小，表示河谷相对较窄，易于发挥拱的作用，拱坝的厚度一般也会较薄，β 值较小。

通常将底部宽度较小的河谷形象地称为V形河谷，河谷底部宽度与河谷高处宽度相差不大的河谷称为U形河谷。在同等宽高比条件下，V形河谷较U形河谷承受的总水压力小，V形河谷中各高程拱圈的受力条件优于U形河谷，尤其是低高程拱圈水压强度大，但拱的跨度较小，易于发挥拱的作用，故V形河谷对修建拱坝有利；但有时为了布置坝体泄洪与下游消能设施，U形河谷可能比V形河谷有利。因此二者何为优，应通过方案比较确定。至于形状介于二者之间的梯形河谷，其对拱坝的适应性也在二者之间。

此外，拱坝对地形还有以下几点要求：河谷两岸坡度最好对称、平顺（不对称河谷坝体的应力条件稍差，需要采取适当的工程措施）；在平面上，为了满足抗滑稳定的要求，拱坝最好建在河谷喇叭口的进口处，不宜建在出口处；在两岸靠近坝肩的上、下游侧，不应有深沟，否则对坝肩稳定不利。

（二）对地质条件的要求

除了对地形有一定的要求以外，拱坝坝肩岩体需要承受坝体传来的巨大推力，因此，拱坝坝肩对地质条件也有较高的要求。比较理想的拱坝坝肩应没有大的断裂构造，岩石坚硬致密，质量均匀，整体性好，透水性弱、强度较高。但是，在实际工程中，在坝址总会遇到各种节理、裂隙、软弱夹层、大小断层等复杂地质条件。因此，拱坝设计必须进行全面的地质勘探，掌握坝址区的主要工程地质条件，对于存在的各种地质缺陷，必须采取妥善的措施进行地基处理，以保障大坝的安全。如地基处理工程量过大，费用过高，使工程建设不经济，在不得已时在这样的坝址只好放弃拱坝方案。

坝址的区域地质条件必须是稳定的，不能有新构造运动。要查清坝址区的地质构造，库区的地震基本烈度和蓄水后发生触发地震的可能性。此外，还要注意查看库区是否有严重的漏水通道，近坝库岸是否有不稳定的滑坡体，避免大规模滑坡涌浪事故的发生。

三、拱坝的类型

根据拱坝的不同特点，可以有多种方法对拱坝进行分类。

（一）按坝高分类

拱坝越高，承受的水压力等荷载越大，设计施工的难度越大。和重力坝一样，传统上，根据最大坝高可以对拱坝进行分类。最大坝高小于30m的称为低坝，30～70m的称为中坝，大于70m的称为高坝。但是，随着大坝建设技术的发展，建70m的拱坝已不具有特别的难度，这样的划分已逐渐失去意义。目前，设计和正在施工的拱坝高度已经超过300m。因此，近年来，国内工程界开始用100m级高拱坝、200m级高拱坝、300m级高拱坝来描述坝高接近或超过100m、200m和300m的高拱坝。

（二）按坝顶拱圈中心角分类

按拱坝顶拱中心角大小可分为一般弯曲程度拱坝和扁平（扁薄）拱坝。前者顶拱中心角多为105°～125°，后者多为60°～90°。后者，特别是扁薄拱坝，在现代拱坝设计中具有重要的意义。

（三）按坝的相对厚度分类

拱坝的受力特性和拱坝的厚度有关，一般而言，厚高比（β 值）越大的拱坝，悬臂梁的作用相对越大，水平拱作用相对越小，越接近重力坝的受力特性。因此，厚高比小于0.2的拱坝称为薄拱坝，0.2～0.35的拱坝称为中厚拱坝，大于0.35的拱坝称为厚拱坝或重力拱坝。

（四）按拱坝垂直向有无曲率分类

很多拱坝不仅在水平面上呈向上游凸起的拱形，特别是V形河谷的拱坝，为适应地形条件，优化拱坝应力，不同高程拱圈的曲率半径不同，因此在垂直向有曲率，立面也呈向上游凸起的曲线，这样的拱坝称为双曲拱坝；而把只是水平面上呈拱形，垂直向没有或基本没有曲率的拱坝称为单曲拱坝。

（五）按水平拱圈的型式分类

无论是单曲拱坝还是双曲拱坝，拱坝的水平拱圈都采用一定的曲线型式，常用的拱圈曲线型式，从最早的单心圆，发展到多心圆、抛物线、对数螺线、椭圆等。为了设计和施工简便，一般一个拱坝的所有拱圈均采用一种线型，为了提高体形优化效率，还有一些研究人员提出在拱坝不同高程的拱圈统一采用包括椭圆、抛物线在内的二次曲线线型。根据水平拱圈曲线型式的不同，也可以进行拱坝类型的划分。

（六）按结构构造分类

随着拱坝建设技术和施工方法的不断发展，设置周边缝、底缝、坝肩短缝、诱导缝等新型结构形式的拱坝也不断发展，拱坝也可以根据它们采用的新型结构型式不同进行分类，如"周边缝拱坝"等。当然，拱坝除设置各种构造缝以外，还可以设置腹拱、重力墩、翼墙等构造。

（七）按筑坝材料分类

一般建造拱坝的材料主要是混凝土和浆砌石。浆砌石又可进一步分为砂浆砌石、混凝土砌石等。混凝土也可以分为常态混凝土、埋石混凝土、碾压混凝土等。因此，可以根据建筑材料的不同，对拱坝进行分类。

四、拱坝的发展简况

我国拱坝枢纽建设不但发展快，而且具有以下特点：

高坝大库。我国拱坝建设的高度越来越高，已逐步迈向世界领先水平。据统计，目前世界上高度前10名的拱坝中，我国占据了5席。

电站装机容量大。溪洛渡拱坝，采用地下厂房，左、右岸各布置9台700MW的机组，该电站总装机容量12600MW，列世界前十大水电站的第3位，同时也是目前世界上在建的最大地下厂房水电站。

建坝的地形地质条件复杂。随着设计、计算水平的不断提高和施工、地基处理技术的进步，适宜于修建拱坝的地形、地质条件范围在不断扩大。如修建200m以上高拱坝的坝址，其河谷宽高比已超过了3（二滩3.21，小湾3.072），由于坝高，水压荷载量级巨大（千万吨级），给拱坝建设带来了一系列技术难题。此外，在一些地质条件比较复杂的坝址上，也修建了较高的拱坝，如178m高的龙羊峡重力拱坝，就是修建在地质条件复杂、岩体被众多断层和裂隙所切割、较破碎的地基上。由于进行了大量、细致的地基处理工作，拱坝建成后运行情况正常。

坝址地震烈度高。我国西南、西北地区，水力资源十分丰富，同时又是强震高发区。在高地震烈度区修建大库容的高拱坝，是我国高拱坝建设又一突出的特点。枢纽布置格局多样化。

五、我国拱坝枢纽布置的特点

拱坝大多修建在高山峡谷，特别是我国的江河汛期洪水峰高量大，水电站装机容量也大，因此，拱坝枢纽布置的设计是拱坝设计的关键环节。我国的拱坝枢纽一般有拱坝、泄洪（冲沙）建筑物、泄水建筑物以及发电、通航、过木等专门水工建筑物，其中，拱坝、泄洪建筑物、发电建筑物更是拱坝枢纽的主要建筑物，需要在枢纽布置时重点考虑。

拱坝枢纽布置应根据坝址地形、地质、水文等自然条件和枢纽运行的要求，统筹安排，提出几个可能的布置方案，进行全面的技术经济比较，选择最优方案。我国拱坝枢纽布置格局具有多样化的特点，大体可分为以下三大类：

（一）岸边溢洪道或隧洞泄洪的枢纽布置

这是我国早期修建拱坝常采用的一种枢纽布置方式，主要是因为当时对采用坝身孔口泄洪仍存有顾虑。

（二）厂房和坝体泄洪建筑物重叠式的枢纽布置

这种布置方式适用于泄洪流量大而河床狭窄的坝址，而且也多为早期拱坝枢纽采用的布置方式，因为当时我国修建大型地下厂房的技术还不够成熟。电站厂房布置在坝后，与坝体泄洪建筑物沿河流方向依次布置，泄洪水流从厂房顶溢流（或挑流）到下游河床。

（三）坝身泄洪的枢纽布置

随着工程技术人员对拱坝坝身孔口泄洪消能关键技术的研究解决，采用拱坝坝身泄洪方式的工程日益增多，已发展成为目前拱坝枢纽泄洪布置的主流。不仅在重力拱坝上采用，在双曲拱坝上也采用，即使是双曲薄拱坝也普遍采用。有的高拱坝采用表孔、中孔或底孔联合泄洪布置；有的采用表孔、中孔和岸边泄洪隧洞（道）联合泄洪布置。而水电站厂房则根据地形、地质条件采用地下或地面布置。近年来，我国在狭窄河谷建造的高拱坝枢纽，大多采用地下电站厂房布置，这也是我国拱坝枢纽建设的一个新特点。

第二节 拱坝坝体布置步骤

拱坝的体形选择对于拱坝的应力和稳定起着决定性的作用。因此，拱坝的体形设计是拱坝结构设计的重点。拱坝的体形设计主要考虑坝址河谷的地形、地质条件，此外，在合理的坝体允许应力水平和坝肩抗滑稳定要求下，保证施工便利与经济性，在此基础上选择合理的拱坝体形。我国疆域辽阔，各地气候条件差异很大。北方地区四季温差大，拱坝承受的温度荷载较大，寒冷和严寒地区还需要考虑冻融破坏对拱坝坝体表面混凝土耐久性的影响等。

根据拱坝的设计经验，拱坝可以看作是水平拱圈和竖向悬臂梁两个结构体系的组合体，拱坝的体形一般也以拱冠梁和不同高程水平拱圈的线型参数来描述。从受力条件分析，一般U形河谷适宜布置单曲拱坝，但完全的U形河谷很少，所以，在施工等条件允许时，很多拱坝都采用了双曲拱坝的布置形式。当河谷两岸对称性较差时，还可以设计不对称拱坝以适应不对称的地形，如我国金沙江上设计的白鹤滩拱坝，坝高284m，由于河谷不对称，在坝顶高程处，设计出的左半拱下游面弦长337m，而相应右半拱下游面弦长仅为234m，两边不对称。

一、拱坝体形设计的要求

拱坝体形设计的目的是得到拱坝的平面布置和各水平及竖直断面，即确定拱坝的几何形状，并把坝布置在坝址处，从而定出坝体应力分析和坝肩稳定分析所需要的数据。拱坝体形设计应考虑河谷形状、地质条件、泄洪流量大小、坝体强度、坝肩岩体抗滑稳定以及施工条件等因素。拱坝体形的设计变量包括拱坝中心线方程、拱冠梁曲线、拱冠及拱端的厚度、曲率半径等，约束条件包括应力、倒悬度、中心角等。

拱坝体形设计需考虑的因素：

拱坝应具有一定的自适应能力。拱坝体形不仅要对地基的不均匀性和非对称性有一定的适应性，而且要对坝身开孔等可能带来的影响有一定的适应性，始终维持大坝有利的工作状态。

拱端作用应有利于坝肩的稳定。合理选择水平拱圈的中心角，采用较扁平的拱圈布置，尽量使拱推力指向山体内部，有利坝肩抗滑稳定。拱圈最大中心角宜在75°～110°。

合理设计悬臂梁断面，改善坝体应力状态。根据高拱坝的设计建设经验，上、下游坝面倒悬度控制在0.3以内，既不会对坝体施工造成困难，也可避免因为倒悬度过大导致下游坝面开裂。

确保高拱坝具有相适宜的抗震能力。对于高拱坝坝体抗震设计，通常采取"静载设计，动载复核"的设计思路。根据地震动响应分析，评价大坝地震动特性和抗震安全性，开展必要的抗震措施设计。

拱坝体形设计的流程：先初选拱坝的体形和尺寸，进行初步的坝体应力和坝肩稳定分析，估其成果，再做体形和尺寸的进一步修改，以改善应力分布和坝肩稳定条件。如此反复进行，直至得到最优的拱坝体形和尺寸，使其尽可能满足以下准则：应力分布均匀；最高压应力接近混凝土的容许压应力；最高拉应力不超过容许拉应力；坝肩岩体稳定满足要求；混凝土体积最小；施工较为方便。有时在拱坝设计中不可能完全满足这些准则，而是综合这些准则的要求得出折中的较优方案。

拱坝各个设计阶段对设计的精度要求是不同的。在规划阶段，可根据坝高和河谷地形、地质条件，选择与其条件相似的已建的拱坝作为依据，初选拱坝的体形和尺寸。

在可行性研究阶段，要选定坝址位置，较详细地设计拱坝体形、布置和尺寸，进行应力分析和坝肩稳定分析，做比较方案，择优选用。

初步设计阶段，要考虑各种基本荷载组合和特殊荷载组合，对拱坝进行全面的应力和稳定分析，最后确定拱坝体形、布置和尺寸。初步设计完成后的拱坝应满足规范的各项要求，既安全又经济。

在施工详图阶段，按照初步设计和施工开挖过程出现的新情况，设计施工图纸。以上是对一般拱坝设计而言的，对重要的高拱坝，在可行性研究阶段就要做比较详细的拱坝设计和分析计算。在初步设计阶段要做详细的设计和分析，并进行模型试验论证。对于特殊问题，还要有专题报告。初步设计完成后尚需进行技术设计，对拱坝做更详细的设计和分析，并解决复杂的工程问题。

二、拱坝体形设计的步骤

拱坝的体形设计过程需要根据地形、地质等实际情况不断调整，还需要进行比较复杂的坝体应力和坝肩稳定计算。虽然利用计算机软件实现拱坝的体形优化取得了很大进展，但是实际拱坝设计中有很多难以全面量化、难以准确确定的因素，拱坝的体形设计还需要设计人员不断地调整和修改，逐步优化。

合理的拱坝体形设计方案应该是在满足枢纽布置、建筑物运用和坝肩岩体稳定的要求下，通过调整其外形尺寸，使坝体材料强度得到充分发挥，不出现不利的拉应力，且坝的工程量最省，这是拱坝设计总的要求。拱坝型式比较复杂，断面型式随地形、地质情况而变化，因此，拱坝的布置无一成不变的程序，应结合地形地质条件，反复修订，作多方案比较，最后定出布置图。一般步骤如下：

根据坝址地形、地质资料定出开挖深度，绘出建基面的利用基岩面等高线图。

综合考虑地形、地质、水文、施工及运用条件等，选择适宜的拱坝坝型。

初拟拱冠梁断面形状和尺寸。

根据安全、经济、施工、运用等要求在地形图上初拟拱坝的平面位置，要求拱弧近似对称于中心线。首先初选中心角和半径。中心角一般选在90°～100°左右（地质条件不好的，可小至75°；对于下游收缩的地形，可选110°～120°或更大），为了保证拱座的稳定，应使拱端内弧面的切线与可利用基岩等高线的夹角不小于30°。初步选定中心角后，一般先定坝顶拱圈，再绘制坝底拱圈（如底部嵌入基岩较深或地形突变，则取倒数第二层），最后初拟圆心轨迹线，并从上往下绘制各层拱圈。

在初拟的拱坝布置图上截取若干垂直剖面，检查悬臂梁（特别是靠近上部拱端的梁）外部轮廓是否光滑连续，倒悬是否过大，总体上是否遵循连续的原则。连续应表现在悬臂梁轮廓、中心轨迹线、中心角和半径的变化、基岩轮廓线等方面。当实际地形变化不连续时，可采取适当的结构措施，如布置推力墩、重力墩、垫座以及开挖处理等以调整地形。

根据上述所拟各拱圈尺寸，进行坝体工程量计算、应力分析和稳定校核。根据所得成果再按需要修改各部分尺寸，重复上述工作，直至获得符合技术经济要求的坝体轮廓布置和尺寸为止。

下面以水平拱为单中心、变厚度的拱坝为例，详细介绍拱坝体形设计的步骤。若选择其他形状的拱圈，如三心拱、抛物线拱或椭圆拱等，则只是水平拱圈的形状不同，其工作步骤相同。

（一）确定拱坝建基面

拱坝建基面确定后，坝高H也随之确定，H是从坝顶到岩基最低点的铅直距离。拱坝主要是以压力拱的形式，将荷载传到两岸山体。由于拱坝依靠两岸山体的抗力来维持坝体稳定，要求拱坝必须修建在与之相适应的地基条件上，即坝基必须具有足够的承载能力和稳定安全可靠性。

通常坝基嵌入深度越大，基岩完整性越好，承载力越高，对大坝安全性越有利，但随着坝基嵌深的增加，拱跨加大，库水压力增大，坝体强度和坝肩抗滑稳定的负担加重，此外，嵌深过大还涉及高地应力引起的开挖回弹变形、高边坡稳定等复杂岩体工程问题。因此，现代拱坝设计需要合理选择拱坝，可利用岩体及拱坝的合理嵌深。近年来的工程实践表明：在保证工程安全的前提下，建基面浅嵌可显著减少坝基开挖和大坝混凝土工程量，缩短工期，节省投资。

1.基本要求

建基面应选择在天然状态下地质条件相对较好、岩性相对均匀的较完整的坚硬岩体上，以满足地基强度和刚度的要求、拱座抗滑稳定的要求以及抗渗性和耐久性的要求。

建基面形状要求平顺规则，左右岸形状基本对称，岸坡角变化平缓，避免突变。由于对建基面形状规则性的要求，需要对坝基地质缺陷的处理进行细致的分析和研究。

建基面要求岩性相对均匀，避免岩体软硬突变。局部明显的地质缺陷，如较大的软弱带、断层等需采取混凝土置换处理，确保拱坝建基面具有良好的受力工作属性。

2.规范规定

《混凝土拱坝设计规范》（SL 282-2018）规定：建基岩体以微风化新鲜岩体为主。据此设计原则，中国建设了一批100～150m级高的拱坝。拱坝地基除应满足整体性、抗滑稳定性、抗渗和耐久性等要求外，还应根据坝体传来的荷载、坝基内的应力分布情况、基岩的地质条件和物理力学性质、坝基处理的效果、工期和费用等综合研究确定，根据坝址具体情况，结合坝高，选择新鲜、微风化或弱风化中、下部的基岩作为建基面。坝基的开挖深度，应根据岩体的类别和质量分级、基岩的物理力学性质、拱坝对基础的承载要求、基础处理的效果、上下游边坡的稳定性、工期和费用等，经技术经济比较研究确定。高坝应开挖至Ⅱ类岩体，局部可开挖至Ⅲ类岩体。中、低坝的要求可适当放宽。

以上原则适用于坝高200m以下的拱坝建基面的选取，对于200m以上的超高坝、特高坝，建基面的确定应进行专门深入的研究。中国二滩、拉西瓦、构皮滩、溪洛渡、小湾等高拱坝建基面选择的经验表明，在研究采用适当地基处理措施的基础上，合理利用弱风化岩体作为超高拱坝地基，可大大减少坝基开挖和大坝混凝土工程量，具有显著的经济效益。

3.思路与步骤

（1）通过坝址勘探及岩体物理力学试验，确定坝址各级岩体的分布，查清主要地质缺陷，正确评价坝基岩体质量，进行坝基岩体工程地质分类，研究确定各类岩体物理力学特征与参数建议。

（2）研究地质缺陷的处理方法，借鉴类似工程经验，评价岩体固结灌浆，提高岩体整体性和抗变形能力的幅度，如变形模量值的改变等。正确评价其物理力学特性与参数的改善程度，并确定工程设计的相关取值。

（3）根据建基面确定的基本要求，拟定数个可能的建基面方案，参照规范方法分析拱坝应力、坝肩抗滑稳定，开展各设计参数的敏感性分析及拱坝对基础条件的适应性分析，初步评价建基面方案的合理可行性。

（4）根据局部明显地形、地质缺陷对拱坝受力状态及安全性影响的不同，研究采用针对性处理措施，确保大坝地基稳定安全，最大限度地减少大范围开挖。

（5）开展拱坝整体稳定分析与安全评价，开展基础处理措施效果分析，深入评价高拱坝建基面优化设计的合理可行性。

（6）在完成上述各项研究及相关方案的安全分析评价基础上，综合技术经济比较，最终确定合理建基面。

（二）选定坝轴线

拱坝坝轴线通常为坝顶拱圈的外弧（上游面）线。不同高程拱圈的中心角是不同的，对称拱坝各高程。拱坝坝轴线的位置、形状和中心角的选择在很大程度上决定了两岸拱座的位置、拱座合力方向和全坝各高程水平拱的曲率，所以应根据坝址地形和地质条件合理确定。

一般来说，拱圈中心角越大，曲率越大，拱圈半径越小，在上游水压力作用下拱圈内的轴向力越小，可减小断面，但拱圈会加长。当拱圈中心角加大时，拱座处轴向力方向与岸坡边线的夹角会变小，若考虑拱座处的剪力，拱座所受合力方向与岸坡边线的夹角会更小，对坝肩岩体稳定不利。根据设计经验，拱坝顶部拱圈最大中心角宜根据不同的水平拱型式，以采用80°～110°为宜，拱座轴向力方向与岸坡边线的夹角为35°～50°。一般要求拱端内弧的切线与岸坡建基面的夹角不得小于30°。拱中心角越小、拱厚越小，则拱座合力的角度越小，拱座所受合力越指向山体内。这种倾向对于其他形状的拱圈也是相似的。

（三）确定拱坝基准面和拱冠悬臂梁断面

拱坝坝轴线选定以后，要定出基准面和拱冠悬臂梁断面。拱冠梁通常位于河床最低处。河床如有深槽要用混凝土填塞。单心拱坝的基准面是通过拱冠梁和圆心的竖直平面。最好使基准面通过坝轴线的中心，但是大部分河谷的最低点是不对称的，所以基准面大多不通过坝轴线的中心。对二心和三心拱坝的基准面也是如此，抛物线和椭圆形拱坝的基准面是通过该种拱形曲线对称轴的竖直平面。

拱冠梁断面的形状，在很大程度上决定了拱坝的垂直曲率和自重应力分布。拱冠梁断面选取要求自重拉应力不宜超过0.5MPa，坝面倒悬度不宜超过0.3，且该形状拱坝在施工期、运行期各种可能的状况下都能满足应力条件和施工要求。

拱冠梁剖面通常先拟定上游面曲线，其形式有：圆弧或由几段不同圆心和半径的圆弧所组成的曲线；二次曲线、三次曲线以及其他类型的曲线（适用于双曲拱坝）；铅直或接近铅直的一段直线或几段折线组成（适用于单曲拱坝）；倾向上游的斜线（适用于斜拱坝）等。

（四）拟定拱坝各高程水平拱圈断面

一般取5～10个水平拱圈，沿坝高均匀分布，拟定其拱圈断面以便把整个拱坝的形状和尺寸确定下来。通常相邻水平拱的间距不大于30m，不小于6m。每个水平拱要找出最适宜的拱座位置和推力方向。然后按已选定的拱形通过已拟定的拱冠梁位置绘出水平拱的内外弧曲线和中心角。对于单心拱坝，每个高程水平拱的外弧线和内弧线圆心应位于拱坝的基准面上。这些圆心的位置需视该高程两岸利用基岩面间的直线距离、需要的拱矢高和拱端的厚度而定。为了保证拱坝上、下游面在水平向和竖直向上都是光滑的，各高程拱弧半径的中心必须都在基准面内，把各高程拱弧中心沿竖向连接起来应是平顺的连续曲线，称为中心轨迹线。各高程水平拱的中心角应是渐变的，在基准面内中心角值沿高程的变化曲线应是平顺的。沿拱坝周边与岩基的接触面，即拱坝底缘轮廓线，也应该是平顺而连续的。

（五）体形修改

根据应力和稳定分析计算成果，对初步选择的拱坝体形进行评价。如需要改善体形，分析计算的成果可作为确定如何修改的依据。在分析成果时，要研究自重应力和施工时期的坝段稳定性，荷载分配，拱和梁的应力及主应力，径向、切向和角变位，坝肩岩体稳定，岩基变位等问题。如计算成果表明某些指标不符合要求，则要修正拱坝体形，以达到安全、经济的目标。以下是几个在设计中改进拱坝体形的例子，供参考。

（1）当悬臂梁下部向上游倒悬太大，在施工期不稳定时，应修正悬臂梁的形状。

（2）当水平拱圈下游面出现拉应力时，一个可能的改进方法是在保持上游面不动的前提下减小拱厚，但在拱座处仍需维持内弧与拱座的接触角度不变；另一个可能的改进方法是加大拱的曲率。

（3）拱坝各点之间的荷载分布和变位图形应该是光滑变化的。当图形不规则时，往往需要将荷载从垂直梁转移给水平拱，可通过变化梁和拱的相对刚度，来实现这个转移。

在拱坝设计中应遵循两个基本原则：①要使体形简单，保证坝面光滑，没有任何方向的突变；②要认识到拱坝是一个连续整体结构，形状上的任何修正，都必须考虑对整个坝体工作性态的影响。

三、拱坝拱端的布置原则

拱坝拱圈两端与基岩的连接也是拱坝布置的一个重要方面。拱坝拱端通常要求稳定、可靠地嵌固在坚实的基岩中，以保证坝肩能够可靠地支撑拱坝。拱端与基岩的接触面原则上应做成全径向的，以使拱端推力接近垂直于拱座面。在坝体下部，当按全径向开挖将使上游面可利用岩体开挖过多时，允许自坝顶往下由全径向拱座渐变为1/2径向拱座。此时，靠上游边的1/2拱座面与基准面的交角应大于10°。当用全半径向拱座将使下游面基岩开挖太多时，也可改用中心角大于半径向中心角的非径向拱座，此时，拱座面与基准面的夹角，根据经验应不大于80°。

四、拱坝坝体倒悬的处理

在双曲拱坝中，往往会出现上层坝面突出于下层坝面，形成坝面倒悬。倒悬易增加施工难度，同时，还容易造成在施工期，因为坝体自重在倒悬相对的另一坝面产生较大的拉应力引起坝体开裂。因此，在拱坝体形设计中需要对坝体倒悬进行控制，一般要求倒悬度不超过1：3。如实在无法避免在上游底部倒悬过大，则可考虑在局部倒悬过大的部位，采取工程措施，如设置支墩，以防止施工期在下游坝面产生裂缝。

第三节　拱坝坝体的应力分析

　　进行坝体应力分析，是为了检查其是否经济安全。由于拱坝是一个变厚度、变曲率、边界条件十分复杂的空间壳体结构，影响坝体应力的因素很多，因此，难以用严格的理论计算求解拱坝坝体应力。在工程设计中，常需作一些必要的假定和简化，使计算成果能满足工程精度需要。拱坝应力分析的常用方法有圆筒法、纯拱法、拱梁分载法、壳体理论计算法、有限单元法和结构模型试验法等。

　　圆筒法：圆筒法是最简单的方法，它把拱坝当作一个放在水中的铅直圆筒来考虑，计算公式就是普通的薄壁圆筒公式。该法仅适用于等截面的圆形拱圈，只能求出拱圈上的切向应力（即截面正应力），不能用来计算温度应力、地震应力和地基影响。一般用于小型拱坝计算。

　　纯拱法：纯拱法假定坝体由若干层独立的水平拱圈叠合而成。各拱圈独立工作，互不影响，将其简化为结构力学的弹性拱的计算问题。纯拱法算出的拱应力由于忽略了拱圈间的相互作用，全部荷载由拱承担，结果一般偏大。对于狭窄河谷中的拱坝，纯拱法仍是一个简单有用的方法。

　　拱梁分载法：拱梁分载法是拱坝应力分析的基本方法，该法将拱坝看作由一系列的水平拱圈和铅直梁所组成，荷载由拱和梁共同承担。两者分担荷载的比例根据在拱梁交点（共轭点）处变位一致的条件来确定。一般将拱坝分为n个拱、（2n–1）个梁，常见的如7拱13梁和5拱9梁等。梁是静定结构，应力很容易计算，拱的应力可按弹性拱的纯拱法计算。这是一种比较能切实反映拱坝结构效应的计算方法，该法把复杂的壳体结构简化为结构力学的杆件来计算，概念清晰，易于掌握，被国内外广泛采用。确定荷载分配有两种方法：

试荷载法。将总荷载试分配给拱和梁两个系统承担，分别计算拱和梁的变位。第一次分配的荷载不会恰好使拱和梁的共轭点的变位一致，必须再调整荷载分配，继续试算，直到变位一致为止。由于早期的拱梁分载法都采用试荷载法确定荷载分配，故国外文献称拱梁分载法为试载法。由试载法所得的结果，与模型试验和原型观测成果比较，证明其计算精度是可以满足设计要求的。

求解联立方程组。由于计算机的应用，可以通过求解结点变位一致的代数方程组来直接求解拱和梁的荷载分配，从而避免烦琐的试算。

拱梁分载法的简化方法就是拱冠梁法，适用于大体对称、比较狭窄的河谷上的拱坝和高坝的初步设计、中低坝的技术设计等。

壳体理论计算法：当拱坝的厚度与其他尺寸比较起来很小时，可视为弹性薄壳问题来处理。早在20世纪30年代，托尔克就提出了按薄壳理论计算拱坝的近似方法，但由于坝体形状和几何尺寸的变化，以及峡谷断面形状不规则等很难用分析方法来表示，壳体理论微分方程组的具体解算在数学上存在很大的困难，仅对一些简化的特例有初步的解答。近年来由于计算机的发展，壳体理论计算法也取得了新的进展，网络法就是应用有限差分解算壳体方程的一种方法，它适用于薄拱坝。中国广东省泉水双曲拱坝用网络法进行了应力计算，效果较好。

有限单元法：有限单元法是拱坝应力分析的主要方法。有限单元法能模拟拱坝逐级加载的施工过程，也能考虑多种坝体材料和复杂的边界条件。在应用有限单元法计算拱坝应力时，可以将拱坝看成是空间壳体结构，或作为三维实体结构来分析。

结构模型试验法：拱坝的应力分析方法都有不同程度的近似性，在对拱坝进行计算的同时，常应辅以结构模型试验。在有的国家，如葡萄牙，拱坝设计主要依靠模型试验研究的成果。目前，在模型试验方面最重要的问题是新的模型材料研制、自重作用模拟、渗流作用模拟、温度应力的试验技术以及坝体破坏条件的研究等。现代模型试验技术的发展已不仅仅限于研究坝的弹性阶段工作状态，也可进一步研究坝的非弹性影响及破坏条件。

一、纯拱法

纯拱法可以直接用于拱坝的设计，同时也是拱梁分载法的基础。纯拱法将拱坝视为由一系列各自独立、互不影响的水平拱圈组成，它们各自承担作用在拱圈上的全部荷载，并将每层拱圈均简化为结构力学的弹性固端拱进行计算。

二、拱梁分载法

拱梁分载法的理论基础源于工程力学上的两个基本原理：内外力替代原理；唯一解原理。就拱梁分载法的基本原理而言，应该说是一个准确的计算方法。之所以计算出的结果是近似的，是由于拱、梁数目的有限性，以及在计算中采用了一些简化假定，主要包括：假定库岸和库底在库水压力作用下不产生变形，或忽略变形对坝体应力与变位产生的影响；拱坝与基岩的接触面在平面上与拱弧线正交，即其连接面在半径方向上；在计算变位时，假定拱的法向截面在变形后仍保持为平面。假定混凝土和岩基都是均匀、各向同性的弹性体。坝体轴向应力沿坝厚方向为直线分布。坝基变形采用伏格特地基假定。

三、拱坝应力控制指标

拱坝的应力控制指标涉及筑坝材料强度的极限值和有关安全系数的取值。其中，材料强度的极限值需由试验确定；安全系数则是坝体材料强度的极限值与容许应力的比值，其取值与拱坝的重要性、荷载性质等有关，是控制坝体尺寸，保证工程安全和经济性的一项重要指标。

拱坝的应力控制指标与应力计算方法有关，不同的方法其应力控制指标也不同。拱坝应力分析以拱梁分载法作为基本方法，对高拱坝或情况比较复杂的拱坝，除拱梁分载法外，还应进行有限单元法分析。相应于坝体主压应力和主拉应力的控制指标，是容许压应力和容许拉应力。

（一）基于拱梁分载法坝体强度安全系数

1.容许压应力

混凝土的容许压应力等于混凝土的极限抗压强度除以安全系数。

对于基本荷载组合，1、2级拱坝安全系数采用4.0，3级拱坝安全系数采用3.5；对于非地震情况的特殊荷载组合，1、2级拱坝安全系数采用3.5，3级拱坝安全系数采用3.0。关于容许压应力，有时要注意坝高的因素。对于中低拱坝，由于拱坝的总水压力不大，坝体尺寸主要受施工条件或拱的受压弹性稳定问题控制，即使容许压应力定得较高，坝体也不会很薄，故容许压应力宜为2～4MPa。对于高拱坝，坝体总水压力很大，如果容许压应力不予提高，则坝体将很厚大，技术经济指标不好。就中国特高拱坝而言，容许压应力宜为8.0～10.0MPa。其他高度的拱坝，容许压应力建议在上述两组数字中间采用。当然，在具体确定这个数据时，尚应充分考虑混凝土所用材料的质量和实际施工条件的可靠性。

2.容许拉应力

由于混凝土的抗压强度较高，拱坝的断面设计常受拉应力控制，拉应力较大的部位常在拱冠梁的上游面坝基处。实际上这个部位的拉应力稍有超过并不危险，即使梁底开裂，应力也会自行调整，裂缝发展到一定程度将会停止，而水平拱承载的潜力仍很大。因此现在一般认为可适当提高梁底上游面的容许拉应力值。中国多数拱坝设计容许拉应力值控制在0.5～1.5MPa。规定：对于基本组合，容许拉应力为1.2MPa；对于特殊组合，容许拉应力为1.5MPa。当考虑地震荷载时，容许拉应力可适当提高，但不得超过30%。随着拱坝建设的发展和人们对客观事物认识的深化，有提高容许应力、减小安全系数的趋向。

（二）线弹性有限单元法坝体强度安全系数

以往的计算结果表明，在离坝基交界面较远处，有限单元法和拱梁分载法的结果相当接近，而在交界面附近，两者的结果相差较大，主要原因是有限单元结果在坝基面附近有应力集中，具有明显的局部效应。为了消除有限单元结果的局部应力集中现象，中国学者提出了弹性有限元的等效应力法，基本思想是：拱梁分载法的应力是通过截面内力计算的，其特征是正应力沿坝厚线性分布，因此不会产生应力集中；如果将有限单元法算得的应力先合成为与其静力等效的截面内力，然后用该等效截面内力计算等效应力，则由于其沿坝厚线性分布，从而消除了应力集中。

第四节　拱坝坝肩岩体抗滑稳定分析

拱坝所承受的荷载，大部分通过拱的作用传到两岸坝肩，因此在拱坝设计的各个阶段，都应该重视两岸拱座（坝肩）的稳定性。分析以往一些拱坝失事的原因，不难发现，绝大部分是坝肩岩体失稳或变形过大。

在进行抗滑稳定分析时，首先必须查明坝轴线附近基岩的节理、裂隙等各种软弱结构面的产状，研究失稳时最可能的滑动面和滑动方向，选取适宜的滑动面上的抗剪强度指标，再进行抗滑计算，找出最危险的滑裂面组合和相应的最小安全系数。一般情况下，平行河流方向或向河床倾斜的节理、裂隙可能导致滑动，而在下游逐渐斜入山内的节理、裂隙则对稳定影响不大。

如果节理、裂隙走向大致平行于河流，倾角大致平行或较缓于山坡，则对稳定最不利，特别是当节理、裂隙中含有软弱填充物时，更需要注意。

一、坝肩岩体的滑动条件

坝肩岩体受力后，可能出现单块滑移，也可能出现两块或多块滑移。在单块或多块滑移中，各滑块的界面情况可能相同，也可能不同。有的处于拉张状态，可能是拉开面；有的处于错移状态，可能是滑移面。块体的滑动可以沿一个面发生滑移，也可以沿相邻两个面的交线方向发生滑移，各块间的滑向可以统一，也可以各异。根据拱坝坝肩抗力体岩体失稳滑移条件，坝肩岩体的滑移需有滑块上游边界、滑块下游边界、滑块侧面边界、滑块底面边界等滑动条件。

（一）滑块上游边界

根据计算分析和工程经验，大坝上游面地基内，存在拉应力区，容易形成近似铅直向拉裂缝，因此滑动体的上游边界，一般假定从拱座的上游面开始。当拱座上游部分存在拉应力时，还须核算在拱座面上拉应力末端处开始滑动的情况。若坝肩附近有顺河流方向的断层破碎带，则有可能在断层破碎带与拱座间的岩体发生破裂，并沿着断层破碎带向下游方向滑动。

（二）滑块下游边界

滑动岩体的下游应具有临空面，使滑动岩体脱离坝肩，向下游方向发生破裂、滑动。

（三）滑块侧面边界

滑块的侧滑面通常由单一的断层破碎带、优势陡倾裂隙、岩脉等形成，也可能由一系列陡倾裂隙组成的错台形成，每一错台的小陡面均为成组陡倾不连续面的一部分。

（四）滑块底面边界

滑动岩体的底部，一般总是沿着缓倾角的节理裂隙或软弱层面滑动。若坝底存在缓倾角的软弱层面或断层破碎带，下游又有出露面，则沿此缓倾角面滑动。当坝肩岩体中发育有成组的缓倾角裂隙时，滑块底部的滑移面可能由一系列错台的缓面形成，每一错台的小缓面均为成组缓倾角不连续面的一部分。

二、坝肩稳定分析方法

评价拱座的稳定性主要有两种方法：模型试验法和理论计算分析法。

　　模型试验法包括线弹性结构应力模型试验和地质力学模型试验两大类，理论计算分析法按对岩体材料性质假定的不同也分为两大类：

　　（1）将坝和地基作为弹性体或弹塑性体的有限单元法或其他数值计算方法；

　　（2）将岩体作为刚体考虑的刚体极限平衡法。

　　中国的拱坝设计规范规定，拱座稳定分析以刚体极限平衡法为主，对于大型工程或复杂地质情况，须辅以有限单元法等数值分析方法计算和地质力学模型试验论证。下面主要介绍目前世界各国较普遍采用的有一定规范可循的刚体极限平衡法。

三、刚体极限平衡法

（一）坝肩岩体滑动条件的假定

　　刚体极限平衡法假定岩石是刚性的，忽略其变形，只考虑滑动体的滑动稳定，不考虑转动稳定。因为岩体中有裂隙、节理、软弱夹层和断层等结构面，岩体变形主要是由这些结构面产生的，剪切破坏和滑动失稳也主要沿这些结构面发生，所以假定岩石本身为刚性有其合理性。

　　稳定计算一般是先取单位高度拱圈分层校核（即局部抗滑稳定计算），如各层拱圈的稳定性均无问题，则整个坝体必然是安全的。如个别拱圈的稳定性不满足要求，则必须进一步分析整体稳定性（即整体抗滑稳定计算）。只要整体稳定，局部不满足稳定要求也不会引起拱坝破坏。

（二）局部抗滑稳定计算

　　一般采用任意高程的单位高度拱圈进行坝肩基岩稳定计算。偏于安全考虑，在计算中不考虑坝体和岩体铅直重量的抗滑作用。

（三）整体抗滑稳定计算

　　坝肩岩体被一些结构面所切割，连同临空面组成一个容易失稳的滑体。在拱坝推力和其他荷载（地震惯性力、渗透压力、重力等）的作用下，向下游某一方向滑移，这种失稳称为整体滑动。对于复杂的滑动面情况，首先应找出棱线方向，再把所有作用力投影到棱线上来，计算其抗滑力和滑动力，并求出抗滑稳定安全系数。

四、改进抗滑稳定的措施

当拱座的抗滑稳定不能满足要求时，应采取一定的改善措施。

加强地基处理，对不利的节理进行冲洗和固结灌浆，以提高其抗变形能力及抗剪强度；对可能滑动的软弱结构面进行混凝土置换；设置传力洞（墩）将推力转移至深部的坚固岩体上等。

加强坝肩岩体的帷幕灌浆和排水措施，减小抗力岩体内的渗透压力。

将拱端向岸壁深挖嵌进，以扩大下游的抗滑岩体。

在布置拱圈时，尽量使拱端推力接近垂直节理走向，以增强摩擦力和减少滑动力；或改进拱圈形式，使拱端推力尽可能趋向正交岸坡。

如基岩承压较差，可局部扩大拱端或采用推力墩。

第五节　拱坝的坝身泄水

拱坝枢纽泄水建筑物按其所在部位的不同，有坝身式、岸边式和坝身加岸边结合式三大类。由于坝身式可节约投资，运行管理方便，且坝身孔口泄流的开孔对坝身应力的影响问题借助有限元分析已不难解决，故明确提出："除有明显合适的岸边泄洪通道外，宜首先考虑坝身泄洪的可行性。"根据调查，拱坝的泄水建筑物采用坝身式的最多。鉴于我国河流特点，对于水头高、泄量大、河谷窄的拱坝工程，单一的坝身泄洪，常因受到经济或技术方面的限制而无法满足要求，此时可采用坝身与岸边结合式来共同担负拱坝泄洪任务。

二滩工程是比较典型的坝身与岸边组合泄洪方式，坝身采用表孔和深孔，岸边采用两条泄洪洞。表孔、深孔、泄洪洞的泄量大致各占1/3。每一种泄洪设施都能满足下泄常遇洪水的需要，运行比较灵活。

一、拱坝坝身泄流方式

常用的拱坝坝身泄流方式有：坝顶自由溢流、滑雪道式泄流、坝面泄流、坝身孔口泄流及坝后厂顶溢流（厂前挑流）等。

（一）坝顶自由溢流

坝顶溢流包括坝顶自由跌落和经短悬臂挑坎往下游挑射两种。当泄水量不太大时，常采用坝顶自由跌落的泄水方式。溢流段常设在拱坝中间的河床部分，这种形式结构简单、工程量小、施工方便。一般不设闸门，单宽流量可达20m³/（s·m）。由于自由落下的水流距坝脚很近，为了使冲刷不致影响到坝身，应有坚硬的基岩、较深的水垫和可靠的护坦甚至护岸工程。

为了不使从坝顶溢流水股的跌落距坝脚太近，可以把拱坝溢流段下游做成短悬臂挑流坎往下游挑射方式，这样既可以使水股挑射远离坝脚，又可减轻溢流时坝体振动，较有利于坝的安全，适用于单宽流量和落差较大的情况。堰顶至挑坎落差一般为6～8m，堰上水头为2～4m或更大，鼻坎反弧半径为3.5～6.0m，挑射角为0°～20°，挑距多大于30m。

我国的东风、流溪河、雅溪、古城等许多拱坝均采用了短悬臂挑坎的泄洪方式，运行情况良好，坝体振动很小。

（二）滑雪道式泄流

滑雪道式泄流是拱坝特有的一种泄流方式，其溢流面由溢流坝顶和与之相连接的泄槽组成，泄槽为坝体轮廓以外的结构部分。当拱坝较薄、泄流量较大时，可在拱坝岸坡段或中央河床段设滑雪道式溢洪道，其坝体下游部分可做成实体，也可做成溢流面板式，滑雪道末端设挑流坎。挑流坎一般都比堰顶低很多，落差较大，为使滑雪道式溢洪道泄流时水流平顺，避免坝面产生真空和引起坝身振动，并使挑射出的水流远离坝脚，不致影响坝的安全，滑雪道溢流面的曲线形状、反弧半径和鼻坎尺寸等都需经过试验研究确定。

岸坡滑雪道如两岸对称布置，可使挑射出的两股水流对冲碰撞消能。广东泉水拱坝，高80m，采用左右岸对称布置的岸坡滑雪道式溢洪道，左、右溢洪道各有两孔，每孔尺寸为宽9.0m、高6.5m，鼻坎挑流，泄量约为1500m³/s，落水点距坝脚约110m。

在坝下滑雪道式面板下，可布置水电站厂房，我国贵州修文拱坝，即采用了这种形式。当采用厚拱坝或中厚拱坝，而厂房在坝后，泄流量较大，河谷又较狭窄时，为解决泄洪与厂房布置的矛盾，常采用这种布置形式。通常所说的厂房溢流或挑越厂房的方式，由于其厂房顶常为滑雪道溢流形式，故归入滑雪道式一并讲述。这类布置的厂房顶脉动压力和厂房振动是一个备受关注的问题。原型观测证明，脉动压力最大振幅不超过10%流速水头，由于该压力的随机性，故泄洪时厂房的振动对拱坝设计没有显著影响。

（三）坝面泄流

坝面泄流是指当采用重力拱坝等厚拱坝时，水流沿下游坝面下泄，并以挑流或底流方式与下游尾水衔接的过流方式。与坝顶自由溢流相比，其落差大、流速高、挑距远，对坝体安全更为有利。湖南凤滩空腹重力拱坝，即采用这种形式。其特点是厂房布置在空腹内，采用高、低鼻坎挑流，水流空中撞击消能，有效地解决了水流径向集中问题，消能效果良好。

（四）坝身孔口泄流

这里所说的坝身泄水孔主要指中孔（进水口水头小于60m）和深孔。拱坝坝体内设泄洪孔口，特别是开设大孔口泄洪，是近年来拱坝的发展趋势。其特点是具有一定的工作水头、流速高、射程远。泄洪孔口通常有两种形式：

1.泄洪大孔口

孔口一般设置在河床中部坝段，以便于消能和防冲。孔口工作水头一般为20～30m，孔口尺寸可达10m×10m。矩形孔口有利于施工，其断面高宽比宜采用0.8～1.6。若采用圆形或椭圆形孔口，则对坝体应力有利。工作闸门常采用弧形闸门或平面闸门，设在出口，这样便于布置闸门的提升设备。我国湖南欧阳海拱坝，即采用了深水泄洪大孔口布置，坝高58m，设有设计水头18.5m、断面尺寸11.5m×7.0m的孔口5个，总泄流能力达6090m³/s。

拱坝设置大孔口后，对坝体有一定的削弱，破坏了"拱"和"梁"的连续性，应充分注意对坝体应力的影响及孔口附近的应力集中。孔口位置、尺寸应结合坝体应力分布情况进行布置，视需要可在孔口周围布置钢筋，可利用闸墩、边墩及挑坎作为加强孔口结构刚度的措施，改善孔口周边的应力状态。

2.高压放水深孔

一般设在坝底部，孔口尺寸较小，在下游出口处设高压闸门或阀门，进口有拦污栅及检修门，孔口多为圆形，有时还用钢板衬砌。

二、拱坝泄流的消能防冲

拱坝一般建在狭窄的河谷上，因此拱坝泄流不仅要注意防止河床冲刷过深，而且要特别注意防止冲刷两岸，以保证坝体及岸坡的稳定。拱坝坝身泄洪的消能大多数采用挑流或跌流，少数采用底流消能。挑流或跌流消能又有两种基本形式：一种是水流射入河床形成冲刷坑消能；另一种是对消能区进行全面的开挖和混凝土衬护，设二道坝组成水垫塘消能。

（一）水垫塘消能

这是最简单且有效的消能方法。如下游水较浅，水垫不够厚，可在坝下游设置二道坝。二道坝不宜距主坝太近，否则流态不好，消能效果差，且冲刷坑有可能对二道坝的稳定不利。二道坝也不宜过高，否则会带来二道坝自身的消能问题。二道坝的位置、高度及形式一般应通过模型试验确定，如欧阳海拱坝在坝下游180m处修建了一座高16m的二道坝。

（二）鼻坎挑射消能

无论是坝顶溢流式、滑雪道式还是坝身泄水孔式，大都采用了不同形式的鼻坎以挑射扩散水流或改变水流方向，在空中消减部分能量后再跌入下游河床，以减少冲刷。泄流过坝后向心集中是拱坝坝身泄洪的主要特点，对坝下游消能极为不利。为减轻或避免这一不利因素的影响，在实际工程中，已采用了许多增加水流横向扩散、纵向拉开或调整水流抛射方向的有效措施，如坝身泄水孔采用非径向布置；出口段采用扩散、收缩（宽尾墩、窄缝坎等）、差动斜切或扭曲等结构措施。当多种坝身泄水孔联合运行时，宜采用同高程孔口泄流左右对冲消能，或不同高程孔口泄流上下对冲消能，或高孔跌流配合低孔的底流消能等组合的消能形式。

（三）底流消能

对重力拱坝，有的也可采用底流消能。

（四）护坦保护防冲

自由跌落式水股距坝脚较近，挑射式泄流在堰顶低水头情况下运行或在开始泄流时的小流量情况下，下泄的水股射程也较近，都将直接冲刷坝脚。采用护坦保护坝脚使基岩不受冲刷，有时是很必要的。护坦的长度、范围、形状也应通过水工模型试验来确定。

三、泄洪雾化问题

拱坝通常建于高窄峡谷中，挑流和跌流消能已成为高拱坝经常采用的消能形式。但这两种消能形式都存在较为严重的雾化问题，对工程安全运行造成的危害性已被越来越多的工程实践所证实。泄水工程的雾化问题正日益受到重视。

水电站的泄洪雾化影响范围如果超过河槽水垫而进入岸边和建筑物布置区，则对水电站的安全运行及周围环境产生不同程度的影响。水流雾化可使泄洪区附近的交通设施、电器设备、两岸岸坡的稳定受到影响。近年来我国某些水电站就曾因雾化问题，发生过输电高压开关和厂房电器设备绝缘能力降低而短路的事故。随着西部开发，一批大型拱坝工程的兴建，泄洪消能也带来一些新的环境问题。我国西北地区雨量较少，河谷狭窄，两岸陡峭，泄洪时水流雾化造成的降水甚至达到暴雨的强度，使得岸坡山体的含水量突然增加，饱和后的岩体抗剪强度极大地降低了两岸山体的抗滑稳定，危及大坝或水电站厂房的安全。龙羊峡水电站就曾因雾化使得岸边滑坡体加快了位移，不得不采取挖除和加固等工程措施。白山水电站也因泄洪挑流激溅携带块石，严重影响户外临时开关站的安全运行。还有一些水电站在泄洪期间，因泄洪雾化所形成的暴雨造成岸坡不稳定，岩石塌滑，阻断进厂交通。

研究和原型观测表明，雾化区的大小、形状、强度与泄量、水头、消能方式、水垫深度（以上各项决定雾化源及大小）、下游河谷地形、气象条件（风向、风速、气压）等因素有关。例如，消能方式与泄洪雾化之间就存在因果关系。从消能角度看，挑射水体空中分散，掺气越充分，其消能效果越好，但空中消能效率越高，下游雾化的现象越严重。规定对拱坝挑流、跌流消能，特别是高拱坝空中对冲消能的泄流雾化问题，应进行专门研究，确定雾化的范围和强度分布。

预防雾化危害可采取以下几个方面的工程措施：为防止雾化危害，在枢纽布置和消能设计中应注意将厂房、开关站等重要建筑物和设施布置在与水舌、水舌落点或碰撞点有一定距离的地方，尤其不要布置在水舌的下风方向。在满足消能和防冲要求的前提下，消能工的选型和设计应注意尽量减小雾化，必要时应改变消能方式等。在运行中要加强原型观测，摸索当地泄洪雾化规律，以便挑选出雾化程度最轻的运行方式作为经常采用的运行方式。加强下游岸坡的防护，如有不稳定体，应在设计和施工中采取相应的防护措施（防水、排水、内部和表面锚固、预应力锚固、开挖等）。

第六节 坝内布置和构造

一、拱坝的材料及坝体构造

（一）材料

修建拱坝的材料主要是混凝土。我国以前修建的中、小型拱坝，考虑可就地取材及当时劳动力价格低廉，多采用浆砌石。现在由于劳动力价格提高，中、小型拱坝大多采用混凝土建造。拱坝结构应力较重力坝高，因而对材料的要求比重力坝高。在混凝土材料各项指标中，强度是主要指标，强度指标能满足时，抗渗、抗冻等指标也能满足，不需要分区浇筑抗渗混凝土。

坝体混凝土材料分区设计应以强度为主要控制指标。当高拱坝拱冠与拱端坝体应力相差较大时，可设不同强度等级区。当坝体厚度小于20m时，混凝土强度等级不宜分区。同一层混凝土强度等级分区最小宽度不宜小于2m。拱坝内孔洞、泄流消能部位可局部提高混凝土强度等级，并提出抗冲耐磨、抗渗等要求。此外，应校验各部位混凝土的极限拉伸值，保证混凝土的抗裂性能。上游面应校验抗渗性能。寒冷地区，对上、下游水位变化区及所有暴露面应校验抗冻性能。

（二）混凝土拱坝的构造

1.坝顶

坝顶布置包括：坝顶高程、坝顶宽度、防浪墙高度与厚度的确定；解决好坝顶交通、闸门启闭设备、观测设备、照明设备、排水及动力电缆沟等布置以及相互关系，满足施工、运行及防洪等要求。

坝顶上游侧一般设置防浪墙，防浪墙宜采用与坝体连成整体的钢筋混凝

269

土结构，墙身应有足够的厚度。墙身高度一般为1.2m，在坝体横缝处应留伸缩缝，并设止水结构。坝顶下游侧应设置栏杆。

坝顶结构尺寸应满足运行、交通、观测、照明等要求。非溢流段坝顶宽度不宜小于3m。溢流坝段或厂房坝段，应结合泄水和引水建筑物进水口布置，满足泄流、引水、设备布置、运行操作、交通和监测、检修等要求。在坝顶实体宽度不足时，可在上、下游侧伸出悬臂结构，加宽坝顶，以满足各方面的要求。

2.分缝、分块及接缝灌浆

拱坝是整体结构，但由于散热和施工的需要，常分层分块浇筑，即沿拱坝轴线以径向横缝把坝体分成若干柱状块体，各柱体混凝土由下而上分层轮换浇筑。对于厚拱坝，除横缝外，还应有纵缝。当坝体混凝土冷却到稳定温度或低于稳定温度2～3℃以后，应进行封拱灌浆，将拱坝连成整体。

拱坝横缝间距一般为15～25m，当坝体厚度大于40m时，可考虑设置纵缝，相邻坝块间的纵缝应错开。水平施工缝间距（浇筑层厚）为1.5～3.0m，也有厚达6.0m的。在施工时相邻坝块高差一般不超过20m。横缝的形式有窄缝与宽缝两种。拱坝的横缝与重力坝的横缝不同，拱坝的横缝是临时性的，其构造与重力坝的纵缝相同。窄缝是相邻坝块紧靠着浇筑，混凝土收缩后成缝（一般大于0.5mm），然后对缝进行水泥浆灌浆。封拱灌浆是一项重要工作，只有在灌浆以后，拱坝才能挡水运行。灌浆一般在蓄水前的冬季进行，每道灌浆缝沿高度每隔9～15m分成一个灌浆区，每一灌浆区的面积一般为200～400m²，灌浆区的四周设止浆片，常用的止浆片有镀锌铁片、铝片、带肋塑料带等。横缝上游面和下游面的止水片可兼作止浆片。在灌浆时，自灌区底部的进浆管开始，用较高压力（一般灌浆区顶部压力控制在0.1～0.3MPa）输进水泥浆，经由灌浆支管到出浆盒，再进入缝中，充填缝隙后进入回浆管。从进浆管到回浆管组成一个连通的回路，使水泥浆在管中不断流动，避免在管中凝结。在灌浆过程中，缝中的空气将通过顶部的排气槽由排气管排出。当在规定的灌浆压力和浆液稠度下，吸浆率小于某个标准即可终止灌浆。

宽缝型的横缝一般缝宽为0.7～1.2m，缝面设键槽，上游设混凝土塞，待坝体冷却收缩后，用混凝土填缝。这种缝适合于无灌浆条件的中、小型工程，缝中所填混凝土最好是膨胀混凝土。其缺点是，需要模板较多，回填的混凝土冷却后还可能产生裂缝，对于高坝需在填缝后再进行灌浆。

3.坝内廊道及交通

为了满足基础灌浆、排水、安全监测、检查维修、运行操作和坝内交通的要求，坝内应设置廊道。廊道的布置应全坝兼顾，做到一廊道多用。对于中、低高度的薄拱坝，也可不设廊道。

基础灌浆廊道应与平洞或横向廊道相连，通向下游坝外。廊道坡度较陡时，廊道内应设置平台及扶手。若两岸坡度大于45°时，基础灌浆廊道可与灌浆平洞结合，分层布置。基础灌浆廊道底板混凝土厚度，不宜小于3m。其断面尺寸应根据灌浆机具尺寸和工作空间要求确定，宽度一般为2.5～3.0m，高度一般为3.0～3.5m。交通及监测廊道最小宽度一般为1.2m，最小高度一般为2.2m。

廊道与坝内其他孔洞间的净距不宜过小，应通过应力分析确定。纵向廊道的上游壁离上游坝面的距离一般为0.05～0.1倍坝面作用水头，且不小于3m。廊道断面形状多为矩形或平底拱顶。廊道两侧（或一侧）应设排水沟，排水沟尺寸一般为25cm×25cm，底坡3%左右。廊道内应有足够的照明设施和良好的通风条件，各种电气设备与线路应绝缘良好，并易于检修，必要时可设置应急照明。廊道通向坝外的进、出口，应设门保安防寒。在泄洪和施工度汛时，应有防止廊道进水的措施。

对于较高的坝，需要布置多层廊道，两层之间的高差一般为20～40m，坝内各层廊道均应相互连通，可采用电梯、坝后桥、两岸坡道等方式。1级、2级拱坝一般在坝后（或坝内）设置电梯。校核尾水位以上部位的下游坝面，宜分层设置坝后桥。坝后桥应与坝体整体连接，其伸缩缝的位置应与拱坝横缝布置相适应。坝后桥每层间隔应与坝身孔洞和廊道布置相协调。校核尾水位以下的下游坝面，可设置临时栈桥。闸门井及闸墩等部位视需要可设置爬梯。

4.坝体止水与排水

横缝上游面、校核尾水位以下的横缝下游面、溢流面以及陡坡段坝体与边坡接触面等部位，均应设止水片。

止水片应根据其重要性、作用水头、检修条件等因素确定止水材料和布置形式。承受高水头（100m以上）的横缝上游面止水，一般设两道退火紫铜片或不锈钢片；承受中等水头（50~100m）的横缝上游面止水、溢流面止水、陡坡段坝体与边坡接触面止水，一般设一道退火紫铜片或不锈钢片；承受较低水头（50m以下）的横缝上游面止水、校核尾水位以下的横缝下游面止水，一般采用一道塑料止水带或橡胶止水带。

二、拱坝的坝基处理

拱坝的坝基处理措施与重力坝基本相同，但要求更高，并有特殊要求。

（一）坝基开挖

拱坝对坝基的要求较重力坝高，高坝坝基应尽量开挖至新鲜或微风化的基岩，中低坝也应尽量开挖至微风化或弱风化的中、下部基岩。开挖后周边地基的轮廓要平顺，并尽可能使左右岸对称。开挖面应比较平整，一般要求起伏度不超过0.3m，最下面0.3~0.5m的岩石应用风镐开挖，不使用爆破方式，以免损伤岩基。

为了保证坝肩的稳定，拱端内弧面的切线与可利用基岩面等高线交角应不小于30°，并使拱端传来的推力尽量垂直于基岩接触面，因此，两岸拱座宜开挖成径向面。对于较厚的拱坝，或当岩石等高线与坝体对称中线大致平行时，如沿半径方向开挖，则开挖量可能太大，此时可将基岩开挖成折线形，但应避免开挖成阶梯状，以免在岩石尖角处因应力集中而使坝体产生裂缝。当基岩强度较低时，可将基岩开宽，使拱端局部加厚，以加大基岩的受力面积。如岸坡坝头下游岩体单薄，可将基岩开挖成深槽，将拱端嵌入岩体槽内。

（二）固结灌浆和接触灌浆

为了提高岩基的强度和完整性，应对岩基进行固结灌浆。一般情况下，应对坝基进行全面灌浆。对于比较完整坚硬的基岩，可在坝基上、下游区设置一至数排固结灌浆孔，对节理裂隙发育的基岩，需向坝基外上、下游适当扩大固结灌浆孔范围。固结灌浆孔的孔深，应根据坝高及地质条件确定，通常为5~8m，必要时可适当加深，帷幕上游区根据帷幕深度确定，宜采用8~15m，孔距通常为3~4m，视基岩裂隙情况而定。固结灌浆压力，在保证不掀动岩石的情况下，宜采用较大值，主要根据地质情况并结合工程类比拟定，必要时进行灌浆试验论证。

（三）防渗帷幕

帷幕线的位置（包括向两岸延伸的帷幕）应布置在压应力区，且靠近上游面。岩溶地区的帷幕线宜布置在岩溶发育微弱地带。

第九章 水利工程施工进度控制管理

第一节 施工总进度计划的编制

施工总进度计划是项目工期控制的指挥棒，是项目实施的依据和向导。编制施工总进度计划必须遵循相关的原则，并准备翔实可靠的原始资料，按照一定的方法编制。

一、施工总进度计划的编制原则

编制施工总进度计划应遵循以下原则：

（1）认真贯彻执行党的方针政策、国家法令法规、上级主管部门对本工程建设的指示和要求。

（2）加强与施工组织设计及其他各专业的密切联系，统筹考虑，以关键性工程的施工分期和施工程序为主导，协调安排其他各单项工程的施工进度。同时，进行必要的多方案比较，从中选择最优方案。

（3）在充分掌握及认真分析基本资料的基础上，尽可能采用先进的施工技术和设备，最大限度地组织均衡施工，力争全年施工，加快施工进度。同时，应做到实事求是，并留有余地，保证工程质量和施工安全。当施工情况发生变化时，要及时调整施工总进度。

（4）充分重视和合理安排准备工程的施工进度。在主体工程开工前，相应各项准备工作应基本完成，为主体工程的开工和顺利进行创造条件。

（5）对高坝、大库容的工程，应研究分期建设或分期蓄水的可能性，尽可能减少第一批机组投产前的工程投资。

二、施工总进度计划的编制方法

（一）基本资料的收集和分析

在编制施工总进度计划之前和编制过程中，要不断收集和完善编制施工总进度所需的基本资料。这些基本资料主要包括以下内容：

（1）上级主管部门对工程建设的指示和要求，有关工程的合同协议。如设计任务书，工程开工、竣工、投产的顺序和日期，对施工承建方式和施工单位的意见，工程施工机械化程度、技术供应等方面的指示，国民经济各部门对施工期间防洪、灌溉、航运、供水、过木等方面的要求。

（2）设计文件和有关的法规、技术规范、标准。

（3）工程勘测和技术经济调查资料。如地形、水文、气象资料，工程地质与水文地质资料，当地建筑材料资料，工程所在地区和库区的工矿企业、矿产资源、水库淹没和移民安置等资料。

（4）工程规划设计和概预算方面的资料。如工程规划设计的文件和图纸、主管部门的投资分配和定额资料等。

（5）施工组织设计其他部分对施工进度的限制和要求。如施工场地情况、交通运输能力、资金到位情况、原材料及工程设备供应情况、劳动力供应情况、技术供应条件、施工导流与分期、施工方法与施工强度限制以及供水、供电、供风和通信情况等。

（6）施工单位施工技术与管理方面的资料、已建类似工程的经验及施工组织设计资料等。

（7）征地及移民搬迁安置情况。

（8）其他有关资料，如环境保护、文物保护和野生动物保护等。

收集了以上资料后，应着手对各部分资料进行分析和比较，找出控制进度的关键因素。尤其是施工导流与分期的划分，截流时段的确定，围堰挡水标准的拟定，大坝的施工程序及施工强度，加快施工进度的可能性，坝基开挖顺序及施工方法、基础处理方法和处理时间，各主要工程所采用的施工技术与施工方法、技术供应情况及各部分施工的衔接，现场布置与劳动力、设备、材料的供应与使用等。只有充分掌握这些基本情况，理顺它们之间的关系，才能做出既符合客观实际又满足主管部门要求的施工总进度安排。

（二）施工总进度计划的编制步骤

1.划分并列出工程项目

总进度计划的项目划分不宜过细。列项时，应根据施工部署中分期、分批开工的顺序和相互关联的密切程度依次进行，防止漏项，突出每一个系统的主要工程项目，分别列入工程名称栏内。对于一些次要的零星项目，可合并到其他项目中去。例如河床中的水利水电工程，若按扩大单项工程列项，则可以有准备工作、导流工程、拦河坝工程、溢洪道工程、引水工程、电站厂房、升压变电站、水库清理工程、结束工作等。

2.计算工程量

工程量的计算一般应根据设计图纸、工程量计算规则及有关定额手册或资料进行。其数值的准确性直接关系到项目持续时间的误差，进而影响进度计划的准确性。当然，设计深度不同，工程量的计算（估算）精度也不同。在有设计图的情况下，还要考虑工程性质、工程分期、施工顺序等因素，按土方、石方、混凝土、水上、水下、开挖、回填等不同情况，分别计算工程量。某些情况下，为了分期、分层或分段组织施工的需要，还应分别计算不同高程（如对大坝）、不同桩号（如对渠道）的工程量，作出累计曲线，以便分期、分段组织施工。计算工程量常采用列表的方式进行。工程量的计量单位要与使用的定额单位相吻合。

在没有设计图或设计图不全、不详的情况下，可参照类似工程或通过概算指标估算工程量。常用的定额资料如下：

（1）万元、10万元投资工程量、劳动量及材料消耗扩大指标。

（2）概算指标和扩大结构定额。

（3）标准设计和已建成的类似建筑物、构筑物的资料。

计算出的工程量应填入工程量汇总表。

3.计算各项目的施工持续时间

确定进度计划中各项工作的作业时间是计算项目计划工期的基础。在工作项目的实物工程量一定的情况下，工作持续时间与安排在工程上的设备水平、人员技术水平、人员与设备数量、效率等有关。

4.分析确定项目之间的逻辑关系

项目之间的逻辑关系取决于工程项目的性质和轻重缓急、施工组织、施工技术等许多因素，概括说来分为以下两大类。

工艺关系，即由施工工艺决定的施工顺序关系。在作业内容、施工技术方案确定的情况下，这种工作逻辑关系是确定的，不得随意更改。如一般土建工程项目，应按照先地下后地上、先基础后结构、先土建后安装再调试、先主体后围护（或装饰）的原则安排施工顺序。现浇柱子的工艺顺序为：扎柱筋→支柱模→浇筑混凝土→养护和拆模。土坝坝面作业的工艺顺序为：铺土→平土→晾晒或洒水→压实→刨毛。它们在施工工艺上，都有必须遵循的逻辑顺序，违反这种顺序将付出额外的代价，甚至造成巨大损失。

组织关系，即由施工组织安排决定的施工顺序关系。如工艺上没有明确规定先后顺序关系的工作，由于考虑到其他因素（如工期、质量、安全、资源限制、场地限制等）的影响而人为安排的施工顺序关系，均属此类。比如，由导流方案所形成的导流程序，决定了各控制环节所控制的工程项目，从而决定了这些项目的衔接顺序。再如，采用全段围堰隧洞导流的导流方案时，通常要求在截流以前完成隧洞施工、围堰进占、库区清理、截流备料等工作，由此形成了相应的衔接关系。又如，由于劳动力的调配、施工机械的转移、建筑材料的供应和分配、机电设备进场等原因，一些项目安排在先，另一些项目安排在后，均属组织关系所决定的顺序关系。由组织关系所决定的衔接顺序，一般是可以改变的。只要改变相应的组织安排，有关项目的衔接顺序就会发生相应的变化。

项目之间的逻辑关系，是科学地安排施工进度的基础，应逐项研究，认真确定。

5.初拟施工总进度计划

通过对项目之间进行逻辑关系分析，掌握工程进度的特点，理清工程进度的脉络，初步拟订出一个施工进度方案。在初拟进度时，一定要抓住关键，分清主次，理清关系，互相配合，合理安排。要特别注意把与洪水有关、受季节性限制较严、施工技术比较复杂的控制性工程的施工进度安排好。

对于堤坝式水利水电枢纽工程，其关键项目一般位于河床，故施工总进度的安排应以导流程序为主要线索。先将施工导流、围堰截流、基坑排水、坝基开挖、基础处理、施工度汛、坝体拦洪、下闸蓄水、机组安装和引水发电等关键性工程控制进度安排好，其中应包括相应的准备、结束工作和配套辅助工程的进度。这样构成总的轮廓进度即进度计划的骨架。再配合安排不受水文条件控制的其他工程项目，以形成整个枢纽工程的施工总进度计划草案。

需要注意的是，在初拟控制性进度计划时，对于围堰截流、拦洪度汛、蓄水发电等关键项目，一定要进行充分论证，并落实相关措施。如果延误了截流时机，影响了发电计划，对工期的影响和造成国民经济的损失往往是非常巨大的。

对于引水式水利水电工程，有时引水建筑物的施工期限成为控制总进度的关键，此时总进度计划应以引水建筑物为主来进行安排，其他项目的施工进度要与之相适应。

6.调整和优化

初拟进度计划形成以后，要配合施工组织设计其他部分的分析，对一些控制环节、关键项目的施工强度、资源需用量、投资过程等重大问题进行分析计算。若发现主要工程的施工强度过大或施工强度不均衡（此时也必然引起资源使用的不均衡）时，应进行调整和优化，使新的计划更加完善，更加切实可行。

必须强调的是，施工进度的调整和优化往往要反复进行，工作量大而枯燥。现阶段已普遍采用优化程序进行电算。

7.编制正式施工总进度计划

经过调整优化后的施工进度计划，可以作为设计成果在整理以后提交审核。施工进度计划的成果可以用横道进度表（又称横道图或甘特图）的形式表示，也可以用网络图（包括时标网络图）的形式表示。此外，还应提交有关主要工种工程施工强度、主要资源需用强度和投资费用动态过程等方面的成果。

三、落实、平衡、调整、修正计划

完成草拟工程进度后,要对各项进度安排逐项落实。根据工程的施工条件、施工方法、机具设备、劳动力和材料供应以及技术质量要求等有关因素，分析论证所拟进度是否切合实际，各项进度之间是否协调。研究主体工程的工程量是否大体均衡，进行综合平衡工作，对原拟进度草案进行调整、修正。

以上简要地介绍了施工总进度计划的编制步骤。在实际工作中不能机械地划分这些步骤，而应该将其联系起来，大体上依照上述程序来编制施工总进度计划。当初步设计阶段的施工总进度计划获批后，在技术设计阶段还要结合单项工程进度计划的编制，来修正总进度计划。在工程施工中，再根据施工条件的演变情况予以调整，用来指导工程施工，控制工程工期。

第二节　网络进度计划

为适应生产的发展和满足科学研究工作的需要，20世纪50年代中期出现了工程计划管理的新方法——网络计划技术。该技术采用网络图的形式表达各项工作的相互制约和相互依赖关系，故此得名。用它来编制进度计划，具有十分明显的优越性：各项工作之间的逻辑关系严密，主要矛盾突出，有利于计划的调整与优化，促使电子计算机得到应用。

网络图是由箭线（用一端带有箭头的实线或虚线表示）和节点（用圆圈表示）组成，用来表示一项工程或任务进行顺序的有向、有序的网状图形。在网络图上加注工作的时间参数，就形成了网络进度计划（一般简称网络计划）。

网络计划的形式主要有双代号与单代号两种，此外，还有时标网络与流水网络等。

一、双代号网络图

用一条箭线表示一项工作（或工序），在箭线首尾用节点编号表示该工作的开始和结束。其中，箭尾节点表示该工作开始，箭头节点表示该工作结束。根据施工顺序和相互关系，将一项计划的所有工作用上述符号从左至右绘制而成的网状图形，称为双代号网络图。用这种网络图表示的计划叫作双代号网络计划。

双代号网络图是由箭线、节点和线路三个要素所组成的，现将其含义和特性分述如下：

箭线：在双代号网络图中，一条箭线表示一项工作。需要注意的是，根据计划编制的粗细不同，工作所代表的内容、范围是不一样的，但任何工作（虚工作除外）都需要占用一定的时间，消耗一定的资源（如劳动力、材料、机械设备等）。因此，凡是占用一定时间的施工活动，例如基础开挖、混凝土浇筑、混凝土养护等，都可以看成一项工作。

除表示工作的实箭线外，还有一种虚箭线。它表示一项虚工作，没有工作名称，不占用时间，也不消耗资源，其主要作用是在网络图中解决工作之间的连接或断开关系问题。另外，箭线的长短并不表示工作持续时间的长短。箭线的方向表示施工过程的进行方向，绘图时应保持自左向右的总方向。

节点：网络图中表示工作开始、结束或连接关系的圆圈称为节点。节点仅为前后诸工作的交接之点，只是一个"瞬间"，既不消耗时间，也不消耗资源。

网络图的第一个节点称为起点节点，表示一项计划（或工程）的开始；

最后一个节点称为终点节点，表示一项计划（或工程）的结束；其他节点称为中间节点。任何一个中间节点都既是其前面各项工作的结束节点，又是其后面各项工作的开始节点。因此，中间节点可反映施工的形象进度。

节点编号的顺序是，从起点节点开始，依次向终点节点进行。编号的原则是，每一条箭线的箭头节点编号必须大于箭尾节点编号，并且所有节点的编号不能重复出现。

线路：在网络图中，顺箭线方向从起点节点到终点节点所经过的一系列由箭线和节点组成的可通路径称为线路。一个网络图可能只有一条线路，也可能有多条线路，各条线路上所有工作持续时间的总和称为该条线路的计算工期。其中，工期最长的线路称为关键线路（即主要矛盾线），其余线路则称为非关键线路。位于关键线路上的工作称为关键工作，位于非关键线路上的工作则称为非关键工作。关键工作完成的快慢直接影响整个计划的总工期。关键工作在网络图上通常用粗箭线、双箭线或红色箭线表示。当然，在一个网络图上，有可能出现多条关键线路，它们的计算工期是相等的。

在网络图中，关键工作的比重不宜过大，这样才有助于工地指挥者集中力量抓主要矛盾。

关键线路与非关键线路、关键工作与非关键工作，在一定条件下是可以相互转化的。例如，当采取了一定的技术组织措施，缩短了关键线路上有关工作的作业时间，或使其他非关键线路上有关工作的作业时间延长时，就可能出现这种情况。

（一）绘制双代号网络图的基本规则

1.网络图必须正确地反映各工序的逻辑关系

在绘制网络图之前，要确定施工的顺序，明确各工作之间的衔接关系，根据施工的先后次序逐步把代表各工作的箭线连接起来，绘制成网络图。

2.一个网络图只允许有一个起点节点和一个终点节点

即除网络的起点和终点外，不得再出现没有外向箭线的节点，也不得再出现没有内向箭线的节点。如果一个网络图中出现多个起点或多个终点，则此时可将没有内向箭线的节点全部并为一个节点，把没有外向箭线的节点也全部并为一个节点。

3.网络图中不允许出现循环线路

在网络图中从某一节点出发，沿某条线路前进，最后又回到此节点，出现循环现象，就是循环线路。

4.网络图中不允许出现代号相同的箭线

网络图中每一条箭线都各有一个开始节点和结束节点的代号，号码不能重复。一项工作只能有唯一的代号。

另外，网络图中严禁出现没有箭尾节点的箭线和没有箭头节点的箭线，网络图中严禁出现双向箭头或无箭头的线段。因为网络图是一种单向图，施工活动是沿着箭头指引的方向去逐项完成的。因此，一条箭线只能有一个箭头，且不可能出现无箭头的线段。绘制网络图时，尽量避免箭线交叉。当交叉不可避免时，可采用过桥法或断线法表示。如果要表明某工作完成一定程度后，后道工序要插入，可采用分段画法，不得从箭线中引出另一条箭线。

（二）双代号网络图绘制步骤

（1）根据已知的紧前工作，确定出紧后工作，并自左至右先画紧前工作，后画紧后工作。

（2）若没有相同的紧后工作或只有相同的紧后工作，则肯定没有虚箭线；若既有相同的紧后工作，又有不同的紧后工作，则肯定有虚箭线。

（3）到相同的紧后工作用虚箭线，到不同的紧后工作则无虚箭线。

（三）双代号网络图时间参数计算

网络图时间参数计算的目的是确定各节点的最早可能开始时间和最迟必须开始时间，各工作的最早可能开始时间和最早可能完成时间、最迟必须开始时间和最迟必须完成时间，以及各工作的总时差和自由时差，以便确定整个计划的完成日期、关键工作和关键线路，从而为网络计划的执行、调整和优化提供科学的数据。时间参数的计算可采用不同的方法。当工作数目较少时，直接在网络图上进行时间参数的计算则十分方便。由于双代号网络图的节点时间参数与工作时间的参数紧密相关，所以在图上进行计算时，通常只需标出节点（或工作）的时间参数。

1.节点的最早时间

所谓节点的最早时间，就是该节点前面的工作全部完成，后面的工作最早可能开始的时间。计算节点的最早开始时间应从网络图的起点节点开始，顺着箭线方向依次逐项计算，直到终点节点为止。

2.节点的最迟时间

所谓节点的最迟时间，是指在保证工期的条件下，该节点紧前的所有工作最迟必须结束的时间。若不结束，就会影响紧后工作的最迟必须开始时间，从而影响工期。计算节点的最迟时间要从网络图的终点节点开始逆看箭头方向依次计算。当工期有规定时，终点节点的最迟时间就等于规定工期；当工期没有规定时，最迟时间就等于终点节点的最早时间；其他中间节点和起点节点的最迟时间就是该节点紧后各工作的最迟必须开始时间中的最小值。

3.总时差

工作的总时差是指在不影响工期的前提下，各项工作所具有的机动时间。而一项工作从最早开始时间或最迟开始时间开始，均不会影响工期。因此，一项工作可以利用的时间范围是从最早开始时间到最迟完成时间，从中扣除本工作的持续时间后，剩下就是工作可以利用的机动时间，称为总时差。

4.自由时差

工作的自由时差是总时差的一部分，是指在不影响其紧后工作最早开始时间的前提下，该工作所具有的机动时间。这时工作的可利用时间范围被限制在本工作最早开始时间与其紧后工作的最早开始时间之间，从中扣除本工作的作业持续时间后，剩下的部分即为该工作的自由时差。

工作的总时差与自由时差具有一定的联系。动用某工作的自由时差不会影响其紧后工作的最早开始时间，说明自由时差是该工作独立使用的机动时间，该工作是否使用，与后续工作无关。而工作总时差是属于某条线路上所共有的机动时间，动用某工作的总时差若超过了该工作的自由时差，则导致后续工作拥有的总时差相应减少，并会引起该工作所在线路上所有后续非关键工作以及与该线路有关的其他非关键工作时差的重新分配。由此可见，总时差不仅为本工作所有，也为经过该工作的线路所共有。

二、单代号网络图

（一）单代号网络图的表示方法

单代号网络图也是由许多节点和箭线组成的，但是节点和箭线的意义与双代号有所不同。单代号网络图的一个节点代表一项工作（节点代号、工作名称、作业时间都标注在节点圆圈或方框内），而箭线仅表示各项工作之间的逻辑关系。因此，箭线既不占用时间，也不消耗资源。用这种表示方法，把一项计划的所有施工过程按其先后顺序和逻辑关系从左至右绘制成的网状图形，叫作单代号网络图。用这种网络图表示的计划叫单代号网络计划。

与双代号网络图相比，单代号网络图具有这些优点：工作之间的逻辑关系更为明确，容易表达，而且没有虚工作；网络图绘制简单，便于检查、修改。因此，我国单代号网络图得到越来越广泛的应用，而国外单代号网络图早已取代双代号网络图。

（二）单代号网络图的绘制规则

同双代号网络图一样，绘制单代号网络图也必须遵循一定的规则，基本规则具体如下：

①网络图必须按照已定的逻辑关系绘制。②不允许出现循环线路。③工作代号不允许重复，一个代号只能代表唯一的工作。④当有多项开始工作或多项结束工作时，应在网络图两端分别增加一个虚拟的起点节点和终点节点。⑤严禁出现双向箭头或无箭头的线段。⑥严禁出现没有箭尾节点或箭头节点的箭线。

第十章　水利工程质量控制管理

第一节　质量控制体系

一、质量控制责任体系

在工程项目建设中，参与工程建设的各方，应根据国家颁布的《建设工程质量管理条例》以及合同、协议与有关文件的规定承担相应的质量责任。

（一）建设单位的质量责任

建设单位要根据工程特点和技术要求，按有关规定选择相应资质等级的勘察、设计单位和施工单位，在合同中必须有质量条款，明确质量责任，并真实、准确、齐全地提供与建设工程有关的原始资料。凡建设工程项目的勘察、设计、施工、监理以及与工程建设有关重要设备材料的采购，均实行招标，依法确定程序和方法，择优选定中标者。不得将应由一个承包单位完成的建设工程项目肢解成若干部分发包给几个承包单位；不得迫使承包方以低于成本的价格竞标；不得任意压缩合理工期；不得明示或暗示设计单位或施工单位违反建设强制性标准，降低建设工程质量。建设单位对其自行选择的设计、施工单位发生的质量问题承担相应责任。

建设单位应根据工程特点，配备相应的质量管理人员。对国家规定强制实行监理的工程项目，必须委托有相应资质等级的工程监理单位进行监理。

建设单位应与监理单位签订监理合同，明确双方的责任和义务。

建设单位在工程开工前，负责办理有关施工图设计文件审查、工程施工许可证和工程质量监督手续，组织设计和施工单位认真检查，涉及建筑主体和承重结构变动的装修工程，建设单位应在施工前委托原设计单位或者相应资质等级的设计单位提出设计方案，经原审查机构审批后方可施工。工程项目竣工后，应及时组织设计、施工、工程监理等有关单位进行施工验收，未经验收备案或验收备案不合格的，不得交付使用。

建设单位按合同约定负责采购供应的建筑材料、建筑构配件和设备，应符合设计文件和合同要求，对发生的质量问题，应承担相应的责任。

（二）勘察、设计单位的质量责任

勘察、设计单位必须在资质等级许可的范围内承揽相应的勘察、设计任务，不允许承揽超越其资质等级许可范围以外的任务，不得将承揽工程转包或违法分包，也不得以任何形式用其他单位的名义承揽业务或允许其他单位或个人以本单位的名义承揽业务。

勘察、设计单位必须按照国家现行的有关规定、工程建设强制性技术标准和合同要求进行勘察、设计工作，并对所编制的勘察设计文件的质量负责。勘察单位提供的地质、测量、水文等勘察成果文件必须准确。设计单位提供的设计文件应当符合国家规定的设计深度要求，注明工程合理使用年限。设计文件中选用的材料、构配件和设备，应当注明规格、型号、性能等技术指标，不得指定生产厂、供应商。设计单位应就审查合格的施工图文件向施工单位作出详细说明，解决施工中对设计提出的问题，负责设计变更。参与工程质量事故分析，并对设计造成的质量事故，提出相应的处理方案。

（三）施工单位的质量责任

施工单位必须在其资质等级许可的范围内承揽相应的施工任务，不允许承揽超越其资质等级业务范围以外的任务，不得将承接的工程转包或违法分包，也不得以任何形式用其他施工单位的名义承揽工程或允许其他单位、个人以本单位的名义承揽工程。

施工单位对所承包的工程项目的质量负责。应当建立健全质量管理体系，落实质量责任制，确定工程项目的项目经理。技术、施工、设备采购的一项或多项实行总承包的，总承包单位应对其承包的建设工程或采购的设备的质量负责；实行总分包的工程，分包应按照分包合同约定其分包工程的质量向总承包单位负责，总承包单位与分包单位对分包工程的质量承担连带责任。

施工单位必须按照工程设计图纸和施工技术规范标准组织施工。未经设计单位同意，不得擅自修改工程设计。在施工中，必须按照工程设计要求、施工技术规范标准和合同约定，对建筑材料、构配件、设备和商品混凝土进行检验，不得偷工减料，不得使用不符合设计和强制性技术标准要求的产品，不得使用未经检验和试验或检验与试验不合格的产品。

（四）工程监理单位的质量责任

工程监理单位应按其资质等级许可的范围承揽工程监理业务，不允许超越本单位资质等级许可的范围或以其他工程监理单位的名义承揽工程监理业务，不得转让工程监理业务，不允许其他单位或个人以本单位的名义承揽工程监理业务。

工程监理单位应依照法律、法规以及有关技术标准、设计文件和建设工程承包合同，与建设单位签订监理合同，代表建设单位对工程质量实施监理，并对工程质量承担监理责任。监理责任主要有违法责任和违约责任两个方面。如工程监理单位故意弄虚作假，降低工程质量标准，造成质量事故，要承担法律责任。若工程监理单位与承包单位串通，谋取非法利益，给建设单位造成损失的，应当与承包单位承担连带赔偿责任。如果监理单位在责任期内，不按照监理合同约定履行监理职责，给建设单位或其他单位造成损失的，属违约责任，应当向建设单位赔偿。

（五）建筑材料、构配件及设备生产或供应单位的质量责任

建筑材料、构配件及设备生产或供应单位对其生产或供应的产品质量负责。生产商或供应商必须具备相应的生产条件、技术装备和质量管理体系，所生产或供应的建筑材料、构配件及设备的质量应符合国家和行业现行的技术规定的合格标准与设计要求，并与说明书和包装上的质量标准相符，且应有相应的产品检验合格证，设备有详细的使用说明等。

二、建筑工程质量政府监督管理的职能

（一）建立和完善工程质量管理法规

工程质量管理法规包括行政性法规和工程技术规范标准，前者如《中华人民共和国建筑法》《建设工程质量管理条例》等，后者如工程设计规范、建筑工程施工质量验收统一标准、工程施工质量验收规范等。

（二）建立和落实工程质量责任制

工程质量责任制包括工程质量行政领导的责任、项目法定代表人的责任、参建单位法定代表人的责任和质量终身负责制等。

（三）建设活动主体资格的管理

国家对从事建设活动的单位实行严格的从业许可制度，对从事建设活动的专业技术人员实行严格的执业资格制度。建设行政部门及有关专业部门活动各自分工，负责对各类资质标准的审查、从业单位的资质等级的最后认定、专业技术人员资格等级和从业范围等实施动态管理。

（四）工程承发包管理

工程承发包管理包括规定工程招标承发包的范围、类型、条件，对招标承发包活动的依法监督和工程合同管理。

（五）控制工程建设程序

工程建设程序包括工程报建、施工图设计文件的审查、工程施工许可、工程材料和设备准用、工程质量监督、施工验收备案等管理。

第二节　全面质量管理

一、概念

全面质量管理是以组织全员参与为基础的质量管理形式。全面质量管理代表了质量管理发展的最新阶段，起源于美国，后来在其他一些工业发达国家开始推行，并且在实践运用中各有所长。特别是日本，在20世纪60年代以后推行全面质量管理并取得了丰硕的成果，引起世界各国的瞩目。80年代后期以来，全面质量管理得到了进一步的扩展和深化，其含义远远超出了一般意义上的质量管理的领域，而成为一种综合的、全面的经营管理方式和理念。我国从推行全面质量管理以来，在理论和实践上都有一定的发展，并取得了成效，这为在我国贯彻实施ISO 9000族国际标准奠定了基础，反之，ISO 9000族国际标准的贯彻和实施又为全面质量管理的深入发展创造了条件。我们应该在推行全面质量管理和贯彻实施ISO 9000族国际标准的实践中，进一步探索、总结和提高，为形成有中国特色的全面质量管理而努力。

全面质量管理在早期称为TQC，以后随着进一步发展而演化成为TQM。费根鲍姆首先提出了全面质量管理的概念：全面质量管理是为了能够在最经济的水平上，并考虑到充分满足用户要求的条件下进行市场研究、设计、生产和服务，把企业内各部门研制质量、维持质量和提高质量的活动构成为一体的一种有效体系。费根鲍姆的这个定义强调了以下三个方面。首先，这里的"全面"一词是相对于统计质量控制中的"统计"而言。也就是说要生产出满足顾客要求的产品，提供顾客满意的服务，单靠统计方法控制生产过程是很不够的，必须综合运用各种管理方法和手段，充分发挥组织中的每一个成员的作用，从而更全面地去解决质量问题。其次，"全面"还相对于制造过程而言。产品质量有个产生、形成和实现的过程，这一过程包括市场研究、研制、设计、制订标准、制订工艺、采购、配备设备与工装、加工制造、工序制造、检验、销售、售后服务等多个环节，它们相互制约、共同作用的结果决定了最终的质量水准。仅仅局限于只对制造过程实行控制是远远不够的。再次，质量应当是"最经济的水平"与"充分满足顾客要求"的完美统一，离开经济效益和质量成本去谈质量是没有实际意义的。

费根鲍姆的全面质量管理观点在世界范围内得到了广泛的接受。但各个国家在实践中都结合自己的实际进行了创新。特别是20世纪80年代后期以来，全面质量管理得到了进一步的扩展和深化，其含义远远超出了一般意义上的质量管理的领域，而成为一种综合的、全面的经营管理方式和理念。在这一过程中，全面质量管理的概念也得到了进一步的发展。

二、全面质量管理PDCA循环

PDCA循环又称戴明环，是美国质量管理专家戴明博士首先提出的，它反映了质量管理活动的规律。质量管理活动的全部过程，是质量计划的制订和组织实现的过程，这个过程就是按照PDCA循环，不停顿地周而复始地运转的。每一循环都围绕着实现预期的目标，进行计划、实施、检查和处置活动，随着对存在问题的克服、解决和改进，不断增强质量能力，提高质量水平。

PDCA循环主要包括四个阶段：计划（Plan）、实施（Do）、检查（Check）和处置（Action）。

计划（Plan）：质量管理的计划职能，包括确定或明确质量目标和制订实现质量目标的行动方案两个方面。建设工程项目的质量计划，一般由项目干系人根据其在项目实施中所承担的任务、责任范围和质量目标，分别进行质量计划而形成的质量计划体系。实践表明，质量计划的严谨周密、经济合理和切实可行，是保证工作质量、产品质量和服务质量的前提条件。

实施（Do）：实施职能在于将质量的目标值，通过生产要素的投入、作业技术活动和产出过程，转换为质量的实际值。在各项质量活动实施前，根据质量计划进行行动方案的部署和交底；在实施过程中，严格执行计划的行动方案，将质量计划的各项规定和安排落实到具体的资源配置和作业技术活动中去。

检查（Check）：指对计划实施过程进行各种检查，包括作业者的自检、互检和专职管理者专检。

处置（Action）：对于质量检查所发现的质量问题或质量不合格，及时进行原因分析，采取必要的措施，予以纠正，保持工程质量形成过程的受控状态。

三、全面质量管理要求

（一）全过程的质量管理

任何产品或服务的质量，都有一个产生、形成和实现的过程。从全过程的角度来看，质量产生、形成和实现的整个过程是由多个相互联系、相互影响的环节所组成的，每一个环节都或轻或重地影响着最终的质量状况。为了保证和提高质量就必须把影响质量的所有环节和因素都控制起来。为此，全过程的质量管理包括了从市场调研、产品的设计开发、生产（作业），到销售、服务等全部有关过程的质量管理。换句话说，要保证产品或服务的质量，不仅要搞好生产或作业过程的质量管理，还要搞好设计过程和使用过程的质量管理。要把质量形成全过程的各个环节或有关因素控制起来，形成一个综合性的质量管理体系，做到以预防为主，防检结合，重在提高。为此，全面质量管理强调必须体现如下两个思想。

1.预防为主、不断改进的思想

优良的产品质量是设计和生产制造出来的而不是靠事后的检验决定的。事后的检验面对的是既成事实的产品质量。根据这一基本道理，全面质量管理要求把管理工作的重点，从"事后把关"转移"事前预防"上来；从管结果转变为管因素,实行"预防为主"的方针,把不合格消灭在它的形成过程之中,做到"防患于未然"。当然,为了保证产品质量,防止不合格品出厂或流入下道工序,并把发现的问题及时反馈,防止再出现、再发生,加强质量检验在任何情况下都是必不可少的。强调预防为主、不断改进的思想,不仅不排斥质量检验,而且甚至要求其更加完善、更加科学。质量检验是全面质量管理的重要组成部分,企业内行之有效的质量检验制度必须坚持,并且要进一步使之科学化、完善化、规范化。

2.为顾客服务的思想

顾客有内部和外部之分:外部的顾客可以是最终的顾客,也可以是产品的经销商或再加工者;内部的顾客是企业的部门和人员。实行全过程的质量管理要求企业所有各个工作环节都必须树立为顾客服务的思想。内部顾客满意是外部顾客满意的基础。因此,在企业内部要树立"下道工序是顾客""努力为下道工序服务"的思想。现代工业生产是一环扣一环,前道工序的质量会影响后道工序的质量,一道工序出了质量问题,就会影响整个过程以至产品质量。因此,要求每道工序的工序质量,都要经得起下道工序,即"顾客"的检验,满足下道工序的要求。有些企业开展的"三工序"活动即复查上道工序的质量,保证本道工序的质量,坚持优质、准时为下道工序服务是为顾客服务思想的具体体现。只有每道工序在质量上都坚持高标准,都为下道工序着想,为下道工序提供最大的便利,企业才能目标一致地、协调地生产出符合规定要求,满足用户期望的产品。

可见,全过程的质量管理就意味着全面质量管理要"始于识别顾客的需要,终于满足顾客的需要"。

(二)全员的质量管理

产品和服务质量是企业各方面、各部门、各环节工作质量的综合反映。企业中任何一个环节、任何一个人的工作质量都会不同程度地直接或间接地影响着产品质量或服务质量。因此,只有人人关心产品质量和服务质量,人人做好本职工作,全体参加质量管理,才能生产出顾客满意的产品。要实现全员的质量管理，应当做好三个方面的工作。

1.抓好全员的质量教育和培训

教育和培训的目的有两个方面。第一，加强职工的质量意识，牢固树立"质量第一"的思想。第二，提高员工的技术能力和管理能力，增强参与意识。在教育和培训过程中，要分析不同层次员工的需求，有针对性地开展教育和培训。

2.制定各部门、各级各类人员的质量责任制

明确任务和职权，各司其职，密切配合，以形成一个高效、协调、严密的质量管理工作的系统。这就要求企业的管理者要勇于授权、敢于放权。授权是现代质量管理的基本要求之一。原因在于，第一，顾客和其他相关方能否满意、企业能否对市场变化作出迅速反应决定了企业能否生存，而提高反应速度的重要和有效的方式就是授权。第二，企业的职工有强烈的参与意识，同时也有很高的聪明才智，赋予他们权力和相应的责任，也能够激发他们的积极性和创造性。其次，在明确职权和职责的同时，还应该要求各部门和相关人员对于质量作出相应的承诺。当然，为了激发他们的积极性和责任心，企业应该将质量责任同奖惩机制挂起钩来。只有这样，才能够确保责、权、利三者的统一。

3.开展多种形式的群众性质量管理活动

充分发挥广大职工的聪明才智和当家做主的进取精神。群众性质量管理活动的重要形式之一是质量管理小组。此外，还有很多群众性质量管理活动，如合理化建议制度和质量相关的劳动竞赛等。总之，企业应该发挥创造性，采取多种形式激发全员参与的积极性。

（三）全企业的质量管理

全企业的质量管理可以从纵横两个方面来加以理解。从纵向的组织管理角度来看，质量目标的实现有赖于企业的上层、中层、基层管理乃至一线员工的通力协作，其中高层管理的全力以赴起着决定性的作用。从企业职能间的横向配合来看，要保证和提高产品质量必须使企业研制、维持和改进质量

的所有活动构成为一个有效的整体。全企业的质量管理可以从两个角度来理解。

从组织管理的角度来看，每个企业都可以划分成上层管理、中层管理和基层管理。"全企业的质量管理"就是要求企业各管理层次都有明确的质量管理活动内容。当然，各层次活动的侧重点不同。上层管理侧重于质量决策，制订出企业的质量方针、质量目标、质量政策和质量计划，并统一组织、协调企业各部门、各环节、各类人员的质量管理活动，保证实现企业经营管理的最终目的；中层管理则要贯彻落实领导层的质量决策，运用一定的方法找到各部门的关键、薄弱环节或必须解决的重要事项，确定本部门的目标和对策，更好地执行各自的质量职能，并对基层工作进行具体的业务管理；基层管理则要求每个职工都要严格地按标准、按规范进行生产，相互间进行分工合作，互相支持协助，并结合岗位工作，开展群众合理化建议和质量管理小组活动，不断进行作业改善。

从质量职能角度看，产品质量职能是分散在全企业的有关部门中的，要保证和提高产品质量，就必须将分散在企业各部门的质量职能充分发挥出来。

但由于各部门的职责和作用不同，其质量管理的内容也是不一样的。为了有效地进行全面质量管理，就必须加强各部门之间的组织协调，并且为了从组织上、制度上保证企业长期稳定地生产出符合规定要求、满足顾客期望的产品，最终必须建立起企业的质量管理体系，使企业的所有研制、维持和改进质量的活动构成为一个有效的整体。建立和健全企业质量管理体系，是全面质量管理深化发展的重要标志。

可见，全企业的质量管理就是要"以质量为中心，领导重视、组织落实、体系完善"。

（四）多方法的质量管理

影响产品质量和服务质量的因素也越来越复杂：既有物质的因素，又有人的因素；既有技术的因素，又有管理的因素；既有企业内部的因素，又有现代科学技术的发展，对产品质量和服务质量提出的越来越高要求的企业外部的因素。要把这一系列的因素系统地控制起来，全面管好，就必须根据不同情况，区别不同的影响因素，广泛、灵活地运用多种多样的现代化管理办法来解决当代质量问题。

质量管理中广泛使用各种方法，统计方法是重要的组成部分。除此之外，还有很多非统计方法。常用的质量管理方法有所谓的老七种工具，具体包括因果图、排列图、直方图、控制图、散布图、分层图、调查表；还有新七种工具，具体包括关联图法、KJ法、系统图法、矩阵图法、矩阵数据分析法、PDPC法、矢线图法。除了以上方法外，还有很多方法，尤其是一些新方法近年来得到了广泛的关注，具体包括质量功能展开（QFD）、故障模式和影响分析（FMEA）、头脑风暴法（Brainstorming）、水平对比法（Benchmarking）、业务流程再造（BPR）等。

总之，为了实现质量目标，必须综合应用各种先进的管理方法和技术手段，必须善于学习和引进国内外先进企业的经验，不断改进本组织的业务流程和工作方法，不断提高组织成员的质量意识和质量技能。"多方法的质量管理"要求的是"程序科学、方法灵活、实事求是、讲求实效"。

上述"三全一多样"，都是围绕着"有效地利用人力、物力、财力、信息等资源，以最经济的手段生产出顾客满意的产品"这一企业目标的，这是我国企业推行全面质量管理的出发点和落脚点，也是全面质量管理的基本要求。坚持质量第一，把顾客的需要放在第一位，树立为顾客服务、对顾客负责的思想，是我国企业推行全面质量管理贯彻始终的指导思想。

第三节　质量控制方法

一、质量控制的方法

施工质量控制的方法，主要包括审核有关技术文件、报告和直接进行检查或必要的试验等。

（一）审核有关技术文件、报告或报表

对技术文件、报告、报表的审核，是项目经理对工程质量进行全面控制的重要手段，具体内容如下。

（1）审核分包单位的有关技术资质证明文件，控制分包单位的质量。

（2）审核开工报告，并经现场核实。

（3）审核施工方案、质量计划、施工组织设计或施工计划，控制工程施工质量有可靠的技术措施保障。

（4）审核有关材料、半成品和构配件质量证明文件（如出场合格证、质量检验或试验报告等），确保工程质量有可靠的物质基础。

（5）审核反映工序质量动态的统计资料或控制图表。

（6）审核设计变更、修改图纸和技术核定书等，确保设计及施工图纸的质量。

（7）审核有关质量事故或质量问题的处理报告，确保质量事故或问题处理的质量。

（8）审核有关新材料、新工艺、新技术、新结构的技术鉴定书，确保新技术应用的质量。

（9）审核有关工序交接检查，分部分项工程质量检查报告等文件，以确

保和控制施工过程中的质量。

（10）审核并签署现场有关技术签证、文件等。

（二）现场质量检查

1.现场质检查的内容

（1）开工前检查。目的是检查是否具备开工条件，开工后能否连续正常施工，能否保证工程质量。

（2）工序交接检查。对于重要的工序或对质量有重大影响的工序，在自检、互检的基础上，还要组织专职人员进行工序交接检查。

（3）隐蔽工程检查。凡是隐蔽工程均应检查认证后方能掩盖。

（4）停工后复工前的检查。因处理质量问题或某种原因停工后需复工时，经检查认可后方能复工。

（5）分项、分部工程完工后，经检查认可，签署验收记录后方可进行下一工程项目施工。

（6）成品保护检查。检查成品有无保护措施，或保护措施是否可靠。

此外，还应经常深入现场，对施工操作质量进行巡检，必要时还应进行跟班或追踪检查。

2.现场进行质量检查的方法

现场进行质量检查的方法有目测法、实测法和试验法三种。

（1）目测法

其手段可归纳为看、摸、敲、照四个字。

看，是根据质量标准进行外观目测。如清水墙面是否洁净，喷涂是否密实，颜色是否均匀，内墙抹灰大面积及口角是否平直，地面是否光洁平整，油漆、浆活表现观感等。

摸，是手感检查。主要用于装饰工程的某些检查项目，如水刷石、干粘石黏结牢固程度，油漆的光滑度，浆活是否掉粉等。

敲，是运用工具进行音感检查。如对地面工程、装饰工程中的水磨石、面砖、大理石贴面等均应进行敲击检查，通过声音的虚实判断有无空鼓，还可根据声音的清脆和沉闷判定属于面层空鼓还是底层空鼓。

照，指对于难以看到或光线较暗的部位，可采用镜子反射或灯光照射的方法进行检查。

（2）实测法

实测法指通过实测数据与施工规范及质量标准所规定的允许偏差对照，来判断质量是否合格。实测检查法的手段可归纳为靠、吊、量、套四个。

靠，是用直尺、塞尺检查墙面、地面、屋面的平整度。

吊，是用托线板以线锤吊线检查垂直度。

量，是用测量工具盒计量仪表等检查断面尺寸、轴线、标高、适度、温度等的偏差。这种方法用得最多，主要是检查允许偏差项目。如外墙砌砖上下窗口偏移用经纬仪或吊线检查等。

套，是以方尺套方，辅以塞尺检查。如对阴阳角的方正、踢脚线的垂直度、预制构件的方正等项目的检查。

（3）试验法

试验法指必须通过试验手段，才能对质量进行判断的检查方法。如对钢筋的焊接头进行拉力试验，检验焊接的质量等。

理化试验：常用的理化试验包括物理力学性能方面的检验和化学成分及含量的测定等。物理性能有密度、含水量、凝结时间、安定性、抗渗等。力学性能的检验有抗拉强度、抗压强度、抗弯强度、抗折强度、冲击韧性、硬度、承载力等。

无损测试或检验：借助专门的仪器、仪表等探测结构或材料、设备内部组织结构或损伤状态。这类仪器有回弹仪、超声波探测仪、渗透探测仪等。

二、施工质量控制的手段

（一）施工质量的事前控制

事前控制是以施工准备工作为核心，包括开工前的施工准备、作业活动前的施工准备等工作质量控制。施工质量的事前预控途径如下。

1.施工条件的调查和分析

施工条件的调查和分析包括合同条件、法规条件和现场条件。做好施工条件的调查和分析，能发挥重要的预控作用。

2.施工图纸会审和设计交底

理解设计意图和对施工的要求，明确质量控制要点、重点和难点，以及消除施工图纸的差错等。因此，严格进行设计交底和图纸会审，具有重要的事前预控作用。

3.施工组织设计文件的编制与审查

施工组织设计文件是直接指导现场施工作业技术活动和管理工作的纲领性文件。工程项目施工组织设计是以施工技术方案为核心，通盘考虑施工程序，施工质量、进度、成本和安全目标的要求。科学合理的施工组织设计对有效地配置合格的施工生产要素，规范施工技术活动和管理行为，将起到重要的导向作用。

4.工程测量定位和标高基准点的控制

施工单位必须按照设计文件所确定的工程测量定位及标高的引测依据，建立工程测量基准点，自行做好技术复核，并报告项目监理机构进行复核检查。

5.施工总（分）包单位的选择和资质的审查

对总（分）包单位资格与能力的控制是保证工程施工质量的重要方面。确定承包内容、单位及方式既直接关系业主方的利益和风险，更关系建设工程质量的保证问题。因此，按照我国现行法规的规定，业主在招标投标前必须对总（分）包单位进行资格审查。

6.材料设备及部品采购质量的控制

建筑材料、构配件、半成品和设备是直接构成工程实体的物质，应该从施工备料开始进行控制，包括对供应厂商的评审、询价、采购计划与方式的控制等。施工单位必须有健全有效的采购控制程序，按照我国现行法规规定，主要材料采购前必须将采购计划报送工程监理部审查，实施采购质量预控。

7.施工机械设备及工器具的配置与性能控制

对施工质量、安全、进度和成本有重要的影响，应在施工组织设计过程中根据施工方案的要求来确定，施工组织设计批准之后应对其落实状态进行检查控制，以保证技术预案的质量能力。

（二）施工质量的事中控制

建设项目施工过程质量控制是最基本的控制途径，因此必须抓好与作业工序质量形成相关的配套技术与管理工作，其主要途径如下。

1.施工技术复核

施工技术复核是施工过程中保证各项技术基准正确性的重要措施，凡属轴线、标高、配方、样板、加工图等用作施工依据的技术工作，都要进行严格复核。

2.施工计量管理

施工计量管理包括投料计量、检测计量等，其正确性与可靠性直接关系工程质量的形成和客观效果的评价。因此，施工全过程必须对计量人员资格、计量程序和计量器具的准确性进行控制。

3.见证取样送检

为了保证工程质量，我国规定对工程使用的主要材料、半成品、构配件以及施工过程中留置的试块及试件等实行现场见证取样送检。见证员由建设单位及工程监理机构中有相关专业知识的人员担任，送检的试验室应具备国家或地方工程检测主管部门批准的相关资质，见证取样送检必须严格执行规定的程序，包括取样见证并记录，样本编号、填单、封箱，送试验室核对、交接、试验检测、报告。

4.技术核定和设计变更

在工程项目施工过程中，因施工方对图纸的某些要求不甚明白，或者是图纸内部的某些矛盾，或施工配料调整与代用，改变建筑节点构造、管线位置或走向等，需要通过设计单位明确或确认的，施工方必须以技术联系单的方式向业主或监理工程师提出，报送设计单位核准确认。在施工期间，无论是建设单位、设计单位还是施工单位提出，需要进行局部设计变更的内容，都必须按规定程序用书面方式进行变更。

5.隐蔽工程验收

所谓隐蔽工程，是指上一工序的施工成果要被下一道工序所覆盖，如地基与基础工程、钢筋工程、预埋管线等均属隐蔽工程。施工过程中，总监理工程师应安排监理人员对施工过程进行巡视和检查，对隐蔽工程、下道工序施工完成后难以检查的重点部位，专业监理工程师应安排监理员进行旁站，对施工过程中出现的质量缺陷，专业监理工程师应及时下达监理工程师通知，要求承包单位整改并检查整改结果。工程项目的重点部位、关键工序应由项目监理机构与承包单位协商后共同确认。监理工程师应从巡视、检查、旁站监督等方面对工序工程质量进行严格控制。加强隐蔽工程质量验收，是施工质量控制的重要环节。其程序要求施工方首先完成自检并合格，然后填写专用的"隐蔽工程验收单"，验收的内容应与已完成的隐蔽工程实物相一致，事先通知监理机构及有关方面，按约定时间进行验收。验收合格的工程由各方共同签署验收记录。验收不合格品的隐蔽工程，应按验收意见进行整改后重新验收。严格隐蔽工程验收的程序和记录，对于预防工程质量隐患，提供可溯的质量记录具有重要作用。

6.其他

长期施工管理实践过程形成的质量控制途径和方法，如批量施工前应做样板示范、现场施工技术质量例会、质量控制资料管理等，也是施工过程质量控制的重要工作途径。

（三）施工质量的事后控制

施工质量的事后控制，主要是进行已完工程的成品保护、质量验收和对不合格品的处理，以保证最终验收的建设工程质量。

已完工程的成品保护，目的是避免已完施工成品受到来自后续施工以及其他方面的污染或损坏。其成品保护问题和措施，在施工组织设计与计划阶段就应该从施工顺序上进行考虑，防止施工顺序不当或交叉作业造成相互干扰、污染和损坏，成品形成后可采取防护、覆盖、封闭、包裹等相应措施进行保护。

施工质量检查验收作为事后质量控制的途径，应严格按照施工质量验收统一标准规定的质量验收划分，从施工顺序作业开始，依次做好检验批、分项工程、分部工程及单位工程的施工质量验收。通过多层次的设防把关，严格验收，控制建设工程项目的质量目标。

当建筑工程质量不符合要求时应按下列规定进行处理：

①经返工重做或更换器具、设备的检验批重新进行验收。②经有资质的检测单位检测鉴定能够达到设计要求的检验批应予以验收。③经有资质的检测单位检测鉴定达不到设计要求但经原设计单位核算认可能够满足结构安全和使用功能的检验批可予以验收。④经返修及加固处理的分项分部工程虽然改变外形尺寸但仍能满足安全使用要求可按技术处理方案和协商文件进行验收。

通过返修或加固处理仍不能满足安全使用要求的分部工程、单位（子单位）工程严禁验收。

第四节　工程质量评定

根据《水利水电工程施工质量：检验与评定规程》，工程项目经过施工期、试运行期后，由监理单位进行统计并评定工程项目质量等级，经项目法人认定后，质量监督机构核定。

一、工程质量评定标准

（一）合格标准

（1）单位工程质量全部合格。（2）工程施工期及试运行期，各单位工程观测资料分析结果均符合国家和行业技术标准以及合同约定的标准要求。

（二）优良标准

（1）单位工程质量全部合格，其中70%以上单位工程质量达到优良等级，且主要单位工程质录全部优良。（2）工程施工期及试运行期，各单位工程观测资料分析结果符合国家和行业技术标准以及合同约定的标准要求。

二、工程项目施工质量评定表的填写方法

填报工程项目施工质量评定表，具体如下。

（一）表头填写

1.工程项目名称

工程项目名称应与批准的设计文件一致。

2.工程等级

应根据工程项目的规模、作用、类型和重要性等，按照有关规定进行划分，设计文件中一般予以明确。

3.建设地点

主要是指工程建设项目所在行政区域或流域（河流）的名称。

4.主要工程量

是指建筑、安装工程的主要工程数量，如土方量、石方量、混凝土方量及安装机组（台）套数量。

5.项目法人

组织工程建设的单位。对于项目法人自己直接组织建设工程项目，项目法人建设单位的名称与建设单位的名称一般来说是一致的，项目法人名称就是建设单位名称；有的工程项目的项目法人与建设单位是一个机构两块牌子，这时建设单位的名称可填项目法人也可填建设单位的名称；对于项目法人在工程建设现场派驻有建设单位的，可以将项目法人与建设单位的名称一起填上，也可以只填建设单位。

6.设计单位

设计单位是指承担工程项目勘测设计任务的单位，若一个工程项目由多个勘测设计单位承担时，一般均应填上，或是填完成主要单位工程和完成主要工程建设任务的勘测设计单位。

7.监理单位

指承担工程项目监理任务的监理单位。如果一个工程项目由多个监理单位监理时，一般均应填上，或填承担主要单位工程的监理单位和完成主要工程建设任务的监理单位。

8.施工单位

施工单位是指直接与项目法人或建设单位签订工程承包合同的施工单位。若一个工程项目由多个施工单位承建时，应填承担主要单位工程和完成主要工程建设任务的施工单位。

9.开工、竣工日期

开工日期一般指主体工程正式开工的日期，如开工仪式举行的日期，或工程承包合同中阐明的日期。工程项目的竣工日期是指工程竣工验收鉴定书签订的日期。

10.评定日期

评定日期是指监理单位填写工程项目施工质量评定表时的日期。

（二）表身填写

此表不仅填写施工期施工质量，还应包含试运行期工程质量。

1.单位工程名称

该工程项目中的所有单位工程须逐个填入表中。

2.单元工程质量统计

首先应统计每个单位工程中单元工程的个数，再统计其中每个单位工程中优良单元工程的个数，最后逐个计算每个单位工程的单元工程优良率。

3.分部工程质量统计

先统计每个单位工程中分部工程的个数，再统计每个单位工程中优良分部工程的个数，最后计算每个单位工程中分部工程的优良率。

　　每个单位工程的质量等级应是以单位工程的分部工程的优良率为基础，不仅考虑优良单位工程中的主要分部工程必须优良的条件，同时应考虑原材料质量、中间产品、金属结构及启闭机、机电设备、重要隐蔽单元工程施工记录，以及外观质量、施工质量检验资料的完整程度和是否发生过质量事故、观测资料分析结论等情况，来确定单位工程的质量等级。该栏填写的应是经项目法人认定、质量监督机构核定后的单位工程质量等级。对于单位工程中的分部工程优良率达到70%的，若主要分部工程没有达到优良，或因原材料质量、中间产品质量、金属结构、启闭机制造质量和机电产品质量，以及外观质量、施工质量检验资料完整程序没有达到优良标准的要求，或主要分部工程中发生了质量事故，或其他分部工程中发生了重大及以上质量事故，应在备注栏内予以简要说明。

　　（三）表尾的填写

　　1.评定结构

　　统计本工程项目中单位工程的个数，计算工程项目单位工程的优良率；再计算主要单位工程的优良率，它是优良等级的主要单位工程的个数与主要单位工程的总个数之比值；最后计算工程项目的质量等级。

　　2.观测资料分析结论

　　填写通过实测资料提供数据的分析结果。

　　3.监理单位意见

　　水利水电工程项目一般都不止一个施工单位承建，工程项目的质量等级应由各监理单位组织评定，工程项目的总监理工程师根据各单位工程质量评定的结果，确定工程项目的质量等级。总监理工程师签名并盖监理单位公章，将其结果和有关资料报给项目法人（建设单位）。

　　4.项目法人意见

　　若只有一个监理单位监理的工程项目，项目法人对监理单位评定的结果予以审查确认。若由多个监理单位共同监理的工程项目，每一个监理单位只能对其监理的工程建设内容的质量进行评定和复核，整个工程项目的质量评定应由项目法人组织有关人员进行评定，法定代表人或项目法人签名并盖单位公章，将结果和相关资料上报质量监督机构。

5.质量监督机构核定意见

质量监督机构在接到项目法人（建设单位）报来的工程项目质量评定结果和有关资料后，对照有关标准，认真审查，核定工程项目的质量等级。由工程项目质量监督负责人或质量监督机构负责人签名，并盖相应质量监督机构的公章。

三、工程质量评定表

工程质量评定表：1个。

单位工程评定表：共15个。

以单元工程为例，分部工程9个，分部工程施工质量评定表9个。

以分部工程为例，单元工程17个，单元工程施工质量评定表共填写39个，具体详见表10-1。

表10-1　单元工程质量评定表

分部工程名称	单元工程名称	单元工程数量（个）	单元工程质量评定表
闸室段	土方开挖	1	《水利水电工程软基和岸坡开挖单元工程质量评定表》
	土方回填	2	《水利水电工程回填土单元工程质量评定表》
	垫层混凝土浇筑	1	《水利水电工程混凝土单元工程质量评定表》
			《水利水电工程基础面或混凝土施工缝处理工序质量评定表》
			《水利水电工程混凝土模板工序质量评定表》
			《水利水电工程混凝土浇筑工序质量评定表》

续表

分部工程名称	单元工程名称	单元工程数量（个）	单元工程质量评定表
闸室段	底板混凝土浇筑	1	《水利水电工程混凝土单元工程质量评定表》
			《水利水电工程基础面或混凝土施工缝处理工序质量评定表》
			《水利水电工程混凝土模板工序质量评定表》
			《水利水电工程混凝土钢筋工序质量评定表》
			《水利水电工程混凝土止水、伸缩缝和排水管安装工序质量评定表》
			《水利水电工程混凝土浇筑工序质量评定表》
	墙身混凝土浇筑	1	《水利水电工程混凝土单元工程质量评定表》
			《水利水电工程基础面或混凝土施工缝处理工序质量评定表》
	墙身混凝土浇筑	1	《水利水电工程混凝土模板工序质量评定表》
			《水利水电工程混凝土钢筋工序质量评定表》
			《水利水电工程混凝土止水、伸缩缝和排水管安装工序质量评定表》
			《水利水电工程混凝土浇筑工序质量评定表》
闸室段	砂砾混凝土回填	1	《水利水电工程回填砂砾料单元工程质量评定表》
			《水利水电工程混凝土单元工程质量评定表》
			《水利水电工程基础面或混凝土施工缝处理工序质量评定表》
			《水利水电工程混凝土模板工序质量评定表》
			《水利水电工程混凝土钢筋工序质量评定表》
			《水利水电工程混凝土浇筑工序质量评定表》

续表

分部工程名称	单元工程名称	单元工程数量（个）	单元工程质量评定表
闸室段	电缆井底板浇筑	3	《水利水电工程混凝土单元工程质量评定表》
			《水利水电工程基础面或混凝土施工缝处理工序质量评定表》
			《水利水电工程混凝土模板工序质量评定表》
			《水利水电工程混凝土钢筋工序质量评定表》
			《水利水电工程混凝土浇筑工序质量评定表》
	电缆井堵漏浇筑	3	《水利水电工程混凝土单元工程质量评定表》
			《水利水电工程基础面或混凝土施工缝处理工序质量评定表》
			《水利水电工程混凝土模板工序质量评定表》
			《水利水电工程混凝土钢筋工序质量评定表》
			《水利水电工程混凝土浇筑工序质量评定表》
	电缆沟、输油沟垫层浇筑	2	《水利水电工程混凝土单元工程质量评定表》
			《水利水电工程基础面或混凝土施工缝处理工序质量评定表》
			《水利水电工程混凝土模板工序质量评定表》
			《水利水电工程混凝土浇筑工序质量评定表》
	电缆沟、输油沟墙身砌筑	2	《水利水电工程砌砖（挡土墙）单元工程质量评定表》

第五节　竣工验收

一、自查

对于建设内容复杂、技术含量较高的水利水电工程项目，考虑到若只进行一次性竣工验收，因时间仓促而使有些问题无法得到认真细致的查验和充分讨论，而影响验收工作的质量。因此，要求在申请竣工验收前，项目法人应组织竣工验收自查。自查工作由项目法人主持，勘测、设计、监理、施工、主要设备制造（供应）商以及运行管理等单位的代表参加。项目法人组织工程竣工验收自查前，应提前10个工作日通知质量和安全监督机构，同时向法人验收监督管理机关报告。质量和安全监督机构应派员列席自查工作会议。

（一）自查条件

（1）工程主要建设内容已按批准设计全部完成。

（2）各单位工程的质量等级已经质量监督机构核定。

（3）工程投资已基本到位，并具备财务决算条件。

（4）有关验收报告已准备就绪。

初步验收一般应成立初步验收工作组，组长由项目法人担任，其成员通常由设计、施工、监理、质量监督、运行管理和有关上级主管单位的代表及有关专家组成。质量监督部门不仅要参加竣工验收自查工作组，还要提出质量评定报告，并在竣工验收自查工作报告上签字。

（二）自查内容

1.竣工验收自查应包括以下主要内容。

（1）检查有关单位的工作报告。

（2）检查工程建设情况，评定工程项目施工质量等级。

（3）检查历次验收、专项验收的遗留问题和工程初期运行所发现问题的处理情况。

（4）确定工程尾工内容及其完成期限和责任单位。

（5）对竣工验收前应完成的工作作出安排。

（6）讨论并通过竣工验收自查工作报告。

项目法人应在完成竣工验收自查工作之日起10个工作日内，将自查的工程项目质量结论和相关资料报质量监督机构核备。

2.竣工验收自查工作报告主要内容如下。

前言（包括组织机构、自查工作过程等）
一、工程概况
（一）工程名称及位置
（二）工程主要建设内容
（三）工程建设过程
二、工程项目完成情况
（一）工程项目完成情况
（二）完成工程量与初设批复工程量比较
（三）工程验收情况
（四）工程投资完成及审计情况
（五）工程项目移交和运行情况
三、工程项目质量评定
四、验收遗留问题处理情况
五、尾工及安排意见
六、存在的问题及处理意见
七、结论
八、工程项目竣工验收检查工作组成员签字表
参加竣工验收自查的人员应在自查工作报告上签字。项目法人应自竣工验收自查工作报告通过之日起30个工作日内，将自查报告报法人验收监督管理机关。

二、工程质量抽样检测

（一）竣工验收主持单位

（1）根据竣工验收的需要，竣工验收主持单位可以委托具有相应资质的工程质量检测单位对工程质量进行抽样检测。

（2）根据竣工验收主持单位的要求和项目的具体情况，项目法人应负责提出工程质量抽样检测的项目、内容和数量，经质量监督机构审核后报竣工验收主持单位核定。

（3）项目法人自收到检测报告的10个工作日内，应获取工程质量检测报告。

（二）项目法人

（1）项目法人与竣工验收主持单位委托的具有相应资质工程质量检测单位签订工程质量检测合同。检测所需费用由项目法人列支，质量不合格工程所发生的检测费用由责任单位承担。

（2）根据竣工验收主持单位的要求和项目的具体情况，项目法人应负责提出工程质量抽样检测的项目、内容和数量，经质量监督机构审核后报竣工验收主持单位核定。

（3）项目法人应自收到检测报告10个工作日内将其上报竣工验收主持单位。

（4）对抽样检测中发现的质量问题，项目法人应及时组织有关单位研究处理。在影响工程安全运行以及使用功能的质量问题未处理完毕前，不得进行竣工验收。

（5）不得与工程质量检测单位隶属同一经营实体。

（三）工程质量检测单位

（1）应具有相应工程质量检测资质。

（2）应按照有关技术标准对工程进行质量检测，按合同要求及时提出质量检测报告并对检测结论负责。

（3）不得与工程建设的项目法人、设计、监理、施工、设备制造（供应）商等单位隶属同一经营实体。

三、竣工技术预验收

对于建设内容复杂、技术含量较高的水利水电工程项目，考虑到若只进行一次性竣工验收，因时间仓促而使有些问题无法得到认真细致的查验和充分讨论，而影响验收工作的质量。因此，要求在竣工验收之前进行一次技术性的预验收。

竣工技术预验收应由竣工验收主持单位组织的专家组负责，专家组成员通常有设计、施工、监理、质量监督、运行管理等单位代表以及有关专家组成。竣工技术预验收专家组成员应具有高级技术职称或相应执业资格，2/3以上成员应来自工程非参建单位。工程参建单位的代表应参加技术预验收，负责回答专家组提出的问题。竣工技术预验收专家组可下设专业工作组，并在各专业工作组检查意见的基础上形成竣工技术预验收工作报告。

（一）竣工技术预验收的主要工作内容

（1）检查工程是否按批准的设计完成。

（2）检查工程是否存在质量隐患和影响工程安全运行的问题。

（3）检查历次验收、专项验收的遗留问题和工程初期运行中所发现问题的处理情况。

（4）对工程重大技术问题作出评价。

（5）检查工程尾工安排情况。

（6）鉴定工程施工质量。

（7）检查工程投资、财务情况。

（8）对验收中发现的问题提出处理意见。

（二）竣工技术预验收的工作程序

（1）现场检查工程建设情况并查阅有关工程建设资料。

（2）听取项目法人、设计、监理、施工、质量和安全监督机构、运行管理等单位工作报告。

（3）听取竣工验收技术鉴定报告和工程质量抽样检测报告。

（4）专业工作组讨论并形成各专业工作组意见。

（5）讨论并通过竣工技术预验收工作报告。

（6）讨论并形成竣工验收鉴定书初稿。

（三）竣工技术预验收工作报告格式

前言（包括验收依据、组织机构、验收过程等）
第一部分工程建设
一、工程概况
（一）工程名称、位置
（二）工程主要任务和作用
（三）工程设计主要内容
1.工程立项、设计批复文件
2.设计标准、规模及主要技术经济指标
3.主要建设内容及建设工期
二、工程施工过程
1.主要工程开工、完工时间（附表）
2.重大技术问题及处理
3.重大设计变更
三、工程完成情况和完成的主要工程量
四、工程验收、鉴定情况
（一）单位工程验收
（二）阶段验收
（三）专项验收（包括主要结论）
（四）竣工验收技术鉴定（包括主要结论）
五、工程质量
（一）工程质量监督
（二）工程项目划分
（三）工程质量检测
（四）工程质量核定
六、工程运行管理
（一）管理机构、人员和经费
（二）工程移交

七、工程初期运行及效益
（一）工程初期运行情况
（二）工程初期运行效益
（三）初期运行监资料分析
八、历次验收及相关鉴定提出的主要问题的处理情况
九、工程尾工安排
十、评价意见
第二部分专项工程（工作）及验收
一、征地补偿和移民安置
（一）规划（设计）情况
（二）完成情况
（三）验收情况及主要结论
二、水土保持设施
（一）设计情况
（二）完成情况
（三）验收情况及主要结论
三、环境保护
（一）设计情况
（二）完成情况
（三）验收情况及主要结论
四、工程档案（验收情况及主要结论）
五、消防设施（验收情况及主要结论）
六、其他
第三部分财务审计
一、概算批复
二、投资计划下达及资金到位
三、投资完成及交付资产
四、征地拆迁及移民安置资金
五、结余资金
六、预计未完工程投资及费用
七、财务管理
八、竣工财务决算报告编制
九、稽查、检查、审计
十、评价意见
第四部分意见和建议
第五部分结论
第六部分竣工技术预验收专家组专家签名表

四、竣工验收

（一）竣工验收单位构成

竣工验收委员会可设主任委员1名，副主任委员以及委员若干名，主任委员应由验收主持单位代表担任。竣工验收委员会由竣工验收主持单位、有关

地方人民政府和部门、有关水行政主管部门和流域管理机构、质量和安全监督机构、运行管理单位的代表以及有关专家组成。对于技术较复杂的工程，可以吸收有关方面的专家以个人身份参加验收委员会。

竣工验收的主持单位按以下原则确定。

（1）中央投资和管理的项目，由水利部或水利部授权流域机构主持。（2）中央投资、地方管理的项目，由水利部或流域机构与地方政府或省一级水行政主管部门共同主持，原则上由水利部或流域机构代表担任验收主任委员。（3）中央和地方合资建设的项目，由水利部或流域机构主持。（4）地方投资和管理的项目由地方政府或水行政主管部门主持。（5）地方与地方合资建设的项目，由合资各方共同主持，原则上由主要投资方代表担任验收委员会主任委员。（6）多种渠道集资兴建的甲类项目由当地水行政主管部门主持；乙类项目由主要出资方主持，水行政主管部门派员参加。大型项目的验收主持单位要报省级水行政主管部门批准。（7）国家重点工程按国家有关规定执行。

为了更好地保证验收工作的公正和合理，各参建单位如项目法人、勘测、设计、监理、施工和主要设备制造（供应）商等单位应派代表参加竣工验收，负责解答验收委员会提出的问题，并作为被验收单位代表在验收鉴定书上签字。

项目法人应在竣工验收前一定的期限内（通常为1个月左右），向竣工验收的主持单位递交《竣工验收申请报告》，可以让主持竣工验收单位与其他有关单位有一定的协商时间，同时也有一定的时间来检查工程是否具备竣工验收条件。项目法人还应在竣工验收前一定的期限内（通常为半个月左右）将有关材料送达竣工验收委员会成员单位，以便验收委员会成员有足够的时间审阅有关资料，澄清有关问题。

（二）竣工验收主要内容与程序

第一，现场检查工程建设情况及查阅有关资料。
第二，召开大会。

（1）宣布验收委员会组成人员名单。

（2）观看工程建设声像资料。

（3）听取工程建设管理工作报告。

（4）听取竣工技术预验收工作报告。

（5）听取验收委员会确定的其他报告。

（6）讨论并通过竣工验收鉴定书。

（7）验收委员会委员和被验收单位代表在竣工验收鉴定书上签字。

（三）竣工验收鉴定

（1）工程项目质量达到合格以上等级的，竣工验收的质量结论意见为合格。

（2）竣工验收鉴定书格式如下。数量按验收委员会组成单位、工程主要参建单位各1份以及归档所需要份数确定。自鉴定书通过之日起30个工作日内，由竣工验收主持单位发送有关单位。

竣工验收鉴定书格式

前言（包括验收依据、组织机构、验收过程等）
一、工程设计和完成情况
（一）工程名称及位置
（二）工程主要任务和作用
（三）工程设计主要内容
1.工程立项、设计批复文件
2.设计标准、规模及主要技术经济指标
3.主要建设内容及建设工期
4.工程投资及投资来源
（四）工程建设有关单位（可附表）
（五）工程施工过程
1.主要工程开工、完工时间
2.重大设计变更
3.重大技术问题及处理情况
（六）工程完成情况和完成的主要工程量
（七）征地补偿及移民安置
（八）水土保持设施
（九）环境保护工程

二、工程验收及鉴定情况

（一）单位工程验收

（二）阶段验收

（三）专项验收

（四）竣工验收技术鉴定

三、历次验收及相关鉴定提出问题的处理情况

四、工程质量

（一）工程质量监督

（二）工程项目划分

（三）工程质量抽检（如有时）

（四）工程质量核定

五、概算执行情况

（一）投资计划下达及资金到位

（二）投资完成及交付资产

（三）征地补偿和移民安置资金

（四）结余资金

（五）预计未完工程投资及预留费用

（六）竣工财务决算报告编制

（七）审计

六、工程尾工安排

七、工程运行管理情况

（一）管理机构、人员和经费情况

（二）工程移交

八、工程初期运行及效益

（一）初期运行管理

（二）初期运行效益

（三）初期运行监测资料分析

九、竣工技术预验收

十、意见和建议

十一、结论

十二、保留意见（应有本人签字）

十三、验收委员会委员和被验单位代表签字表

十四、附件：竣工技术预验收工作报告

第六节　质量事故处理

一、事故处理必备条件

建筑工程质量事故分析的最终目的是处理事故。由于事故处理具有复杂性、危险性、连锁性、选择性及技术难度大等特点，因此必须持科学、谨慎的观点，并严格遵守一定的处理程序。

（1）处理目的明确。

（2）事故情况清楚。

（3）事故性质明确。

（4）事故原因分析准确、全面。

（5）事故处理所需资料应齐全。

二、事故处理要求

事故处理通常应达到以下四项要求。

（1）安全可靠、不留隐患。

（2）满足使用或生产要求。

（3）经济合理。

（4）施工方便、安全。

要达到上述要求，事故处理必须注意以下事项。

（一）综合治理

首先，应防止原有事故处理后引发新的事故；其次，应注意处理方法的综合应用，以取得最佳效果；再者，一定要消除事故根源，不可治表不治里。

（二）事故处理过程中的安全

避免工程处理过程中或者说在加固改造的过程中倒塌，造成更大的人员和财产损失，为此应注意以下问题。

（1）对于严重事故，岌岌可危、随时可能倒塌的建筑，在处理之前必须有可靠的支护。

（2）对需要拆除的承重结构部件，必须事先制订拆除方案和安全措施。

（3）凡涉及结构安全的，处理阶段的结构强度和稳定性十分重要，尤其是钢结构容易失稳问题应引起足够重视。

（4）重视处理过程中由于附加应力引发的不安全因素。

（5）在不卸载条件下进行结构加固，应注意加固方法的选择以及对结构承载力的影响。

（三）事故处理的检查验收工作

对新建施工，由于引进工程监理，在"三控三管一协调"方面发挥了重要作用。但对于建筑物的加固改造工程事故处理及检查验收工作重视程度还不够，应予以加强。

三、质量事故处理的依据

（一）质量事故的实况资料

要搞清质量事故的原因和确定处理对策，首要的是要掌握质量事故的实际情况。有关质量事故实况的资料主要可来自以下几个方面。

1.施工单位的质量事故调查报告

质量事故发生后，施工单位有责任就所发生的质量事故进行周密的调查、研究掌握情况，并在此基础上写出调查报告，提交监理工程师和业主。在调查报告中首先就与质量事故有关的实际情况做详尽的说明，其内容应包括：

（1）质量事故发生的时间、地点。

（2）质量事故状况的描述。发生的事故类型（如混凝土裂缝、砖砌体裂缝）；发生的部位（如楼层、梁、柱，及其所在的具体位置）；分布状态及范围；严重程度（如裂缝长度、宽度、深度等）。

（3）质量事故发展变化的情况（其范围是否继续扩大、状态是否已经稳定等）。

（4）有关质量事故的观测记录、事故现场状态的照片或录像。

2.监理单位调查研究所获得的第一手资料

其内容大致与施工单位调查反告中有关内容相似，可用来与施工单位所提供的情况对照、核实。

（二）有关合同及合同文件

（1）所涉及的合同文件可以是工程承包合同、设计委托合同、设备与器材购销合同、监理合同等。

（2）有关合同和合同文件在处理质量事故中的作用是确定在施工过程中有关各方是否按照合同有关条款实施其活动，借以探寻产生事故的可能原因。例如，施工单位是否在规定时间内通知监理单位进行隐蔽工程验收；监理单位是否按规定时间实施了检查验收；施工单位在材料进场时，是否按规定或约定进行了检验等。此外，有关合同文件还是界定质量责任的重要依据。

（三）有关的技术文件和档案

1.有关的设计文件

如施工图纸和技术说明等。它是施工的重要依据。在处理质量事故中，其作用一方面是可以对照设计文件，核查施工质量是否完全符合设计的规定和要求；另一方面是可以根据所发生的质量事故情况，核查设计中是否存在问题或缺陷，成为导致质量事故的原因。

2.与施工有关的技术文件、档案和资料

（1）施工组织设计或施工方案、施工计划。

（2）施工记录、施工日志等。根据它们可以查对发生质量事故的工程施工时的情况，如施工时的气温、降雨、风、浪等有关的自然条件，施工人员的情况，施工工艺与操作过程的情况，使用的材料情况，施工场地、工作面、交通等情况，地质及水文地质情况等。借助这些资料可以追溯和探寻事故的可能原因。

（3）有关建筑材料的质量证明资料。例如，材料批次、出厂日期、出厂合格证或检验报告、施工单位抽检或试验报告等。

（4）现场制备材料的质量证明资料。例如，混凝土拌和料的级配、水灰比、坍落度记录，混凝土试块强度试验报告，沥青拌和料配比、出机温度和摊铺温度记录等。

（5）质量事故发生后，对事故状况的观测记录、试验记录或试验报告等。例如，对地基沉降的观测记录，对建筑物倾斜或变形的观测记录，对地基钻探取样记录与试验报告，对混凝土结构物钻取试样的记录与试验报告等。

（6）其他有关资料。上述各类技术资料对于分析质量事故原因，判断其发展变化趋势，推断事故影响及严重程度，考虑处理措施等都是不可缺少的。

（四）相关的建设法规

《中华人民共和国建筑法》的颁布实施，对加强建筑活动的监督管理，维护市场秩序，保证建设工程质量提供了法律保障。这部工程建设和建筑业大法的实施，标志着我国工程建设和建筑业进入了法制管理新时期。通过几年的发展，国家已基本建立起以《建筑法》为基础与社会主义市场经济体制相适应的工程建设和建筑业法规体系，包括法律、法规、规章及示范文本等。与工程质量及质量事故处理有关的有以下几类，简述如下。

1.勘察、设计、施工、监理等单位资质管理方面的法规

《建筑法》明确规定"国家对从事建筑活动的单位实行资质审查制度"。这方面的法规由建设部发布的《建设工程勘察设计企业资质管理规定》《建筑业企业资质管理规定》和《工程监理企业资质管理规定》等。这类法规主要内容涉及勘察、设计、施工和监理等单位的等级划分，明确各级企业应具备的条件，确定各级企业所能承担的任务范围，其等级评定的申请、审查、批准、升降管理等方面。

2.从业者资格管理方面的法规

《建筑法》规定对注册建筑师、注册结构工程师和注册监理工程师等有关人员实行资格认证制度。这类法规主要涉及建筑活动的从业者应具有相应的执业资格，注册等级划分，考试和注册办法，执业范围，权利、义务及管理等。

3.建筑市场方面的法规

这类法律、法规主要涉及工程发包、承包活动，以及国家对建筑市场的管理活动。例如《招标投标法》明确规定"投标人不得以低于成本的报价竞标"，就是防止恶性杀价竞争，导致偷工减料引起工程质量事故。《民法典》明文规定"禁止承包人将工程分包给不具备相应资质条件的单位，禁止分包单位将其承包的工程再分包。建设工程主体结构的施工必须由承包人自行完成"。对违反者处以罚款、没收非法所得直至吊销资质证书，这均是为了保证工程施工的质量，防止因操作人员素质低造成质量事故。

4.建筑施工方面的法规

以《建筑法》为基础，国务院及住房和城乡建设部颁布了一系列建筑工程施工管理办法的法规、方法，涉及施工技术管理、建设工程监理、建筑安全生产管理、施工机械设备管理和建设工程质量监督管理。它们与现场施工密切相关，因而与工程施工质量有密切关系或直接关系。例如《建设工程监理规范》明确了现场监理工作的内容、深度、范围、程序、行为规范和工作制度；国务院颁布的《建设工程质量管理条例》，以《建筑法》为基础，全面系统地对与建设工程有关的质量责任和管理问题，做了明确的规定，可操

作性强。它不但对建设工程的质量管理具有指导作用，而且是全面保证工程质量和处理工程质量事故的重要依据。

（五）监理单位编制质量事故调查报告

调查的主要目的是要明确事故的范围、缺陷程度、性质、影响和原因，为事故的分析和处理提供依据。

调查报告的内容主要包括以下方面。

（1）与事故有关的工程情况。

（2）质量事故的详细情况，诸如质量事故发生的时间、地点、部位、性质、现状及发展变化情况等。

（3）事故调查中有关的数据、资料和初步估计的直接损失。

（4）质量事故原因分析与判断。

（5）是否需要采取临时防护措施。

（6）事故处理及缺陷补救的建议方案与措施。

（7）事故涉及的有关人员的情况。

事故原因分析是确定事故处理措施方案的基础。正确的处理来源于对事故原因的正确判断。为此，监理工程师应当组织设计、施工、建设单位等各方参加事故原因分析。事故处理方案的制订应以事故原因分析为基础。如果某些事故一时认识不清，而且事故一时不致产生严重的恶化，可以继续进行调查、观测，以便掌握更充分的资料数据，作进一步分析，找出原因，以利制订处理方案；切忌急于求成，不能对症下药，采取的处理措施不能达到预期效果，造成反复处理的不良后果。

（六）工程质量事故处理的程序

工程监理人员应熟悉各级政府建设行政主管部门处理工程质量事故的基本程序，特别是应把握在质量事故处理中如何履行自己的职责。工程质量事故发生后，监理人员可按以下程序进行处理。

工程质量事故发生后，总监理工程师应签发《工程暂停令》，并要求停止进行质量缺陷部位和与其有关联部位及下道工序施工，应要求施工单位采取必要的措施，防止事故扩大并保护好现场。同时，要求质量事故发生单位迅速按类别和等级向相应的主管部门上报，并于24h内写出书面报告。

质量事故报告应包括以下内容。

（1）事故发生的单位名称，工程产品名称、部位、时间、地点。

（2）事故的概况和初步估计的直接损失。

（3）事故发生后采取的措施。

（4）相关各种资料（有条件时）。

各级主管部门处理权限及组成调查组权限如下：

特别重大质量事故由国务院按有关程序和规定处理；重大质量事故由国家建设行政主管部门归口管理；严重质量事故由省、自治区、直辖市建设行政主管部门归口管理；一般质量事故由市、县级建设行政主管部门归口管理。

工程质量事故调查组由事故发生地的市、县以上建设行政主管部门或国务院有关主管部门组织成立。特别重大质量事故调查组组成由国务院批准；一、二级重大质量事故调查组由省、自治区、直辖市建设行政主管部门提出组成意见，人民政府批准；三、四级重大质量事故调查组由市、县级行政主管部门提出组成意见，相应级别人民政府批准；严重质量事故调查组由省、自治区、直辖市建设行政主管部门组织；一般质量事故调查组由市、县级建设行政主管部门组织；事故发生单位属国务院部委的，由国务院有关主管部门或其授权部门会同当地建设行政主管部门组织调查组。

监理工程师在事故调查组展开工作后，应积极协助，客观地提供相应证据，若监理方无责任，监理工程师可应邀参加调查组，参与事故调查；若监理方有责任，则应予以回避，但应配合调查组工作。质量事故调查组的职责如下。

（1）查明事故发生的原因、过程，事故的严重程度和经济损失情况。

（2）查明事故的性质、责任单位和主要责任人。

（3）组织技术鉴定。

（4）明确事故主要责任单位和次要责任单位，承担经济损失的划分原则。

（5）提出技术处理意见及防止类似事故再次发生应采取的措施。

（6）提出对事故责任单位和责任人的处理建议。

（7）写出事故调查报告。

当监理工程师接到质量事故调查组提出的技术处理意见后，可组织相关单位研究，并责成相关单位完成技术处理方案，并予以审核签认。质量事故技术处理方案，一般应委托原设计单位提出，由其他单位提供的技术处理方案，应经原设计单位同意签认。技术处理方案的制订，应征求建设单位意见。技术处理方案必须依据充分，应在质量事故的部位、原因全部查清的基础上，必要时，应委托法定工程质量检测单位进行质量鉴定或请专家论证，以确保技术处理方案可靠、可行，保证结构安全和使用功能。

技术处理方案核签后，监理工程师应要求施工单位制订详细的施工方案，必要时应编制监理实施细则，对工程质量事故技术处理施工质量进行监理，技术处理过程中的关键部位和关键工序应进行旁站。

对施工单位完工自检后报验的结果，组织有关各方进行检查验收，必要时应进行处理结果鉴定。要求事故单位整理编写质量事故处理报告，并审核签认，组织将有关技术资料归档。

工程质量事故处理报告主要内容如下。

（1）工程质量事故情况、调查情况、原因分析（选自质量事故调查报告）。

（2）质量事故处理的依据。

（3）质量事故技术处理方案。

（4）实施技术处理施工中有关问题和资料。

（5）对处理结果的检查鉴定和验收。

（6）质量事故处理结论。

第十一章　水利工程建设项目环境保护管理

第一节　建设项目环境保护管理概述

一、环境管理术语

（一）环境

环境是指组织运行活动的外部存在，包括空气、水、土地、自然资源、植物、动物、人，以及它们之间的相互关系。

环境是多种介质的组合，如水、空气、土地等。

环境还应包括受体，即当介质改变时受到影响的群体，如动物、植物、人。受体往往是被保护的对象，动物、植物的自我保护能力有限，需人类的特别保护才能得以生存。自然资源是环境的重要组成部分，是人类生存、发展不可或缺的，如石油、煤、各类矿物、水、海鲜、生物资源等。

（二）环境因素

环境因素是指一个组织活动、产品或服务中能与环境发生相互作用的要素。重要环境因素是指具有或可能具有重大环境影响的环境因素。

环境因素能与环境发生相互作用，并产生正面或负面的环境影响；环境因素与组织的活动、产品或服务相联系，这些活动、产品或服务中的某些能与环境发生作用，是造成环境影响的原因。

环境因素的重要性应与其可能造成的环境影响的严重程度相一致。能产生重要环境影响的因素，是重要的环境因素。对环境因素重要性的评价应与环境影响的重要性联系起来。

（三）环境影响

环境影响是指全部或部分由组织的活动、产品或服务给环境造成的任何有益或有害的变化。

环境的组成要素或要素间的相互关系发生了改变，也就形成了环境影响。如河流水质的改变、空气成分变化、生物种群的减少、人体的病变等都是改变后的现象，是结果。这些变化可能是有害的，也可能是有益的。人们更关注的是有害的变化，即负面的环境影响。

组织的活动、产品或服务是造成环境影响的根源。活动包括组织的生产、采购、后勤、经营等多方面，是人类有目的、有组织地进行的。产品或服务是组织生产与经营的产出，所有这些活动、产品或服务都可能给环境带来正面或负面的影响。

（四）相关方

相关方是指关注组织的环境绩效或受其环境绩效影响的个人或团体。

相关方可以是团体，也可以是个人。他们的共同特点是关注组织的环境绩效，或受到组织环境绩效的影响。

受组织环境绩效影响的相关方与组织环境绩效的改善有较为密切的关系，可能造成其经济或福利的损失，这类相关方包括：与组织相邻的，如邻厂、周围的居民、下风向的企业、河流的下游等；与组织的经营生产活动相关的，如股东、供应方、客户、员工等；关注组织环境绩效的相关方，如银行、政府部门（如规划部门、环境部门等）、环境保护组织等。这些相关方可能间接地受到组织环境绩效的影响。从这一意义上讲，组织的相关方可以是整个社会。

（五）环境绩效

环境绩效是指一个组织基于其环境方针、目标、指标，控制其环境因素所取得的可测量的环境管理体系结果。

这一术语也被译为环境表现、环境行为等。

"绩效"能较好地表达其实际内涵，它是对环境因素控制及环境管理所取得的成绩与效果的综合评价，不仅表现在具体环境因素的控制管理上，还表现在控制管理的结果上。

环境绩效是环境管理体系运行的结果与成效，是根据环境方针和目标、指标的要求，控制环境因素得到的。因此，环境绩效可用对环境方针、目标指标的实现程度来描述，并可具体体现在某一或某类环境因素的控制上。

环境绩效是可测量的，因而也是可比较的，可用于组织自身及组织与其他组织间的比较。

（六）持续改进

持续改进是指强化环境管理体系的过程，目的是根据组织的环境方针，改进环境绩效。

持续改进是强化环境管理体系过程，是整体环境绩效的改进与提高。环境绩效的持续改进有赖于环境管理体系的强化与完善。

持续改进不必发生在活动的所有方面。组织的环境绩效是多方面的，表现在对各种活动不同环境因素的控制和不同目标指标的实现与完成上。

（七）污染预防

污染预防是指采用防止、减少或控制污染的各种过程、惯例、材料或产品，可包括再循环、处理、过程更改、控制机制、资源的有效利用和材料替代等。

污染预防是为减少有害环境影响、提高资源利用率、降低成本而采取的各类方法与手段。污染预防的原则：首先不产生污染为最优选择；其次减少污染产出，最后才采取必要的末端治理，控制污染。

实现污染预防的手段是多种多样的，可包括管理手段，也可包括有效的技术措施，这里列举了几种普遍采用的方法：再循环、处理、过程更改、控制机制、资源有效利用、材料替代等。

二、水环境问题

（一）水环境问题的由来

水环境问题是由于人类活动作用于人们周围的水环境所引起的环境质量变化，以及这种变化反过来对人类的生产、生活和健康的影响问题。人类生活在环境中，其生产和生活不可避免地对环境产生影响，使环境质量发生变化，这些影响有些是有利的，有些是不利的，反过来，变化了的环境也对人类产生正面的或负面的影响。一般来说，人类对环境产生有利的影响，那么环境也对人类产生正面的影响，人类对环境产生不利的影响，那么环境就对人类产生负面的影响；人类活动对环境的影响大部分是负面的。构成人类周围环境的因素有很多，水环境是其最主要、最重要的因素之一。

（二）水环境问题的分类

1.水环境破坏

水环境破坏主要是指人类的活动产生的有关环境效应，导致环境结构与功能发生变化，对人类的生存与发展产生了不利影响。主要是由于人类违背了自然生态规律，急功近利，盲目开发自然资源。如地下水过度开发造成的地下水漏斗、地面下沉，水土流失，大型水利工程导致的环境改变、泥沙问题等。这一类环境问题不如工业污染那么显眼，在某些时候，不容易引起人们的关注，但是，对环境的影响（尤其是负面影响）是巨大的，后果是严重的。

2.水污染

水污染是指由于人类活动或自然过程引起某些物质（主要为化学物质）进入水体，导致其物理、化学及生物学特性的改变和水质的恶化，从而影响水的有效利用，危害人体健康的现象。水污染主要是在工业革命及大规模的城市化后出现的，在此之前，也有水污染，但对整个环境来说，影响很小。目前，各级环保部门对水污染的关注很多，国家也投入了大量的人力、物力及财力进行保护，但总的说来，水污染的形势依然严峻。

三、环境管理

（一）初始环评

若组织尚未建立环境管理体系，可通过初始环境评审对组织本身的环境管理状况进行综合的调查与分析，评审的内容可包括：

（1）适用的法律法规及其遵循情况；

（2）活动、产品或服务中环境因素的识别，重要环境因素的评价；

（3）现有的环境管理活动及程序的审查；

（4）以往的事件调查及反馈意见等。

其中，环境因素的识别与评价是进行初始环境评审的最核心内容，也是建立环境管理体系的基础性资料。

（二）识别环境因素

在识别环境因素时应注重从组织的活动、产品和服务中识别环境因素。环境因素应包括组织自身可以控制的及希望对其施加影响的两大类型；也应重视那些具有或可能具有重大影响环境因素的识别，涉及不同的时态与状态。

从组织的活动、产品和服务中识别环境因素，环境因素存在于组织的活动、产品或服务中。组织的生产、经营管理活动通过环境因素直接对环境产生影响，产品中的环境因素则会在流通和消费领域产生环境影响。

（三）评价重要环境因素

评价环境因素是在识别环境因素的基础上，明确管理重点和改进要求的过程，确定组织的重要环境因素。重要环境因素是具有或可能具有重大环境影响的因素，因此评价重要环境因素离不开对环境因素可能产生的环境影响的评价。

传统的环境影响评价方法中已有不少较为系统和成熟的各类环境影响的评价技术，如等标污染负荷、综合污染指数等，比较适合于有具体的法规排放标准的污染因子的评价。对于资源消耗、废物的产生等环境因素的评价，则可根据外部要求的紧迫程度、技术的成熟度、组织目前的管理水平、对环境因素的控制能力进行评价，可采用类比法、多因子打分法、专家评估、物料平衡算法等方法。

（四）制订环境管理方案

依据组织的环境方针和重要的环境因素制定环境目标和指标，并分解到各部门，以实现对环境污染的预防、治理和持续改进。

制订环境管理方案时应考虑生产活动、产品和服务的性质；除正常运行外，还应考虑异常或特殊的运行情况。

遇到新产品的开发、新的或修改的活动、产品和服务，应对原环境管理方案进行调整和修订，确保环境管理方案适应新的情况。

（五）运行控制

根据管理体系，要求各部门对环境因素进行控制实施管理方案，对生产活动中可能出现的突发事件，制定应急预案。采取必要的监视测量对环境管理结果进行测量，根据测量结果，采取纠正预防措施，以期达到持续改进的目的，建设项目环境管理体系。

四、施工过程的环境保护

（一）现场环境保护的意义

保护和改善施工环境是保证人们身体健康和社会文明的需要。采取专项措施防止粉尘、噪声和水源污染，保护好作业现场及其周围的环境，是保证职工和相关人员身体健康、体现社会总体文明的一项利国利民的重要工作。保护和改善施工现场环境是消除对外部干扰，保证施工顺利进行的需要。随着人们的法制观念和自我保护意识的增强，施工扰民问题反映突出，应及时采取防治措施，减少对环境的污染和对市民的干扰，也是施工生产顺利进行的基本条件。

（二）大气污染的防治

1.大气污染物的分类

大气污染物的种类有数千种，已发现有危害作用的有100多种，其中大部分是有机物。大气污染物通常以气体状态和粒子状态存在于空气中。

（1）气体状态污染物

气体状态污染物具有运动速度较快，扩散快，在周围大气中分布比较均匀的特点。气体状态污染物包括分子状态污染物和蒸气状态污染物。

分子状态污染物：指在常温常压下以气体分子形式分散于大气中的物质，如燃料燃烧过程中产生的二氧化硫、氮氧化物、一氧化碳等。

蒸气状态污染物：指在常温常压下易挥发的物质，以蒸气状态进入大气，如机动车尾气、沥青烟中含有的碳氢化合物等。

（2）粒子状态污染物

粒子状态污染物又称固体颗粒污染物，是分散在大气中的微小液滴和固体颗粒，粒径在0.01～100μm，是一个复杂的非均匀体。通常根据粒子状态污染物在重力作用下的沉降特性又可分为降尘和飘尘。

降尘：指在重力作用下能很快下降的固体颗粒，其粒径大于10μm。

飘尘：指可长期飘浮于大气中的固体颗粒，其粒径小于10μm。飘尘具有胶体的性质，故又称为气溶胶，它易随呼吸进入人体肺脏，危害人体健康，故称为可吸入颗粒。

施工工地的粒子状态污染物主要有锅炉、熔化炉、厨房烧煤产生的烟尘。还有建材破碎、筛分、碾磨、加料过程、装卸运输过程产生的粉尘等。

2.大气污染的防治措施

空气污染的防治措施主要针对上述粒子状态污染物和气体状态污染物进行治理。主要方法如下。

（1）除尘技术

在气体中除去或收集固态或液态粒子的设备称为除尘装置。主要种类有机械除尘装置、洗涤式除尘装置、过滤除尘装置和电除尘装置等。工地的烧煤茶炉、锅炉、炉灶等应选用装有上述除尘装置的设备。

工地上的其他粉尘可用遮盖、淋水等措施防治。

（2）气态污染物治理技术

大气中气态污染物的治理技术主要有以下几种。

吸收法：选用合适的吸收剂，可吸收空气中的SO_2、H_2S、HF等。

吸附法：让气体混合物与多孔性固体接触，把混合物中的某个组分吸留在固体表面。

催化法：利用催化剂把气体中的有害物质转化为无害物质。

燃烧法：通过热氧化作用，将废气中的可燃有害部分，转化为无害物质的方法。

冷凝法：使处于气态的污染物冷凝，从气体中分离出来的方法。该法特别适合处理有较高浓度的有机废气，如对沥青气体的冷凝、回收油品。

生物法：利用微生物的代谢活动过程把废气中的气态污染物转化为少害甚至无害的物质。该法应用广泛，成本低廉，但只适用于低浓度污染物。

3.施工现场空气污染的防治措施

施工现场的垃圾渣土要及时清理出现场。

高大建筑物清理施工垃圾时，要使用封闭式的容器或者采取其他措施处理高空废弃物，严禁凌空随意抛撒。

施工现场道路应指定专人定期洒水清扫，形成制度，防止道路扬尘。对于细颗粒散体材料（如水泥、粉煤灰、白灰等）的运输、储存要注意遮盖、密封，防止和减少飞扬。

车辆开出工地要做到不带泥沙，基本做到不撒土、不扬尘，减少对周围环境的污染。除设有符合规定的装置外，禁止在施工现场焚烧油毡、橡胶、塑料、皮革、树叶、枯草、各种包装物等废弃物品以及其他会产生有毒、有害烟尘和恶臭气体的物质。机动车都要安装减少尾气排放的装置，确保符合国家标准。工地茶炉应尽量采用电热水器。若只能使用烧煤茶炉和锅炉时，应选用消烟除尘型茶炉和锅炉，大灶应选用消烟节能回风炉灶，使烟尘降至允许排放的范围为止。

搅拌站封闭严密，并在进料仓上方安装除尘装置，采用可靠措施控制工地粉尘污染。

拆除旧建筑物时，应适当洒水，防止扬尘。

（三）水污染的防治

1.水污染物的主要来源

工业污染源：指各种工业废水向自然水体的排放。

生活污染源：主要有食物废渣、食油、粪便、合成洗涤剂、杀虫剂、病原微生物等。

农业污染源：主要有化肥、农药等。

施工现场的废水和固体废物随水流流入水体部分，包括泥浆、水泥、油漆、各种油类，混凝土外加剂、重金属、酸碱盐、非金属无机毒物等。

2.废水处理技术

废水处理的目的是把废水中所含的有害物质清理分离出来。废水处理可分为化学法、物理方法、物理化学方法和生物法。

物理法：利用筛滤、沉淀、气浮等方法。

化学法：利用化学反应来分离、分解污染物，或使其转化为无害物质的处理方法。

物理化学方法：主要有吸附法、反渗透法、电渗析法。

生物法：生物处理法是利用微生物新陈代谢功能，将废水中呈溶解和胶体状态的有机污染物降解，并转化为无害物质，使水得到净化。

3.施工过程水污染的防治措施

施工现场搅拌站废水、现制水磨石的污水、电石（碳化钙）的污水必须经沉淀池沉淀合格后排放，最好将沉淀水用于工地洒水降尘或采取措施回收利用。现场存放油料，必须对库房地面进行防渗处理。如采用防渗混凝土地面、铺油毡等措施。使用时，要采取防止油料跑、冒、滴、漏的措施，以免污染水体。施工现场100人以上的临时食堂，污水排放时可设置简易有效的隔油池，并定期清理，防止污染。

工地临时厕所、化粪池应采取防渗漏措施。中心城市施工现场的临时厕所可采用水冲式厕所，并有防蝇、灭蛆措施，防止污染水体和环境。化学用品、外加剂等要妥善保管，库内存放，防止污染环境。

（四）施工现场的噪声控制

噪声控制技术可从声源、传播途径、接收者防护等方面来考虑。

1.声源控制

从声源上降低噪声，是防止噪声污染的最根本的措施。

尽量采用低噪声设备和工艺代替高噪声设备与加工工艺，如低噪声振捣器、风机、电动空压机、电锯等。在声源处安装消声器消声，即在通风机、鼓风机、压缩机、燃气机、内燃机及各类排气放空装置等进出风管的适当位置设置消声器。

2.传播途径的控制

在传播途径上控制噪声方法主要有以下几种。

吸声：利用吸声材料（大多由多孔材料制成）或由吸声结构形成的共振结构（金属或木质薄板钻孔制成的空腔体）吸收声能，降低噪声。

隔声：应用隔声结构，阻碍噪声向空间传播，将接收者与噪声声源分隔。隔声结构包括隔声室、隔声罩、隔声屏障、隔声墙等。

消声：利用消声器阻止传播。允许气流通过的消声降噪是防治空气动力性噪声的主要装置。如对空气压缩机、内燃机产生的噪声等。

减振降噪：对由振动引起的噪声，通过降低机械振动减小噪声，如将阻尼材料涂在振动源上，或改变振动源与其他刚性结构的连接方式等。

（五）固体废物的处理

回收利用：回收利用是对固体废物进行资源化，减量化的重要手段之一。对建筑渣土可视其情况加以利用。废钢可按需要用作金属原材料。对废电池等废弃物应分散回收，集中处理。

减量化处理：减量化是对已经产生的固体废物进行分选、破碎、压实浓缩、脱水等减少其最终处置量，降低处理成本，减少对环境的污染。在减量化处理的过程中，也包括和其他处理技术相关的工艺方法，如焚烧、热解、堆肥等。

焚烧技术：焚烧用于不适合再利用且不宜直接予以填埋处置的废物，尤其是对于受到病菌、病毒污染的物品，可以用焚烧进行无害化处理。焚烧处理应使用符合环境要求的处理装置，注意避免对大气的二次污染。

稳定和固化技术：利用水泥、沥青等胶结材料，将松散的废物包裹起来，减小废物的毒性和迁移性。

填埋：经过无害化、减量化处理后，将固体废弃物残渣集中到填埋场进行处理。填埋场应利用天然或人工隔离屏障，尽量使处置的固体废弃物与周围的生态环境隔离，并注意其稳定性和长期安定性。

第二节　水利工程建设项目环境保护要求

一、环境保护法律法规体系

（一）环境保护行政法规

环境保护行政法规是由国务院制定并公布或经国务院批准有关主管部门公布的环境保护规范性文件。一是根据法律授权制定的环境保护法的实施细则或条例；二是针对环境保护的某个领域而制定的条例、规定和办法。

（二）政府部门规章

政府部门规章是指国务院环境保护行政主管部门单独发布或与国务院有关部门联合发布的环境保护规范性文件，以及政府其他有关行政主管部门依法制定的环境保护规范性文件。政府部门规章是以环境保护法律和行政法规为依据而制定的，或者是针对某些尚未有相应法律和行政法规调整的领域作出相应规定。

（三）环境保护地方性法规和地方性规章

环境保护地方性法规和地方性规章是享有立法权的地方权力机关和地方政府机关依据相关法律制定的环境保护规范性文件。这些规范性文件是根据本地实际情况和特定环境问题制定的，并在本地区实施，有较强的可操作性。

（四）环境标准

环境标准是环境保护法律法规体系的一个组成部分，是环境执法和环境管理工作的技术依据。我国的环境标准分为国家环境标准和地方环境标准。

（五）环境保护国际公约

环境保护国际公约是指我国缔结和参加的环境保护国际公约、条约和议定书。国际公约与我国环境法有不同规定时，优先适用国际公约的规定，但我国声明保留的条款除外。

（六）环境保护法律法规体系中各层次间的关系

法律层次无论是环境保护的综合法、单行法还是相关法，对环境保护的要求，法律效力是一样的。如果法律规定中有不一致的地方，应遵循后法大于先法。

国务院环境保护行政法规的法律地位仅次于法律。部门行政规章、地方环境法规和地方政府规章均不得违背法律和行政法规的规定。地方法规和地方政府规章只在制定法规、规章的辖区内有效。

我国的环境保护法律法规如与参加和签署的国际公约有不同规定时，应优先适用国际公约的规定，但我国声明保留的条款除外。

二、《中华人民共和国环境保护法》的要求

（1）建设污染环境项目，必须遵守国家有关建设项目环境保护管理的规定。建设项目的环境影响报告书，必须对建设项目产生的污染和对环境的影响作出评价，规定防治措施，经项目主管部门预审并依照规定的程序报环境保护行政主管部门批准。环境影响报告书经批准后，计划部门方可批准建设项目设计书。（2）开发利用自然资源，必须采取措施保护生态环境。（3）建设项目中防治污染的措施，必须与主体工程同时设计、同时施工、同时投产使用。防治污染的设施必须经原审批环境影响报告书的环境保护行政主管部门验收合格后，该建设项目方可投入生产或者使用。

防治污染的设施不得擅自拆除或者闲置，确有必要拆除或者闲置的，必须征得所在地环境保护行政主管部门的同意。

新建、改建、扩建直接或者间接向水体排放污染物的建设项目和其他水上设施，应当依法进行环境影响评价。

建设单位在江河、湖泊新建、改建、扩建排污口的，应当取得水行政主管部门或者流域管理机构同意；涉及通航、渔业水域的，环境保护主管部门在审批环境影响评价文件时，应当征求交通、渔业主管部门的意见。

建设项目的水污染防治设施，应当与主体工程同时设计、同时施工、同时投入使用。水污染防治设施应当经过环境保护主管部门验收，验收不合格的，该建设项目不得投入生产或者使用。

建设项目的环境影响报告书，必须对建设项目可能产生的水污染和对生态环境的影响作出评价，规定防治的措施，按照规定的程序报经有关环境保护部门审查批准。在运河、渠道、水库等水利工程内设置排污口，应当经过有关水利工程管理部门同意。

环境影响报告书中，应当有该建设项目所在地单位和居民的意见。

三、建设项目环境保护

（一）环境影响评价

1.概念

环境影响评价是指对规划和建设项目实施后可能造成的环境影响进行分析、预测和评估，提出预防或者减轻不良环境影响的对策和措施，进行跟踪监测的方法与制度。

2.环境影响评价的编制资质

国家对从事建设项目环境影响评价工作的单位实行资格审查制度。

从事建设项目环境影响评价工作的单位，必须取得国务院环境保护行政主管部门颁发的资格证书，按照资格证书规定的等级和范围，从事建设项目环境影响评价工作，并对评价结论负责。

国务院环境保护行政主管部门对已经颁发资格证书的从事建设项目环境影响评价工作的单位名单，应当定期予以公布。

从事建设项目环境影响评价工作的单位，必须严格执行国家规定的收费标准。

建设单位可以采取公开招标的方式，选择从事环境影响评价工作的单位，对建设项目进行环境影响评价。任何行政机关不得为建设单位指定从事环境影响评价工作的单位，进行环境影响评价。

3.分类管理

国家根据建设项目对环境的影响程度，按照下列规定对建设项目的环境保护实行分类管理。

建设项目对环境可能造成重大影响的，应当编制环境影响报告书，对建设项目产生的污染和对环境的影响进行全面、详细的评价。

建设项目对环境可能造成轻度影响的，应当编制环境影响报告表，对建设项目产生的污染和对环境的影响进行分析或者专项评价。

建设项目对环境影响很小，不需要进行环境影响评价的，应当填报环境影响登记表。

建设项目环境保护分类管理名录，由国务院环境保护行政主管部门制定并公布。

4.环境影响报告书的内容

建设项目环境影响报告书，应当包括下列内容：

①建设项目概况；②建设项目周围环境现状；③建设项目对环境可能造成影响的分析和预测；④环境保护措施及其经济、技术论证；⑤环境影响经济损益分析；⑥对建设项目实施环境监测的建议；⑦环境影响评价结论。

涉及水土保持的建设项目，还必须有经水行政主管部门审查同意的水土保持方案。

5.环境影响报告要求

①建设项目的环境影响评价工作，由取得相应资质证书的单位承担。②建设单位应当在建设项目可行性研究阶段报批建设项目环境影响报告书、环境影响报告表或者环境影响登记表。按照国家有关规定，不需要进行可行性研究的建设项目，建设单位应当在建设项目开工前报批建设项目环境影响报告书、环境影响报告表或者环境影响登记表；其中，需要办理营业执照的，建设单位应当在办理营业执照前报批建设项目环境影响报告书、环境影响报告表或者环境影响登记表。③建设项目环境影响报告书、环境影响报告表或者环境影响登记表，由建设单位报有审批权的环境保护行政主管部门审批；建设项目有行业主管部门的，其环境影响报告书或者环境影响报告表应当经行业主管部门预审后，报有审批权的环境保护行政主管部门审批。④海岸工程建设项目环境影响报告书或者环境影响报告表，经海洋行政主管部门审核并签署意见后，报环境保护行政主管部门审批；环境保护行政主管部门应当自收到建设项目环境影响报告书之日起60日内、收到环境影响报告表之日起30日内、收到环境影响登记表之日起15日内，分别作出审批决定并书面通知建设单位；预审、审核、审批建设项目环境影响报告书、环境影响报告表或者环境影响登记表，不得收取任何费用。⑤建设项目环境影响报告书、环境影响报告表或者环境影响登记表经批准后，建设项目的性质、规模、地点或者采用的生产工艺发生重大变化的，建设单位应当重新报批建设项目环

境影响报告书、环境影响报告表或者环境影响登记表；建设项目环境影响报告书、环境影响报告表或者环境影响登记表自批准之日起满5年，建设项目方开工建设的，其环境影响报告书、环境影响报告表或者环境影响登记表应当报原审批机关重新审核。原审批机关应当自收到建设项目环境影响报告书、环境影响报告表或者环境影响登记表之日起10日内，将审核意见书面通知建设单位；逾期未通知的，视为审核同意。⑥环境影响报告的审批权限。国家环境保护总局负责审批下列建设项目环境影响报告书、环境影响报告表或者环境影响登记表：第一，跨越省、自治区、直辖市界区的建设项目。第二，特殊性质的建设项目（如核设施、绝密工程等）。第三，特大型的建设项目（报国务院审批），即总投资限额2亿元以上，由国家发改委批准，或计划任务书由国家发改委报国务院批准的建设项目。第四，由省级环境保护部门提交上报，对环境问题有争议的建设项目。

以上规定外的建设项目环境影响报告书、环境影响报告表或者环境影响登记表的审批权限，由省、自治区、直辖市人民政府规定。

建设项目造成跨行政区域环境影响，有关环境保护行政主管部门对环境影响评价结论有争议的，其环境影响报告书或者环境影响报告表由共同上一级环境保护行政主管部门审批。

（二）环境保护设施建设

（1）建设项目需要配套建设的环境保护设施，必须与主体工程同时设计、同时施工、同时投产使用。

（2）建设项目的初步设计，应当按照环境保护设计规范的要求，编制环境保护篇章，并依据经批准的建设项目环境影响报告书或者环境影响报告表，在环境保护篇章中落实防治环境污染和生态破坏的措施以及环境保护设施投资概算。

（3）建设项目的主体工程完工后，需要进行试生产的，其配套建设的环境保护设施必须与主体工程同时投入试运行。

（4）建设项目试生产期间，建设单位应当对环境保护设施的运行情况和建设项目对环境的影响进行监测。

（5）建设项目竣工后，建设单位应当向审批该建设项目环境影响报告书、环境影响报告表或者环境影响登记表的环境保护行政主管部门，申请该建设项目需要配套建设的环境保护设施竣工验收。环境保护设施竣工验收，应当与主体工程竣工验收同时进行。需要进行试生产的建设项目，建设单位应当自建设项目投入试生产之日起3个月内，向审批该建设项目环境影响报告书、环境影响报告表或者环境影响登记表的环境保护行政主管部门，申请该建设项目需要配套建设的环境保护设施竣工验收。

（6）分期建设、分期投入生产或者使用的建设项目，其相应的环境保护设施应当分期验收。

（7）环境保护行政主管部门应当自收到环境保护设施竣工验收申请之日起30日内，完成验收。

（8）建设项目需要配套建设的环境保护设施经验收合格，该建设项目方可正式投入生产或者使用。

（三）法律责任

违反规定，有下列行为之一的，由负责审批建设项目环境影响报告书、环境影响报告表或者环境影响登记表的环境保护行政主管部门责令限期补办手续；逾期不补办手续，擅自开工建设的，责令停止建设，可以处10万元以下的罚款。

（1）未报批建设项目环境影响报告书、环境影响报告表或者环境影响登记表的。

（2）建设项目的性质、规模、地点或者采用的生产工艺发生重大变化，未重新报批建设项目环境影响报告书、环境影响报告表或者环境影响登记表的。

（3）建设项目环境影响报告书、环境影响报告表或者环境影响登记表自批准之日起满5年，建设项目方开工建设，其环境影响报告书、环境影响报告表或者环境影响登记表未报原审批机关重新审核的。

建设项目环境影响报告书、环境影响报告表或者环境影响登记表未经批准或者未经原审批机关重新审核同意，擅自开工建设的，由负责审批该建设项目环境影响报告书、环境影响报告表或者环境影响登记表的环境保护行政主管部门责令停止建设，限期恢复原状，可以处10万元以下的罚款。

违反本条例规定，试生产建设项目配套建设的环境保护设施未与主体工程同时投入试运行的，由审批该建设项目环境影响报告书、环境影响报告表或者环境影响登记表的环境保护行政主管部门责令限期改正；逾期不改正的，责令停止试生产，可以处5万元以下的罚款。

违反本条例规定，建设项目投入试生产超过3个月，建设单位未申请环境保护设施竣工验收的，由审批该建设项目环境影响报告书、环境影响报告表或者环境影响登记表的环境保护行政主管部门责令限期办理环境保护设施竣工验收手续；逾期未办理的，责令停止试生产，可以处5万元以下的罚款。

违反本条例规定，建设项目需要配套建设的环境保护设施未建成、未经验收或者经验收不合格，主体工程正式投入生产或者使用的，由审批该建设项目环境影响报告书、环境影响报告表或者环境影响登记表的环境保护行政主管部门责令停止生产或者使用，可以处10万元以下的罚款。

从事建设项目环境影响评价工作的单位，在环境影响评价工作中弄虚作假的，由国务院环境保护行政主管部门吊销资格证书，并处所收费用1倍以上3倍以下的罚款。

环境保护行政主管部门的工作人员徇私舞弊、滥用职权、玩忽职守，构成犯罪的，依法追究刑事责任；尚不构成犯罪的，依法给予行政处分。

四、建设项目环境保护程序

（一）项目建议书阶段或预可行性研究阶段的环境管理

（1）建设单位结合选址，对建设项目组成投产后可能造成的环境影响，进行简要说明（或环境影响初步分析）。

（2）环保部门参加厂址现场踏勘。

（3）省级环境保护部门签署意见，纳入项目建议书作为立项依据。

（二）可行性研究（设计任务书）阶段的环境管理

（1）国家环境保护总局及行业主管部门根据国家发改委及有关部门立项批复，督促建设单位执行环境影响报告书（表）审查制度。

（2）建设单位征求国家环境保护总局意见，确定做报告书或报告表。委托持甲级评价证书的单位，编制环境影响报告表，或评价大纲（环评实施方案）。

（3）建设单位向国家环境保护总局申报环境影响评价大纲（环评实施方案），抄送行业主管部门，同时附立项文件及环评经费概算，国家环境保护总局根据情况确定审查方式（组织专家评审会，专家现场考察及征求有关部门意见），提出审查意见。

（4）根据国家环境保护总局对"大纲"审查的意见和要求（主要包括评价范围，选用的标准，确定的保护目标，环境要素的取舍和评价经费等）及确定的大纲内容，评价单位与建设单位签订合同，开展评价工作，编制环境影响报告书。

（5）建设项目如有重大变动，建设单位及评价单位应及时向环保部门报告。

（6）建设单位将编制完成的"报告书（表）"，按审批权限上报主管部门的环保机构，抄报国家环境保护总局和项目所在地省、市环保部门。

（7）主管部门组织报告书（表）预审，将预审意见和修改确定的两套环评报告书报国家环境保护总局审批。省级环保部门应同时向国家环境保护总局报送审查意见。国家环境保护总局在接到预审意见之日起，两个月内批复或签署意见。逾期不批复或未签署意见，可视其上报方案已被确认。

（8）国家环境保护总局可委托省级环保部门审查"大纲"或审批"报告书"。

（9）国家环境保护总局参加对环境有重大影响的项目可行性研究报告评估。

（三）设计阶段的环境管理

一般建设项目按两个阶段进行设计，即初步设计和施工图设计。对于技术上复杂而又缺乏设计经验的项目，经行业主管部门确定，可以增加技术设计阶段；为解决总体开发方案和建设部署等重大问题，有些行业可增加总体规划设计或总体设计。

1.初步设计阶段的环境管理

①建设项目初步设计必须按照《建设项目环境保护设计规定》编制环境保护篇章，具体落实环境影响报告书（表）及其审批意见所确定的各项环境保护措施和投资概算。②建设单位在设计会审前向政府环保部门报送设计文件。③特大型（重点）建设项目按审查权限由国家环境保护总局或由国家环境保护总局委托省级政府环保部门参加设计审查，一般建设项目由省级政府环保部门参加设计审查。必要时环保部门可单独审查环保篇章。

2.施工图设计阶段的环境管理

①根据初步设计审查的审批意见，建设单位会同设计单位，在施工图中落实有关环保工程的设计及其环保投资。②环保部门组织监督检查。③建设单位报批开工报告。批准后，建设项目列入年度计划，其中应包括相应环保投资。

（四）施工阶段的环境管理

建设单位会同施工单位做好环保工程设施的施工建设、资金使用情况等资料、文件的整理建档工作备查，以季报的形式将环保工程的进度情况上报政府环保部门。

环保部门检查环保报批手续是否完备，环保工程是否纳入施工计划及建设进度和资金落实情况，提出意见。

建设单位与施工单位负责落实环保部门对施工阶段的环保要求以及施工过程中的环保措施；主要是保护施工现场周围的环境，防止对自然环境造成不应有的破坏；防止和减轻粉尘、噪声、震动等对周围生活居住区的污染和危害。建设项目竣工后，施工单位应当修整和恢复在建设过程中受到破坏的环境。

（五）试生产和竣工验收阶段的环境管理

（1）建设单位向主管部门和政府环保部门提交试运转申请报告。

（2）经批准后，环保工程与主体工程同时投入试运行。做好试运转记录，并应由当地环保监测机构进行监测。

（3）建设单位向行业主管部门和政府环保部门提交环保工程预验收申请报告，附试运转监测报告。

（4）省级政府环保部门组织环保工程的预验收。

（5）建设单位根据环保部门在预验收中提出的要求，认真组织实施，预验收合格后，方可进行正式竣工验收。

（6）特大型（重点）建设项目由国家环境保护总局参加或委托省级政府环保部门参加正式竣工验收，并办理建设项目环保工程验收合格证。

第三节　水利工程建设项目水土保持管理

一、水土流失

（一）水土流失的定义

水土流失是指在水力、风力、重力等外力作用下，山丘区及风沙区水土资源和土地生产力的破坏和损失。水土流失包括土壤侵蚀及水的损失，也称水土损失。土壤侵蚀的形式除雨滴溅蚀、片蚀、细沟侵蚀、浅沟侵蚀、切沟侵蚀等典型的形式外，还包括山洪侵蚀、泥石流侵蚀以及滑坡等形式。水的损失一般是指植物截留损失、地面及水面蒸发损失、植物蒸腾损失、深层渗漏损失、坡地径流损失。在我国水土流失概念中，水的损失主要指坡地径流损失。

（二）水土流失的危害

水土流失在我国的危害已达到十分严重的程度，它不仅造成土地资源的破坏，导致农业生产环境恶化，生态平衡失调，水旱灾害频繁，而且影响各业生产的发展。具体危害如下。

1.破坏土地资源，蚕食农田，威胁群众生存

土壤是人类赖以生存的物质基础，是环境的基本要素，是农业生产的最基本资源。年复一年的水土流失，使有限的土地资源遭受严重的破坏，土层变薄，地表物质"沙化""石化"。

2.削弱地力，加剧干旱发展

由于水土流失，使坡耕地成为跑水、跑土、跑肥的"三跑田"，致使土地日益贫瘠，而且土壤侵蚀造成的土壤理化性状的恶化，土壤透水性、持水力的下降，加剧了干旱的发展，使农业生产低而不稳，甚至绝产。

3.泥沙淤积河床，洪涝灾害加剧

水土流失使大量泥沙下泄，淤积下游河道，削弱行洪能力，一旦上游来洪量增大，就会引起洪涝灾害。近几十年来，特别是最近几年，长江、松花江、嫩江、黄河、珠江、淮河等发生的洪涝灾害，所造成的损失触目惊心。这都与水土流失使河床淤高有很大的关系。

4.泥沙淤积水库湖泊，降低其综合利用功能

水土流失不仅使洪涝灾害频繁，而且产生的泥沙大量淤积水库、湖泊，严重威胁到水利设施和效益的发挥。

5.影响航运，破坏交通安全

由于水土流失造成河道、港口的淤积，致使航运里程和泊船吨位急剧降低，而且每年汛期由于水土流失形成的山体塌方、泥石流等造成交通中断，在全国各地时有发生。

二、水土保持

（一）我国水土保持的成功做法

我国水土保持经过半个世纪的发展，走出了一条具有中国特色综合防治水土流失的路子。

（1）预防为主，依法防治水土流失。加强执法监督，加强项目管理，控制人为水土流失。

（2）以小流域为单元，科学规划，综合治理。

（3）治理与开发利用相结合，实现三大效益的统一。

（4）优化配置水资源，合理安排生态用水，处理好生产、生活和生态用水的关系。同时在水土保持和生态建设中，充分考虑水资源的承载能力，因地制宜，因水制宜，适地适树，宜林则林，宜灌则灌，宜草则草。

（5）依靠科技，提高治理的水平和效益。

（6）建立政府行为和市场经济相结合的运行机制。

（7）广泛宣传，提高全民的水土保持意识。

（二）水土保持的基本原则

水土保持必须贯彻预防为主，全面规划，综合防治，因地制宜，加强管理。要贯彻好注重效益的方针，必须遵循以下治理原则。

（1）因地制宜，因害设防，综合治理开发。

（2）防治结合。

（3）治理开发一体化。

（4）突出重点，选好突破口。

（5）规模化治理，区域化布局。

（6）治管结合。

（三）治理措施

为实现水土保持战略目标和任务，采取以下措施。

1.依法行政，不断完善水土保持法律法规体系，强化监督执法

通过宣传教育，不断增强群众的水土保持意识和法制观念，坚决遏制人为水土流失，保护好现有植被。重点抓好开发建设项目的水土保持管理。把水土流失的防治纳入法制化轨道。

2.实行分区治理，分类指导

西北黄土高原区以建设稳产高产基本农田为突破口，突出沟道治理，退耕还林还草。东北黑土区大力推行保土耕作，保护和恢复植被。南方红壤丘陵区采取封禁治理，提高植物覆盖率，通过以电代柴解决农村能源问题。北方土石山区改造坡耕地，发展水土保持林和水源涵养林。西南石灰岩地区陡坡退耕，大力改造坡耕地，蓄水保土，控制石漠化。风沙区营造防风固沙林带，实施封育保护，防止沙漠扩展。草原区实行围栏、封育、轮牧、休牧、建设人工草场。

3.加强封育保护，依靠生态的自我修复能力，促进大范围的生态环境改善

按照人与自然和谐相处的要求控制人类活动对自然的过度索取和侵害。大力调整农牧业的生产方式，在生态脆弱地区，封山禁牧，舍饲圈养，依靠大自然的力量，特别是生态的自我修复能力，增加植被，减轻水土流失，改善生态环境。

4.大规模地开展生态建设工程

继续开展以长江上游、黄河中游地区以及环京津地区的一系列重点生态工程建设，加大退耕还林力度，保护天然林。加快跨流域调水和水资源工程建设，尽快实施南水北调工程，缓解北方地区水资源短缺的矛盾，改善生态环境。在内陆河流域合理安排生态用水，恢复绿洲和遏制沙漠化。

5.科学规划，综合治理

实行以小流域为单元的山、水、田、林、路统一规划，尊重群众的意愿，综合运用工程、生物和农业技术三大措施，有效控制水土流失，合理利用水土资源。通过经济结构、产业结构和种植结构的调整，提高农业综合生产能力和农民收入，使治理区的水土流失程度减轻，经济得到发展，人居环

境得到改善，实现人口、资源、环境和社会的协调发展。

6.加强水土保持科学研究，促进科技进步

不断探索有效控制土壤侵蚀，提高土地综合生产能力的措施，加强对治理区群众的培训，搞好水土保持科学普及和技术推广工作。积极开展水土保持监测预报，大力应用"3S"等高新技术，建立全国水土保持监测网络和信息系统，努力提高科技在水土保持中的贡献率。

三、《中华人民共和国水土保持法》的有关规定

（一）水利工程建设项目水土保持要求

（1）从事可能引起水土流失的生产建设活动的单位和个人，必须采取措施保护水土资源，并负责治理因生产建设活动造成的水土流失。

（2）修建铁路、公路和水工程，应当尽量减少破坏植被；废弃的砂、石、土必须运至规定的专门存放地堆放，不得向江河、湖泊、水库和专门存放地以外的沟渠倾倒。

（3）在山区、丘陵区、风沙区修建铁路、公路、水工程，开办矿山企业、电力企业和其他大中型工业企业，在建设项目环境影响报告书中，必须有水行政主管部门同意的水土保持方案；建设项目中的水土保持设施，必须与主体工程同时设计、同时施工、同时投产使用。建设工程竣工验收时，应当同时验收水土保持设施，并有水行政主管部门参加。

（4）企业事业单位在建设和生产过程中必须采取水土保持措施，对造成的水土流失负责治理。本单位无力治理的，由水行政主管部门治理，治理费用由造成水土流失的企业事业单位负担；建设过程中发生的水土流失防治费用，从基本建设投资中列支；生产过程中发生的水土流失防治费用，从生产费用中列支。

（二）水土保持监督

（1）国务院水行政主管部门建立水土保持监测网络，对全国水土流失动态进行监测预报，并予以公告。

（2）县级以上地方人民政府水行政主管部门的水土保持监督人员，有权对本辖区的水土流失及其防治情况进行现场检查。被检查单位和个人必须如实报告情况，提供必要的工作条件。

（3）地区之间发生的水土流失防治的纠纷，应当协商解决；协商不成的，由上一级人民政府处理。

（三）法律责任

（1）在禁止开垦的陡坡地开垦种植农作物的，由县级人民政府水行政主管部门责令停止开垦、采取补救措施，可以处以罚款。

（2）企业事业单位、农业集体经济组织未经县级人民政府水行政主管部门批准，擅自开垦禁止开垦坡度以下、五度以上的荒坡地的，由县级人民政府水行政主管部门责令停止开垦、采取补救措施，可以处以罚款。

（3）在县级以上地方人民政府划定的崩塌滑坡危险区、泥石流易发区范围内取土、挖砂或者采石的，由县级以上地方人民政府水行政主管部门责令停止上述违法行为、采取补救措施，处以罚款。

（4）在林区采伐林木，不采取水土保持措施，造成严重水土流失的，由水行政主管部门报请县级以上人民政府决定责令限期改正、采取补救措施，处以罚款。

（5）企业事业单位在建设和生产过程中造成水土流失，不进行治理的，可以根据所造成的危害后果处以罚款，或者责令停业治理；对有关责任人员由其所在单位或者上级主管机关给予行政处分。罚款由县级人民政府水行政主管部门报请县级人民政府决定。责令停业治理由市、县级人民政府决定；中央或者省级人民政府直接管辖的企业事业单位的停业治理，须报请国务院或者省级人民政府批准。个体采矿造成水土流失，不进行治理的，按照前两款的规定处罚。

（6）当事人对行政处罚决定不服的，可以在接到处罚通知之日起15日内向作出处罚决定的机关的上一级机关申请复议；当事人也可以在接到处罚通知之日起15日内直接向人民法院起诉。复议机关应当在接到复议申请之日起60

日内作出复议决定。当事人对复议决定不服的，可以在接到复议决定之日起 15 日内向人民法院起诉。复议机关逾期不作出复议决定的，当事人可以在复议期满之日起 15 日内向人民法院起诉。当事人逾期不申请复议也不向人民法院起诉、又不履行处罚决定的，作出处罚决定的机关可以申请人民法院强制执行。

（7）造成水土流失危害的，有责任排除危害，并对直接受到损害的单位和个人赔偿损失。赔偿责任和赔偿金额的纠纷，可以根据当事人的请求，由水行政主管部门处理；当事人对处理决定不服的，可以向人民法院起诉。当事人也可以直接向人民法院起诉。由于不可抗拒的自然灾害，并经及时采取合理措施，仍然不能避免造成水土流失危害的，免予承担责任。

（8）水土保持监督人员玩忽职守、滥用职权给公共财产、国家和人民利益造成损失的，由其所在单位或者上级主管机关给予行政处分；构成犯罪的，依法追究刑事责任。

第四节　水利工程文明施工

一、文明施工的意义

文明施工有广义和狭义两种理解。广义的文明施工，简单来说就是科学地组织施工。狭义的文明施工，是指在施工现场按照现代化施工的客观要求，使施工现场保持良好的施工环境和施工秩序。

文明施工是现代化施工的一个重要标志，是施工企业一项基本的管理工作。坚持文明施工具有重要意义。

（一）文明施工是施工企业各项管理水平的综合反映

建筑工程体积庞大、结构复杂、工种工序繁多，立体交叉作业平行流水施工，生产周期长，需用原料多，工程能否顺利进行受环境影响很大。文明施工就是要通过对施工现场中的质量、安全防护、安全用电、机械设备、技术、消防保卫、场容、卫生等各个方面的管理，创造良好的施工环境和施工秩序，文明施工能促进安全生产、加快施工进度、保证工程质量、降低工程成本、提高经济和社会效益。文明施工涉及人、财、物各个方面，贯穿于施工全过程之中，是企业各项管理在施工现场的综合反映。

（二）文明施工是适应现代化施工的客观要求

现代化施工采用先进的技术、工艺、材料、设备和科学的施工方案，需要严密的施工组织、严格的要求、标准化的管理和较好的职工素质等。文明施工能适应现代化施工的要求，是实现优质、高效、低耗、安全、清洁、卫生的有效手段。

（三）文明施工能树立企业的形象

良好的施工环境与施工秩序，可以得到社会的信赖和支持，提高企业的知名度和市场竞争力。

（四）文明施工有利于员工的身心健康，有利于培养和提高施工队伍的整体素质

文明施工可以提高职工队伍的文化、技术和思想素质，培养尊重科学、遵守纪律、团结协作的大生产意识，促进企业精神文明建设。还可以促进施工队伍整体素质的提高。

二、文明施工的组织与管理

（一）组织和制度管理

施工现场应成立以项目经理为第一责任人的文明施工管理组织。分包单位应服从总包单位的文明施工管理组织的统一管理，并接受监督检查。各项施工现场管理制度应有文明施工的规定，包括个人岗位责任制、经济责任

制、安全检查制度、持证上岗制度、奖惩制度、竞赛制度和各项专业管理制度等。加强和落实现场文明检查、考核及奖惩管理，以促进施工文明管理工作提高。检查范围和内容应全面周到，包括生产区、生活区、场容场貌、环境文明及制度落实等内容。检查发现的问题应采取整改措施。

（二）建立收集文明施工的资料

上级关于文明施工的标准、规定、法律法规等资料。

施工组织设计（方案）中对文明施工的管理规定，各阶段施工现场文明施工的措施。文明施工自检资料。

文明施工教育、培训、考核计划的资料。

文明施工活动的各项记录资料。

（三）加强文明施工的宣传和教育

在坚持岗位练兵的基础上，要采取走出去、请进来、短期培训、上技术课、登黑板报、广播、看录像、看电视等方法狠抓教育工作。

要特别注意对临时工的岗前教育。

专业管理人员应熟悉掌握文明施工的规定。

三、现场文明施工的基本要求

（1）施工现场必须设置明显的标牌，标明工程项目名称、建设单位、设计单位、施工单位、项目经理和施工现场总代表人的姓名、开竣工日期、施工许可证批准文号等。施工单位负责施工现场标牌的保护工作。

（2）施工现场的管理人员在施工现场应当佩戴证明其身份的证件。

（3）应当按照施工总平面布置图设置各项临时设施。现场堆放的大宗材料、成品、半成品和机具设备不得侵占场内道路及安全防护等设施。

（4）施工现场的用电线路、用电设施的安装和使用必须符合安装规范和安全操作规程，并按照施工组织设计进行架设，严禁任意拉线接电。施工现场必须设有保证施工安全要求的夜间照明；危险潮湿场所的照明以及手持照明灯具，必须采用符合安全要求的电压。

（5）施工机械应当按照施工总平面布置图规定的位置和线路设置，不得任意侵占场内道路。施工机械进场须经过安全检查，经检查合格的方能使用。施工机械操作人员必须建立机组责任制，并依照有关规定持证上岗，禁止无证人员操作。

（6）应保证施工现场道路畅通，排水系统处于良好的使用状态；保持场容场貌的整洁，随时清理建筑垃圾。在车辆、行人通行的地方施工，应当设置施工标志，并对沟井坎穴进行覆盖。

（7）施工现场的各种安全设施和劳动保护器具，必须定期进行检查和维护，及时消除隐患，保证其安全有效。

（8）施工现场应当设置各类必要的职工生活设施，并符合卫生、通风、照明等要求。职工的膳食、饮水供应等应当符合卫生要求。

（9）应当做好施工现场的安全保卫工作，采取必要的防盗措施，在现场周边设立围护设施。

（10）在施工现场建立和执行防火管理制度，设置符合消防要求的消防设施，并保持完好的备用状态。在容易发生火灾的地区施工，或者储存、使用易燃易爆器材时，应当采取特殊的消防安全措施。

四、水利工程建设项目文明施工要求

（一）文明建设工地的基本条件

根据《水利系统文明工地评审管理办法》，水利系统文明建设工地由项目法人负责申报。申报水利系统文明建设工地的项目应满足下列基本条件：

（1）已完工程量一般应达全部建安工程量的30%以上；

（2）工程未发生严重的违法乱纪事件和重大质量、安全事故；

（3）符合水利系统文明建设工地考核标准的要求。

（二）文明建设工地考核内容

根据《水利系统文明工地评审管理办法》，《水利系统文明建设工地考核标准》分为以下3项内容：①精神文明建设；②工程建设管理水平；③施工区环境。

工程建设管理水平考核包括以下4个方面：①基本建设程序；②工程质量管理；③施工安全措施；④内部管理制度。

基本建设程序考核包括以下4项内容：①工程建设符合国家的政策、法规，严格按照建设程序建设；②按照有关文件实行招标投标制和建设监理制规范；③工程实施过程中，能严格按合同管理，合理控制投资、工期、质量，验收程序符合要求；④项目法人与监理、设计、施工单位关系融洽。

质量管理考核包括以下5项内容：①工程施工质量检查体系及质量保证体系健全；②工地实验室拥有必要的检测设备；③各种档案资料真实可靠，填写规范、完整；④工程内在、外观质量优良，单元工程优良品率达到70%以上，未出现重大质量事故；⑤出现质量事故能按照四不放过原则及时处理。施工安全措施考核包括以下4项内容：①建立以责任制为核心的安全管理和保证体系，配备专职或兼职安全员；②认真贯彻国家有关施工安全的各项规定和标准，并制定安全保证制度；③施工现场无不符合安全操作规程状况；④一般伤亡事故控制在标准内，未发生重大安全事故。

施工区环境考核包括以下8项内容：①现场材料堆放、施工机械停放有序、整齐；②施工现场道路平整、畅通；③施工现场排水畅通，无严重积水现象；④施工现场做到工完场清，建筑垃圾集中堆放并及时清运；⑤危险区域有醒目的安全警示牌，夜间作业要设警示灯；⑥施工区与生活区应挂设文明施工标牌或文明施工规章制度；⑦办公室、宿舍、食堂等公共场所整洁卫生、有条理；⑧能注意正确协调处理与当地政府和周围群众的关系。

第十二章　施工安全管理

第一节　施工安全因素

一、安全管理的概念

（一）建筑工程安全生产管理的特点

1.安全生产管理涉及面广、涉及单位多

由于建筑工程规模大，生产工艺复杂、工序多，在建造过程中流动作业多、高处作业多，作业位置多变，遇到不确定因素多，所以安全管理工作涉及范围大，控制面广。安全管理不仅是施工单位的责任，建设单位、勘察设计单位和监理单位，也要为安全管理承担相应的责任和义务。

2.安全生产管理动态性

由于建筑工程项目的单件性，使得每项工程所处的条件不同，所面临的危险因素和防范也会有所改变。

工程项目的分散性。施工人员在施工过程中，分散于施工现场的各个部位，当他们面对各种具体的生产问题时，一般依靠自己的经验和知识进行判断并作出决定，从而增加了施工过程中由不安全行为而导致事故的风险。

3.安全生产管理的交叉性

建筑工程项目是开放系统，受自然环境和社会环境影响很大，安全生产管理需要把工程系统和环境系统及社会系统相结合。

4.安全生产管理的严谨性

安全状态具有触发性，安全管理措施必须严谨，一旦失控，就会造成损失和伤害。

（二）建筑工程安全生产管理的方针

"安全第一"是建筑工程安全生产管理的原则和目标，"预防为主"是实现安全第一的最重要手段。

（三）建筑工程安全管理的原则

1."管生产必须管安全"的原则

一切从事生产、经营的单位和管理部门都必须管安全，全面开展安全工作。

2."安全具有否决权"的原则

安全管理工作是衡量企业经营管理工作好坏的一项基本内容，在对企业进行各项指标考核时，必须首先考虑安全指标的完成情况。安全生产指标具有一票否决的作用。

3.职业安全卫生"三同时"的原则

"三同时"指建筑工程项目其劳动安全卫生设施必须符合国家规范规定的标准，必须与主体工程同时设计、同时施工、同时投入生产和使用。

（四）安全生产责任制度

安全生产责任制度是建筑生产中最基本的安全管理制度，是所有安全规章制度的核心。安全生产责任制度是指将各种不同的安全责任落实到具体安全管理的人员和具体岗位人员身上的一种制度。这一制度是安全第一、预防为主的具体体现，是建筑安全生产的基本制度。

（五）安全生产目标管理

安全生产目标管理就是根据建筑施工企业的总体规划要求，制定出在一定时期内安全生产方面所要达到的预期目标并组织实现此目标。其基本内容是确定目标、目标分解、执行目标、检查总结。

（六）施工组织设计

施工组织设计是组织建设工程施工的纲领性文件，是指导施工准备和组织施工的全面性的技术、经济文件，是指导现场施工的规范性文件。施工组织设计必须在施工准备阶段完成。

（七）安全技术措施

安全技术措施是指为防止工伤事故和职业病的危害，从技术上采取的措施。在工程施工中，是指针对工程特点、环境条件、劳力组织、作业方法、施工机械、供电设施等制定的确保安全施工的措施。

安全技术措施也是建设工程项目管理实施规划或施工组织设计的重要组成部分。

（八）安全技术交底

安全技术交底是落实安全技术措施及安全管理事项的重要手段之一。重大安全技术措施及重要部位的安全技术由公司负责人向项目经理部技术负责人进行书面的安全技术交底；一般安全技术措施及施工现场应注意的安全事项由项目经理部技术负责人向施工作业班组、作业人员作出详细说明，并经双方签字认可。

（九）安全教育

安全教育是实现安全生产的一项重要基础工作，它可以提高职工搞好安全生产的自觉性、积极性和创造性，增强安全意识，掌握安全知识，提高职工的自我防护能力，使安全规章制度得到贯彻执行。安全教育培训的主要内容有：安全生产思想、安全知识、安全技能、安全操作规程标准、安全法规、劳动保护和典型事例。

（十）班组安全活动

班组安全活动是指在上班前由班组长组织并主持，根据本班目前的工作内容，重点介绍安全注意事项、安全操作要点，以达到组员在班前掌握安全操作要领，提高安全防范意识，减少事故发生的活动。

（十一）特种作业

特种作业是指在劳动过程中容易发生伤亡事故，对操作者本人，尤其对他人和周围设施的安全有重大危害因素的作业。直接从事特种作业者，称特种作业人员。

（十二）安全检查

安全检查是指建设行政主管部门、施工企业安全生产管理部门或项目经理，对施工企业和工程项目经理部贯彻国家安全生产法律及法规的情况、安全生产情况、劳动条件、事故隐患等进行的检查。

（十三）安全事故

安全事故是人们在进行有目的的活动中，发生了违背人们意愿的不幸事件，使其有目的的行动暂时或永久地停止。重大安全事故，是指在施工过程中由于责任过失造成工程倒塌或废弃、机械设备破坏和安全设施失当造成人身伤亡或者重大经济损失的事故。

（十四）安全评价

安全评价是采用系统科学方法，辨别和分析系统存在的危险性并根据其形成事故的风险大小，采取相应的安全措施，以达到系统安全的过程。安全评价的基本内容有识别危险源、评价风险、采取措施，直到达到安全目标。

（十五）安全标志

安全标志由安全色、几何图形符号构成，以此表达特定的安全信息。其目的是引起人们对不安全因素的注意，预防事故的发生。安全标志分为禁止标志、警告标志、指令标志、提示性标志四类。

二、工程施工特点

建筑业的生产活动危险性大，不安全因素多，是事故多发行业。建筑施工的主要特点如下。

（1）工程建设最大的特点就是产品固定，这是它不同于其他行业的根本点，建筑产品是固定的，体积大、生产周期长。建筑物一旦施工完毕就固定了，生产活动都是围绕着建筑物、构筑物来进行的，有限的场地上集中了大量的人员、建筑材料、设备零部件和施工机具等，这样的情况可以持续几个月或一年，有的甚至需要七八年，工程才能完成。

（2）高处作业多，工人常年在室外操作。一栋建筑物从基础、主体结构到屋面工程、室外装修等，露天作业约占整个工程的70%。现在的建筑物一般都在7层以上，绝大部分工人都在十几米或几十米的高处从事露天作业。工作条件差，且受到气候条件多变的影响。

（3）手工操作多，繁重的劳动消耗大量体力。建筑业是劳动密集型的传统行业之一，大多数工种都需要手工操作。近年来，墙体材料有了改革，出现了大模、滑模、大板等施工工艺，但就全国来看，绝大多数墙体仍然是使用黏土砖、水泥空心砖和小砌块砌筑。

（4）现场变化大。每栋建筑物从基础、主体到装修，每道工序都不同，不安全因素也就不同，即使同一工序由于施工工艺和施工方法不同，生产过程也不同。而随着工程进度的推进，施工现场的施工状况和不安全因素也随之变化。为了完成施工任务，要采取很多临时性措施。

（5）近年来，建筑任务已由以工业为主向以民用建筑为主转变，建筑物由低层向高层发展，施工现场由较为宽阔的场地向狭窄的场地变化。施工现场的吊装工作量增多，垂直运输的办法也多了，多采用龙门架（或井字架）、高大旋转塔吊等。随着流水施工技术和网络施工技术的运用，交叉作业也随之大量增加，木工机械如电平刨、电锯普遍使用。因施工条件变化，伤亡类别增多。过去是"钉子扎脚"等小事故较多，现在则是机械伤害、高处坠落、触电等事故较多。

建筑施工复杂，加上流动分散、工期不固定，比较容易形成临时观念，不采取可靠的安全防护措施，存在侥幸心理，伤亡事故必然频繁发生。

三、施工安全因素识别

事故潜在的不安全因素是造成人的伤害、物的损失事故的先决条件，各种人身伤害事故均离不开物与人这两个因素。人的不安全行为和物的不安全状态，是造成绝大部分事故的两个潜在的不安全因素，通常也可称作事故隐患。

（一）安全因素的特点

安全是在人类生产过程中，将系统的运行状态对人类的生命、财产、环境可能产生的损害控制在可接受范围内的状态。安全因素的定义就是在某一指定范围内与安全有关的因素。水利水电工程施工的安全因素有以下特点。

（1）安全因素的确定取决于所选的分析范围，此处分析范围可以指整个工程，也可以针对具体工程的某一施工过程或者某一部分的施工，例如围堰施工、升船机施工等。

（2）安全因素的辨识依赖于对施工内容的了解，对工程危险源的分析以及运作安全风险评价的人员的安全工作经验。

（3）安全因素具有针对性，并不是对于整个系统事无巨细的考虑，安全因素的选取具有一定的代表性和概括性。

（4）安全因素具有灵活性，只要能对所分析的内容具有一定概括性，能达到系统分析的效果的，都可成为安全因素。

（5）安全因素是进行安全风险评价的关键点，是构成评价系统框架的节点。

（二）安全因素的辨识过程

安全因素是进行风险评价的基础，人们在辨识出的安全因素的基础上，进行风险评价框架的构建。进行水利水电工程施工安全因素的辨识时，首先对工程的施工内容和施工危险源进行分析和了解，在危险源的认知基础上，以整个工程为分析范围，从管理、施工人员、材料、危险控制等各个方面结合以往的安全因素分析危险，进行安全因素的辨识。

宏观安全因素辨识工作需要收集以下资料。

1.工程所在区域状况

（1）本地区有无地震、洪水、浓雾、暴雨、雪灾、龙卷风及特殊低温等自然灾害？

（2）工程施工期间如发生火药爆炸、油库火灾爆炸等对邻近地区有何影响？

（3）工程施工过程中如发生大范围滑坡、塌方及其他意外情况对行船、导流、行车等有无影响？

（4）附近有无易燃、易爆、毒物泄漏的危险源？对本区域的影响如何？是否存在其他类型的危险源？

（5）工程过程中排土、排碴是否会形成公害或对本工程及友邻工程产生不良影响？

（6）公用设施如供水、供电等是否充足？重要设施有无备用电源？

（7）本地区消防设备和人员是否充足？

（8）本地区医院、救护车及救护人员等配置是否适当？有无现场紧急抢救措施？

2.安全管理情况

（1）安全机构、安全人员设置是否满足安全生产要求？

（2）怎样进行安全管理的计划、组织协调、检查、控制工作？

（3）对施工队伍中各类用工人员是否实行了安全一体化管理？

（4）有无安全考评及奖罚方面的措施？

（5）如何进行事故处理？同类事故发生情况如何？

（6）隐患整改如何？

（7）是否制订切实有效且操作性强的防灾计划？领导是否经常过问？关键性设备、设施是否定期进行试验、维护？

（8）整个施工过程是否制定完善的操作规程和岗位责任制？实施状况如何？

（9）程序性强的作业（如起吊作业）及关键性作业（如停送电、放炮）是否实行标准化作业？

（10）是否进行在线安全训练？职工是否掌握必备的安全抢救常识和紧急避险、互救知识？

3.施工措施安全情况

（1）是否设置了明显的工程界限标识？

（2）是否有可能发生塌陷、滑坡、爆破飞石、吊物坠落等？危险场所是否标定合适的安全范围并设有警示标志或信号？

（3）友邻工程施工中在安全上相互影响的问题是如何解决的？

（4）特殊危险作业是否规定了严格的安全措施？是否能强制实施？

（5）可能发生车辆伤害的路段是否设有合适的安全标志？

（6）作业场所的通道是否良好？是否有滑倒、摔伤的危险？

（7）所有用电设施是否按要求接地、接零？人员可能触及的带电部位是否采取有效的保护措施？

（8）可能遭受雷击的场所是否采取了必要的防雷措施？

（9）作业场所的照明、噪声、有毒有害气体浓度是否符合安全要求？

（10）所使用的设备、设施、工具、附件、材料是否具有危险性？是否定期进行检查确认？有无检查记录？

（11）作业场所是否存在冒顶片帮或坠井、掩埋的危险性？曾采取了何等措施？

（12）登高作业是否采取了必要的安全措施（可靠的跳板、护栏、安全带等）？

（13）防、排水设施是否符合安全要求？

（14）劳动防护用品适应作业要求之情况，发放数量、质量、更换周期满足要求与否？

4.油库、炸药库等易燃、易爆危险品

（1）危险品名称、数量、设计是否规定最大存放量？

（2）危险品化学性质及其燃点、闪点、爆炸极限、毒性、腐蚀性等了解与否？

（3）危险品的存放方式（是否根据其用途及特性分开存放）？

（4）危险品与其他设备、设施等之间的距离、爆破器材分放点之间是否有殉爆的可能性？

（5）存放场所的照明及电气设施的防爆、防雷、防静电情况是否定期检查？

（6）存放场所的防火设施是否配置消防通道？有无烟、火自动检测报警装置？

（7）存放危险品的场所是否有专人24小时值班？有无具体岗位责任制和危险品管理制度？

（8）危险品的运输、装卸、领用、加工、检验、销毁是否严格按照安全规定进行？

（9）危险品运输、管理人员是否掌握火灾、爆炸等危险状况下的避险、自救、互救的知识？是否定期进行必要的训练？

5.起重运输大型作业机械情况

（1）运输线路里程、路面结构、平交路口、防滑措施等情况如何？

（2）指挥、信号系统情况如何？信息通道是否存在干扰？

（3）人—机系统匹配有没有问题？

（4）设备检查、维护制度和执行情况如何？是否实行各层次的检查？周期多长？是否实行定期计划维修？周期多长？

（5）司机是否经过作业适应性检查？

（6）过去事故情况如何？

以上这些因素均是进行施工安全风险因素识别时需要考虑的主要因素。实际工程中需考虑的因素可能比上述因素还要多。

（三）施工过程的行为因素

采用HFACS框架对导致工程施工事故发生的行为因素进行分析。对标准的HFACS框架进行修订，以适应水电工程施工实际的安全管理、施工作业技术措施、人员素质等状况。框架的修改遵循4个原则。

（1）删除在事故案例分析中出现频率极少的因素，包括对工程施工影响较小和难以在事故案例中找到的潜在因素。

（2）对相似的因素进行合并，避免重复统计，从而在无形之中提高类似因素在整个工程施工中的重要性。

（3）针对水电工程施工的特点，对因素的定义、因素的解释和其涵盖的具体内容进行适当的调整。

（4）HFACS框架是从国外引进的，将部分因素的名称加以修改，以更符合我国工程施工安全管理业务的习惯用语。

对标准HFACS框架修改如下。

1.企业组织影响（L4）

企业（包括水电开发企业、施工承包单位、监理单位）组织层的差错属于最高级别的差错，它的影响通常是间接地、隐性的，因而常被安全管理人员所忽视。在进行事故分析时，很难挖掘起企业组织层的缺陷；而一经发现，其改正的代价也很高，但是却更能加强系统的安全。一般而言，组织影响包括以下3个方面。

（1）资源管理

资源管理主要指组织资源分配及维护决策存在的问题，如安全组织体系不完善、安全管理人员配备不足、资金设施等管理不当、过度削减与安全相关的经费（安全投入不足）等。

（2）安全文化与氛围

安全文化与氛围可以定义为影响管理人员与作业人员绩效的多种变量，

包括组织文化和政策，比如信息流通传递不畅、企业政策不公平、只奖不罚或滥奖、过于强调惩罚等都属于不良的文化与氛围。

（3）组织流程

组织流程主要涉及组织经营过程中的行政决定和流程安排，如施工组织设计不完善、企业安全管理程序存在缺陷、制定的某些规章制度及标准不完善等。

其中，"安全文化与氛围"这一因素，虽然在提高安全绩效方面具有积极作用，但不好定性衡量，在事故案例报告中也未明确地指明，而且在工程施工各类人员成分复杂的结构中，其传播较难有一个清晰的脉络。为了简化分析过程，将该因素去除。

2.安全监管（L3）

（1）监督（培训）不充分

监督（培训）不充分指监督者或组织者没有提供专业的指导、培训、监督等。若组织者没有提供充足的CRM培训，或某个管理人员、作业人员没有这样的培训机会，则班组协同合作能力将会大受影响，出现差错的概率必然增加。

（2）作业计划不适当

作业计划不适当包括以下几种情况：班组人员配备不当，如没有职工带班；没有提供足够的休息时间；任务或工作负荷过量。整个班组的施工节奏以及作业安排由于赶工期等原因安排不当，会使得作业风险加大。

（3）隐患未整改

隐患未整改指的是管理者知道人员、培训、施工设施、环境等相关安全领域的不足或隐患之后，仍然允许其持续的情况。

（4）管理违规

管理违规指的是管理者或监督者有意违反现有的规章程序或安全操作规程，如允许没有资格、未取得相关特种作业证的人员作业等。

以上4项因素在事故案例报告中均有体现，虽然相互之间有关联，但各有差异，彼此独立，因此，均加以保留。

3.不安全行为的前提条件（L2）

这一层级指出了直接导致不安全行为发生的主客观条件，包括作业人员的状态、环境因素和人员因素。将"物理环境"改为"作业环境"，"施工人员资源管理"改为"班组管理"，"人员准备情况"改为"人员素质"。定义如下。

（1）作业环境

作业环境既指操作环境（如气象、高度、地形等），也指施工人员周围的环境，如作业部位的高温、振动、照明、有害气体等。

（2）技术措施

技术措施包括安全防护措施、安全设备和设施设计、安全技术交底的情况，以及作业程序指导书与施工安全技术方案等一系列情况。

（3）班组管理

班组管理属于人员因素，常为许多不安全行为的产生创造前提条件。未认真开展"班前会"及搞好"预知危险活动"；在施工作业过程中，安全管理人员、技术人员、施工人员等相互间信息沟通不畅、缺乏团队合作等问题属于班组管理不良。

（4）人员素质

人员素质包括体力（精力）差、不良心理状态与不良生理状态等生理心理素质，如精神疲劳，失去情境意识，工作中自满、安全警惕性差等属于不良心理状态；生病、身体疲劳或服用药物等引起生理状态差，当操作要求超出个人能力范围时会出现身体、智力局限，同时为安全埋下隐患，如视觉局限、休息时间不足、体能不适应等；以及没有遵守施工人员的休息要求、培训不足、滥用药物等属于个人准备情况的不足。

将标准HFACS的"体力（精力）限制""不良心理状态"与"不良生理状态"合并，是因为这三者可能互相影响和转换。"体力（精力）限制"可能会导致"不良心理状态"与"不良生理状态"，此处便产生了重复，增加了心理和生理状态在所有因素中的比重。同时，"不良心理状态"与"不良生理状态"之间也可能相互转化，由于心理状态的失调往往会带来生理的伤害，而生理上的疲劳等因素又会引起心理状态的变化，两者相辅相成，常常是共同存在的。此外，没有充分的休息、滥用药物、生病、心理障碍也可以归结为人员准备不足，因此，将"体力（精力）限制""不良心理状态"与"不良生理状态"合并至"人员素质"。

4.施工人员的不安全行为（L1）

人的不安全行为是系统存在问题的直接表现。将这种不安全行为分成3类：知觉与决策差错、技能差错以及操作违规。

（1）知觉与决策差错

"知觉差错"和"决策差错"通常是并发的，由于对外界条件、环境因素以及施工器械状况等现场因素感知上产生的失误，进而导致做出错误的决定。决策差错指由经验不足、缺乏训练或外界压力等造成，也可能因为理解问题不彻底，如紧急情况判断错误，决策失败等。知觉差错指一个人的感知觉和实际情况不一致，就像出现视觉幻觉和空间定向障碍一样，可能是由于工作场所光线不足，或在不利地质、气象条件下作业等。

（2）技能差错

技能差错包括漏掉程序步骤、作业技术差、作业时注意力分配不当等。不依赖于所处的环境，而是由施工人员的培训水平决定，而在操作中不可避免地发生，因此应该作为独立的因素保留。

（3）操作违规

故意或者主观不遵守确保安全作业的规章制度，分为习惯性的违章和偶然性的违规。前者是组织或管理人员常常能容忍和默许的，常导致施工人员习惯成自然。而后者偏离规章或施工人员通常的行为模式，一般会被立即禁止。

经过修订的新框架，根据工程施工的特点重新选择了因素。在实际的工程施工事故分析以及制定事故防范与整改措施的过程中，通常会成立事故调查组对某一类原因，比如施工人员的不安全行为进行调查，给出处理意见及建议。应用HFACS框架的目的之一是尽快找到并确定在工程施工中，所有已经发生的事故中，哪一类因素占相对重要的部分，可以集中人力和物力资源对该因素所反映的问题进行整改。对于类似的或者可以归为一类的因素整体考虑，科学决策，将结果反馈给整改单位，由他们完成相关一系列后续工作。因此，修订后的HFACS框架通过对标准框架因素的调整，加强了独立性和概括性，能更合理地反映水电工程施工的实际状况。

应用HFACS框架对行为因素导致事故的情况进行初步分类，在求证判别一致性的基础上，分析了导致事故发生的主要因素。但这种分析只是静态的，HFACS框架仅仅简单地将发生事故中的行为因素进行分类，没有指出上层因素是如何影响下层因素的，以及采取什么样的措施才能在将来尽量地避免事故发生。基于HFACS框架的静态分析只是将行为因素按照不同的层次进行了重新配置，没有寻求因素的发生过程和事故的解决之道，因此，有必要在此基础上，对HFACS框架中相邻层次之间因素的联系进行分析，指出每个层次的因素如何被上一层次的因素影响，以及作用于下一次层次的因素，从而有利于针对某因素制定安全防范措施的时候，能够承上启下，进行综合考虑，使得从源头上避免该类因素的产生，并且能够有效抑制由于该因素发生而产生的连锁反应。

采用统计性描述，揭示不良的企业组织影响如何通过组织流程等因素向下传递造成安全监管的失误，安全监管的错误决定了安全检查与培训等力度，决定了是否严格执行安全管理规章制度等，决定了对隐患是否漠视等，这些错误造成了不安全行为的前提条件，进一步影响了施工人员的工作状态，最终导致事故的发生。进行统计学分析的目的是提供邻近层次的不同种类之间因素的概率数据，以用来确定框架中高层次对低层次因素的影响程度。一旦确定了自上而下的主要途径，就可以量化因素之间的相互作用，也有利于制定针对性的安全防范措施与整改措施。

第二节　安全管理体系与施工安全控制

一、安全管理体系

（一）安全管理体系的内容

1.建立健全安全生产责任制

安全生产责任制是安全管理的核心，是保障安全生产的重要手段，它能有效地预防事故的发生。

安全生产责任制是根据"管生产必须管安全""安全生产人人有责"的原则。明确各级领导和各职能部门及各类人员在生产活动中应负的安全职责的制度。有些安全生产责任制，能把安全与生产从组织形式上统一起来，把"管生产必须管安全"的原则从制度上固定下来，从而增强了各级管理人员的安全责任心，使安全管理纵向到底、横向到边、专管成线、群管成网、责任明确、协调配合、共同努力，真正地把安全生产工作落到实处。

安全生产责任制的内容要分级制定和细化，如企业、项目、班组都应建立各级安全生产责任制，按其职责分工，确定各自的安全责任，并组织实施和考评，保证安全生产责任制的落实。

2.制定安全教育制度

安全教育制度是企业对职工进行安全法律、法规、规范、标准、安全知识和操作规程培训教育的制度，是提高职工安全意识的重要手段，是企业安全管理的一项重要内容。

安全教育制度的内容应规定：定期和不定期安全教育的时间、应受教育的人员、教育的内容和形式，如新工人、外施队人员等进场前必须接受三级（公司、项目、班组）安全教育。从事危险性较大的特殊工种的人员必须经过专门的培训机构培训合格后持证上岗，每年还必须进行一次安全操作规程的训练和再教育。对采用新工艺、新设备、新技术和变换工种的人员应进行安全操作规程和安全知识的培训和教育。

3.制定安全检查制度

安全检查是发现隐患、消除隐患、防止事故、改善劳动条件和环境的重要措施，是企业预防安全生产事故的一项重要手段。

安全检查制度内容应规定：安全检查负责人、检查时间、检查内容和检查方式。包括经常性的检查、专业化的检查、季节性的检查和专项性的检查，以及群众性的检查等。对于检查出的隐患应进行登记，并采取定人、定时间、定措施的"三定"办法给予解决，同时对整改情况进行复查验收，彻底消除隐患。

4.制定各工种安全操作规程

工种安全操作规程是消除和控制劳动过程中的不安全行为，预防伤亡事故，确保作业人员的安全和健康的需要的措施，也是企业安全管理的重要制度之一。

安全操作规程的内容应根据国家和行业安全生产法律、法规、标准、规范，结合施工现场的实际情况制定出各种安全操作规程。同时，根据现场使用的新工艺、新设备、新技术，制定出相应的安全操作规程，并监督其实施。

5.制定安全生产奖罚办法

企业制定安全生产奖罚办法的目的是不断提高劳动者进行安全生产的自觉性，调动劳动者的积极性和创造性，防止和纠正违反法律、法规和劳动纪律的行为，也是企业安全管理的重要制度之一。

安全生产奖罚办法规定奖罚的目的、条件、种类、数额、实施程序等。企业只有建立安全生产奖罚办法，做到有奖有罚、奖罚分明，才能鼓励先进、督促落后。

6.制定施工现场安全管理规定

施工现场安全管理规定是施工现场安全管理制度的基础，目的是规范施工现场安全防护设施的标准化、定型化。

施工现场安全管理规定的内容：施工现场一般安全规定，安全技术管理，脚手架工程安全管理（包括特殊脚手架，工具式脚手架等），电梯井操作平台安全管理，马路搭设安全管理，大模板拆装存放安全管理，水平安全网，井字架、龙门架安全管理，孔洞临边防护安全管理和拆除工程安全管理等。

7.制定机械设备安全管理制度

机械设备是指目前建筑施工普遍使用的垂直运输和加工机具，由于机械设备本身存在一定的危险性，管理不当就有可能造成机毁人亡。所以它是目前施工安全管理的重点对象。

机械设备安全管理制度应规定，大型设备应到上级有关部门备案，符合国家和行业有关规定，还应设专人负责定期进行安全检查、保养，保证机械设备处于良好的状态，以及各种机械设备的安全管理制度。

8.制定施工现场临时用电安全管理制度

施工现场临时用电是目前建筑施工现场离不开的一项操作，由于其使用广泛、危险性比较大，因此它涉及每个劳动者的安全，也是施工现场一项重要的安全管理制度。

施工现场临时用电管理制度的内容：外电的防护、地下电缆的保护、设备的接地与接零保护、配电箱的设置及安全管理规定（总箱、分箱、开关箱）、现场照明、配电线路、电器装置、变配电装置、用电档案的管理等。

9.制定劳动防护用品管理制度

使用劳动防护用品是为了减轻或避免劳动过程中，劳动者受到的伤害和职业危害，保护劳动者安全健康的一项预防性辅助措施，是安全生产防止职业性伤害的需要，对于减少职业危害起着相当重要的作用。

劳动防护用品制度的内容：安全网、安全帽、安全带、绝缘用品、防职业病用品等。

（二）建立健全安全组织机构

施工企业一般都有安全组织机构，但必须建立健全项目安全组织机构，确定安全生产目标，明确参与各方对安全管理的具体分工，安全岗位责任与经济利益挂钩，根据项目的性质规模不同，采用不同的安全管理模式。对于大型项目，必须安排专门的安全总负责人，并配以合理的班子，共同进行安全管理，建立安全生产管理的资料档案。实行单位领导对整个施工现场负责，专职安全员对部位负责，班组长和施工技术员对各自的施工区域负责，操作者对自己的工作范围负责的"四负责"制度。

（三）安全管理体系建立步骤

1.领导决策

最高管理者亲自决策，以便获得各方面的支持和在体系建立过程中所需的资源保证。

2.成立工作组

最高管理者或授权管理者代表成立的工作小组负责建立安全管理体系。工作小组的成员要覆盖组织的主要职能部门，组长最好由管理者代表担任，以保证小组对人力、资金、信息的获取。

3.人员培训

培训的目的是使有关人员了解建立安全管理体系的重要性，了解标准的主要思想和内容。

4.初始状态评审

初始状态评审要对组织过去和现在的安全信息、状态进行收集，调查分析、识别和获取现有的、适用的法律、法规和其他要求，进行危险源辨识和风险评价，评审的结果将作为制定安全方针、管理方案、编制体系文件的基础。

5.制订方针、目标、指标的管理方案

方针是组织对其安全行为的原则和意图的声明，也是组织自觉承担其责任和义务的承诺。方针不仅为组织确定了总的指导方向和行动准则，还是评

价一切后续活动的依据，并为更加具体的目标和指标提供框架。

安全目标、指标的制定是组织为了实现其在安全方针中所体现出的管理理念及其对整体绩效的期许与原则，与企业的总目标相一致。

管理方案是实现目标、指标的行动方案。为保证安全管理体系的实现，需结合年度管理目标和企业客观实际情况，策划制订安全管理方案。该方案应明确实现目标、指标的相关部门的职责、方法、时间表以及资源的要求。

二、施工安全控制

（一）安全操作要求

1.爆破作业

（1）爆破器材的运输

气温低于10℃运输易冻的硝化甘油炸药时，应采取防冻措施；气温低于15℃运输硝化甘油炸药时，也应采取防冻措施；禁止用翻斗车、自卸汽车、拖车、机动三轮车、人力三轮车、摩托车和自行车等运输爆破器材；运输炸药雷管时，装车高度要低于车厢10cm。车厢、船底应加软垫。雷管箱不许倒放或立放，层间也应垫软垫；水路运输爆破器材，停泊地点距岸上建筑物不得小于250m；汽车运输爆破器材，汽车的排气管宜设在车前下侧，并应设置防火罩装置；汽车在视线良好的情况下行驶时，时速不得超过20km（工区内不得超过15km）；在弯多坡陡、路面狭窄的山区行驶，时速应保持在5km以内；平坦道路的行车间距应大于50m，上下坡应大于300m。

（2）爆破

明挖爆破音响依次发出预告信号（现场停止作业，人员迅速撤离）、准备信号、起爆信号、解除信号。检查人员确认安全后，由爆破作业负责人通知警报室发出解除信号。在特殊情况下，如准备工作尚未结束，应由爆破负责人通知警报室延后发布起爆信号，并用广播器通知现场全体人员。装药和堵塞应使用木、竹制作的炮棍。严禁使用金属棍棒装填。

深孔、竖井、倾角大于30°的斜井，有瓦斯和粉尘爆炸危险等工作面的爆破，禁止采用火花起爆；炮孔的排距较密时，导火索的外露部分不得超过

1m，以防止导火索互相交错而起火；一人连续单个点火的火炮，暗挖不得超过5个，明挖不得超过10个；并应在爆破负责人的指挥下，做好分工及撤离工作；当信号炮响后，全部人员应立即撤出炮区，迅速到安全地点掩蔽；点燃导火索应使用专用点火工具，禁止使用火柴和打火机等。

用于同一爆破网络内的电雷管，电阻值应相同。网络中的支线、区域线和母线彼此连接之前各自的两端应绝缘；装炮前工作面一切电源应切除，照明至少设于距工作面30m以外，只有确认炮区无漏电、感应电后，才可装炮；雷雨天严禁采用电爆网络；供给每个电雷管的实际电流应大于准爆电流，网络中全部导线应绝缘；有水时导线应架空；各接头应用绝缘胶布包好，两条线的搭接口禁止重叠，至少应错开0.1m；测量电阻只许使用经过检查的专用爆破测试仪表或线路电桥；严禁使用其他电气仪表进行量测；通电后若发生拒爆，应立即切断母线电源，将母线两端拧在一起，锁上电源开关箱进行检查；进行检查的时间：对于即发电雷管，至少在10min以后；对于延发电雷管，至少在15min以后。

导爆索只准用快刀切割，不得用剪刀剪断导火索；支线要顺主线传爆方向连接，搭接长度不应少于15cm，支线与主线传爆方向的夹角应不大于90°；起爆导爆索的雷管，其聚能穴应朝向导爆索的传爆方向；导爆索交叉敷设时，应在两根交叉爆索之间设置厚度不小于10cm的木质垫板；连接导爆索中间不应出现断裂破皮、打结或打圈现象。

用导爆管起爆时，应有设计起爆网络，并进行传爆试验；网络中所使用的连接元件应经过检验合格；禁止导爆管打结，禁止在药包上缠绕；网络的连接处应牢固，两元件应相距2m；敷设后应严加保护，防止冲击或损坏；一个8号雷管起爆导爆管的数量不宜超过40根，层数不宜超过3层，只有确认网络连接正确，与爆破无关人员已经撤离，才准许接入引爆装置。

2.起重作业

钢丝绳的安全系数应符合有关规定。根据起重机的额定负荷，计算好每台起重机的吊点位置，最好采用平衡梁抬吊。每台起重机所分配的荷重不得超过其额定负荷的75%~80%。应由专人统一指挥，指挥者应站在两台起重机司机都能看到的位置。重物应保持水平，钢丝绳应保持铅直受力均衡。具备经有关部门批准的安全技术措施。起吊重物离地面10cm时，应停机检查绳扣、吊具和吊车的刹车可靠性，仔细观察周围有无障碍物。确认无问题后，方可继续起吊。

3.脚手架拆除作业

拆脚手架前，必须将电气设备和其他管、线、机械设备等拆除或加以保护。拆脚手架时，应统一指挥，按顺序自上而下进行；严禁上下层同时拆除或自下而上进行。拆下的材料，禁止往下抛掷，应用绳索捆牢，用滑车、卷扬等方法慢慢放下来，集中堆放在指定地点。拆脚手架时，严禁采用将整个脚手架推倒的方法进行拆除。三级、特级及悬空高处作业使用的脚手架拆除时，必须事先制定安全可靠的措施才能进行拆除。拆除脚手架的区域内，无关人员禁止逗留和通过，在交通要道应设专人警戒。架子搭成后，未经有关人员同意，不得任意改变脚手架的结构和拆除部分杆子。

4.常用安全工具

安全帽、安全带、安全网等施工生产使用的安全防护用具，应符合国家规定的质量标准，具有厂家安全生产许可证、产品合格证和安全鉴定合格证书，否则不得采购、发放和使用。常用安全防护用具应经常检查和定期试验。高处临空作业应按规定架设安全网，作业人员使用的安全带，应挂在牢固的物体上或可靠的安全绳上，安全带严禁低挂高用。挂安全带用的安全绳，不宜超过3m。在有毒有害气体可能泄漏的作业场所，应配置必要的防毒护具，以备急用，并及时检查维修更换，保证其处在良好待用状态。电气操作人员应根据工作条件选用适当的安全电工用具和防护用品，电工用具应符合安全技术标准并定期检查，凡不符合技术标准要求的绝缘安全用具、登高作业安全工具、携带式电压和电流指示器以及检修中的临时接地线等，均不得使用。

（二）安全控制要点

1.一般脚手架安全控制要点

（1）脚手架搭设前应根据工程的特点和施工工艺要求确定搭设（包括拆除）施工方案。

（2）脚手架必须设置纵、横向扫地杆。

（3）高度在24m以下的单、双排脚手架均必须在外侧立面的两端各设置一道剪刀撑并应由底至顶连续设置中间各道剪刀撑。剪刀撑及横向斜撑搭设应随立杆、纵向和横向水平杆等同步搭设，各底层斜杆下端必须支承在垫块或垫板上。

（4）高度在24m以下的单、双排脚手架宜采用刚性连墙件与建筑物可靠连接，亦可采用拉筋和顶撑配合使用的附墙连接方式，严禁使用仅有拉筋的柔性连墙件。24m以上的双排脚手架必须采用刚性连墙件与建筑物可靠连接，连墙件必须采用可承受拉力和压力的构造。50m以下（含50m）脚手架连墙件，应按3步3跨进行布置，50m以上的脚手架连墙件应按2步3跨进行布置。

2.一般脚手架检查与验收程序

脚手架的检查与验收应由项目经理组织项目施工、技术、安全，作业班组负责人等有关人员参加，按照技术规范、施工方案、技术交底等有关技术文件对脚手架进行分段验收，在确认符合要求后方可投入使用。

脚手架及其地基基础应在下列阶段进行检查和验收：

（1）基础完工后及脚手架搭设前；

（2）作业层上施加荷载前；

（3）每搭设完10～13m高度后；

（4）达到设计高度后；

（5）遇有六级及以上大风与大雨后；

（6）寒冷地区土层开冻后；

（7）停用超过一个月的，在重新投入使用之前。

3.附着式升降脚手架、整体提升脚手架或爬架作业安全控制要点

附着式升降脚手架（整体提升脚手架或爬架）作业要针对提升工艺和施工现场作业条件编制专项施工方案，专项施工方案包括设计、施工、检查、维护和管理等全部内容。

安装搭设必须严格按照设计要求和规定程序进行，安装后经验收并进行荷载试验，确认符合设计要求后，方可正式使用。

进行提升和下降作业时，架上人员和材料的数量不得超过设计规定并尽可能减少。

升降前必须仔细检查附着连接和提升设备的状态是否良好，发现异常应及时查找原因并采取措施解决。

升降作业应统一指挥、协调动作。

在安装、升降、拆除作业时，应划定安全警戒范围并安排专人进行监护。

4.洞口、临边防护控制

（1）洞口作业安全防护基本规定

各种楼板与墙的洞口按其大小和性质应分别设置牢固的盖板、防护栏杆、安全网或其他防坠落的防护设施。

坑槽、桩孔的上口柱形、条形等基础的上口以及天窗等处都要作为洞口采取符合规范的防护措施。

楼梯口、楼梯口边应设置防护栏杆或者用正式工程的楼梯扶手代替临时防护栏杆。

井口除设置固定的栅门外还应在电梯井内每隔两层不大于10m处设一道安全平网进行防护。

在建工程的地面入口处和施工现场人员流动密集的通道上方应设置防护棚，防止因落物产生物体打击事故。

施工现场大的坑槽、陡坡等处除需设置防护设施与安全警示标牌外，夜间还应设红灯示警。

（2）洞口的防护设施要求

楼板、屋面和平台等面上短边尺寸小于25cm但大于2.5cm的孔口必须用坚实的盖板盖严，盖板要有防止挪动移位的固定措施。

楼板面等处边长为25～50cm的洞口、安装预制构件时的洞口以及因缺件临时形成的洞口可用竹、木等做盖板盖住洞口，盖板要保持四周搁置均衡并有固定其位置不发生挪动移位的措施。

边长为50～150cm的洞口必须设置一层以扣件连接钢管而成的网格栅，并在其上满铺竹篱笆或脚手板，也可采用贯穿于混凝土板内的钢筋构成防护网栅、钢盘网格，间距不得大于20cm。

边长在150cm以上的洞口四周必须设防护栏杆，洞口下方设安全平网防护。

（3）施工用电安全控制

施工现场临时用电设备在5台及以上或设备总容量在50kw及以上者应编制用电组织设计。临时用电设备在5台以下和设备总容量在50kw以下者应制订安全用电和电气防火措施。

变压器中性点直接接地的低压电网临时用电工程必须采用TN-S接零保护系统。

当施工现场与外线路共用同一供电系统时，电气设备的接地、接零保护应与原系统保持一致，不得一部分设备做保护接零，另一部分设备做保护接地。

配电箱的设置：

①施工用电配电系统应设置总配电箱配电柜、分配电箱、开关箱，并按照"总—分—开"顺序作分级设置形成"三级配电"模式。②施工用电配电系统各配电箱、开关箱的安装位置要合理。总配电箱配电柜要尽量靠近变压器或外电源处以便于电源的引入。分配电箱应尽量安装在用电设备或负荷相对集中区域的中心地带，确保三相负荷保持平衡。开关箱安装的位置应视现场情况和工况尽量靠近其控制的用电设备。③为保证临时用电配电系统三相负荷平衡施工现场的动力用电和照明用电应形成两个用电回路，动力配电箱

与照明配电箱应该分别设置。④施工现场的所有用电设备必须有各自专用的开关箱。⑤各级配电箱的箱体和内部设置必须符合安全规定，开关电器应标明用途，箱体应统一编号。停止使用的配电箱应切断电源，箱门上锁。固定式配电箱应设围栏并有防雨防砸措施。

电器装置的选择与装配：在开关箱中作为末级保护的漏电保护器，其额定漏电动作电流不应大于30ma，额定漏电动作时间不应大于0.1s。在潮湿、有腐蚀性介质的场所中，漏电保护器要选用防溅型的产品，其额定漏电动作电流不应大于15ma，额定漏电动作时间不应大于0.1s。

施工现场照明用电：

①在坑、洞、井内作业，夜间施工或厂房、道路、仓库、办公室、食堂、宿舍、料具堆放场所及自然采光差的场所应设一般照明、局部照明或混合照明。一般场所宜选用额定电压220V的照明器。②隧道、人防工程、高温、有导电灰尘、比较潮湿或灯具离地面高度低于2.5m等场所的照明电源电压不得大于36V。③潮湿和易触及带电体场所的照明电源电压不得大于24V。④特别潮湿的场所、导电良好的地面、锅炉或金属容器内的照明电源电压不得大于12V。⑤照明变压器必须使用双绕组型安全隔离变压器，严禁使用自耦变压器。⑥室外220V灯具距地面不得低于3m，室内220V灯具距地面不得低于2.5m。

（4）垂直运输机械安全控制

外用电梯安全控制要点：

①外用电梯在安装和拆卸之前必须针对其类型特点说明书的技术要求，结合施工现场的实际情况制订详细的施工方案。②外用电梯的安装和拆卸作业必须由取得相应资质的专业队伍进行安装完毕，经验收合格取得政府相关主管部门核发的《准用证》后方可投入使用。③外用电梯在大雨、大雾和六级及六级以上大风天气时应停止使用。暴风雨过后应对电梯各有关安全装置进行一次全面检查。

塔式起重机安全控制要点：

①塔吊在安装和拆卸之前必须针对类型特点说明书的技术要求，结合作

业条件制订详细的施工方案。②塔吊的安装和拆卸作业必须由取得相应资质的专业队伍进行安装完毕，经验收合格取得政府相关主管部门核发的《准用证》后方可投入使用。③遇六级及六级以上大风等恶劣天气应停止作业将吊钩升起。行走式塔吊要夹好轨钳。当风力达十级以上时应在塔身结构上设置缆风绳或采取其他措施加以固定。

第三节　安全应急预案

应急预案，又称"应急计划"或"应急救援预案"，是针对可能发生的事故，为迅速、有序地开展应急行动、降低人员伤亡和经济损失而预先制订的有关计划或方案。它是在辨识和评估潜在重大危险、事故类型、发生的可能性、发生的过程、事故后果及影响严重程度的基础上，对应急机构职责、人员、技术、装备、设施、物资、救援行动及其指挥与协调方面预先做出的具体安排。应急预案明确了在事故发生前、事故过程中以及事故发生后，谁负责做什么，何时做，怎么做以及相应的策略和资源准备等。

一、事故应急预案

为控制重大事故的发生，防止事故蔓延，有效地组织抢险和救援，政府和生产经营单位应对已初步认定的危险场所和部位进行风险分析。对认定的危险有害因素和重大危险源，应事先对事故后果进行模拟分析，预测重大事故发生后的状态、人员伤亡情况及设备破坏和损失程度，以及由于物料的泄漏可能引起的火灾、爆炸，有毒有害物质扩散对单位可能造成的影响。

依据预测，提前制定重大事故应急预案，组织、培训事故应急救援队伍，配备事故应急救援器材，以便在重大事故发生后，能及时按照预定方案进行救援，从而在最短时间内使事故得到有效控制。编制事故应急预案主要目的有以下两个方面。

一方面，采取预防措施使事故控制在局部，消除蔓延条件，防止突发性重大或连锁事故发生。另一方面，能在事故发生后迅速控制和处理事故，尽可能减轻事故对人员及财产的影响，保障人员生命和财产安全。

事故应急预案是事故应急救援体系的主要组成部分，又是事故应急救援工作的核心内容之一，也是及时、有序、有效地开展事故应急救援工作的重要保障。事故应急预案的作用体现在以下几个方面。

（1）事故应急预案确定了事故应急救援的范围和体系，使事故应急救援不再无据可依、无章可循，尤其是通过培训和演练，可以使应急人员熟悉自己的任务，具备完成指定任务所需的相应能力，并检验预案和行动程序，评估应急人员的整体协调性。

（2）事故应急预案有利于做出及时的应急响应，降低事故后果。应急行动对时间要求十分敏感，不允许有任何拖延。事故应急预案预先明确了应急各方的职责和响应程序，在应急救援等方面进行了先期准备，可以指导事故应急救援迅速、高效、有序地开展，将事故造成的人员伤亡、财产损失和环境破坏降到最低限度。

（3）事故应急预案是各类突发事故的应急基础。通过编制事故应急预案，可以对那些事先无法预料的突发事故起到基本的应急指导作用，成为开展事故应急救援的"底线"。在此基础上，可以针对特定事故类别编制专项事故应急预案，并有针对性制定应急措施、进行专项应对准备和演习。

（4）事故应急预案建立了与上级单位和部门事故应急救援体系的衔接。通过编制事故应急预案可以确保当发生超过本级应急能力的重大事故时与有关应急机构的联系和协调。

（5）事故应急预案有利于提高风险防范意识。事故应急预案的编制、评审、发布、宣传、推演、教育和培训，有利于各方了解可能面临的重大事故及其相应的应急措施，有利于促进各方提高风险防范意识和能力。

二、应急预案的编制

（一）成立事故预案编制小组

应急预案的成功编制需要有关职能部门和团体的积极参与，并达成一致意见，尤其是应寻求与危险直接相关的各方进行合作。成立事故应急预案编制小组是将各有关职能部门、各类专业技术有效结合起来的最佳方式，可有效地保证应急预案的准确性、完整性和实用性，而且为应急各方提供了一个非常重要的协作与交流机会，有利于统一应急各方的不同观点和意见。

（二）危险分析和应急能力评估

为了准确策划事故应急预案的编制目标和内容，应开展危险分析和应急能力评估工作。为有效开展此项工作，预案编制小组首先应进行初步的资料收集，包括相关法律法规、应急预案、技术标准、国内外同行业事故案例分析、本单位技术资料、重大危险源等。

1.危险分析

危险分析是应急预案编制的基础和关键过程。在危险因素辨识分析、评价及事故隐患排查、治理的基础上，确定本区域或本单位可能发生事故的危险源、事故的类型、影响范围和后果等，并指出事故可能产生的次生、衍生事故，形成分析报告，分析结果作为应急预案的编制依据。危险分析主要内容为危险源的分析和危险度评估。危险源的分析主要包括有毒、有害、易燃、易爆物质的企事业单位的名称、地点、种类、数量、分布、产量、储存、危险度、以往事故发生情况和发生事故的诱发因素等。事故源潜在危险度的评估就是在对危险源进行全面调查的基础上，对企业单位的事故潜在危险度进行全面的科学评估，为确定目标单位危险度的等级找出科学的数据依据。

2.应急能力评估

应急能力评估就是依据危险分析的结果，对应急资源的准备状况充分性和从事应急救援活动所具备的能力评估，以明确应急救援的需求和不足，为事故应急预案的编制奠定基础。应急能力包括应急资源（应急人员、应急设施、应急装备和应急物资）；应急人员的技术、经验和接受的培训等，它将直接影响应急行动的快速性、有效性。制定应急预案时应当在评估与潜在危险相适应的应急能力的基础上，选择最现实、最有效的应急策略。

（三）应急预案编制

针对可能发生的事故，结合危险分析和应急能力评估结果等信息，按照应急预案的相关法律法规的要求编制应急救援预案。应急预案编制过程中，应注意编制人员的参与和培训，充分发挥他们各自的专业优势，使他们掌握危险分析和应急能力评估结果，明确应急预案的框架、应急过程行动重点以及应急衔接、联系要点等。同时编制的应急预案应充分利用社会应急资源，考虑与政府应急预案、上级主管单位以及相关部门的应急预案相衔接。

（四）应急预案的评审和发布

1.应急预案的评审

为使预案切实可行、科学合理以及与实际情况相符，尤其是重点目标下的具体行动预案，编制前后需要组织有关部门、单位的专家、领导到现场进行实地勘查，如重点目标周围地形、环境、指挥所位置、分队行动路线、展开位置、人口疏散道路及流散地域等实地勘查、实地确定。经过实地勘查修改预案后，应急预案编制单位或管理部门还要依据我国有关应急的方针、政策、法律、法规、规章、标准和其他有关应急预案编制的指南性文件与评审检查表，组织有关部门、单位的领导和专家进行评议，取得政府有关部门和应急机构的认可。

2.应急预案的发布

事故应急救援预案经评审通过后，应由最高行政负责人签署发布，并报送有关部门和应急机构备案。预案经批准发布后，应组织落实预案中的各项工作，如开展应急预案宣传、教育和培训，落实应急资源并定期检查，组织开展应急演习和训练，建立电子化的应急预案，对应急预案实施动态管理与更新，并不断完善。

三、事故应急预案主要内容

一个完整的事故应急预案主要包括以下六个方面的内容。

（一）事故应急预案概况

事故应急预案概况主要描述生产经营单位概总工以及危险特性状况等，同时对紧急情况下事故应急救援紧急事件、适用范围提供简述并作必要说明，如明确应急方针与原则，作为开展应急的纲领。

（二）预防程序

预防程序是对潜在事故、可能的次生与衍生事故进行分析，并说明所采取的预防和控制事故的措施。

（三）准备程序

准备程序应说明应急行动前所需采取的准备工作，包括应急组织及其职责权限、应急队伍建设和人员培训、应急物资的准备、预案的演练、公众的应急知识培训、签订互助协议等。

（四）应急程序

在事故应急救援过程中，存在一些必需的核心功能和任务，如接警与通知、指挥与控制、警报和紧急公告、通信、事态监测与评估、警戒与治安、人群疏散与安置、医疗与卫生、公共关系、应急人员安全、消防和抢险、泄漏物控制等，无论何种应急过程都必须围绕上述功能和任务开展。应急程序主要指实施上述核心功能和任务的步骤。

1.接警与通知

准确了解事故的性质和规模等初始信息是决定启动事故应急救援的关键。接警作为应急响应的第一步，必须对接警要求作出明确规定，保证迅速、准确地向报警人员询问事故现场的重要信息。接警人员接到报警后，应按预先确定的通报程序，迅速向有关应急机构、政府及上级部门发出事故通知，以采取相应的行动。

2.指挥与控制

建立统一的应急指挥、协调和决策程序，便于对事故进行初始评估，确认紧急状态，从而迅速有效地进行应急响应决策，建立现场工作区域，确定重点保护区域和应急行动的优先原则，指挥和协调现场各救援队伍开展救援行动，合理高效地调配和使用应急资源等。

3.警报和紧急公告

当事故可能影响到周边地区，对周边地区的公众可能造成威胁时，应及时启动警报系统，向公众发出警报，同时通过各种途径向公众发出紧急公告，告知事故性质，对健康的影响、自我保护措施、注意事项等，以保证公众能及时做出自我保护响应。在决定实施疏散时，应通过紧急公告确保公众了解疏散的有关信息，如疏散时间、路线、随身携带物、交通工具及目的地等。

4.通信

通信是应急指挥、协调和与外界联系的重要保障，在现场指挥部、应急中心、各事故应急救援组织、新闻媒体、医院、上级政府和外部救援机构之间，必须建立完善的应急通信网络，在事故应急救援过程中应始终保持通信网络畅通，并设立备用通信系统。

5.事态监测与评估

在事故应急救援过程中必须对事故的发展势态及影响及时进行动态的监测，建立对事故现场及场外的监测和评估程序。事态监测在事故应急救援中起着非常重要的决策支持作用，其结果不仅是控制事故现场，制定消防、抢险措施的重要决策依据，也是划分现场工作区域、保障现场应急人员安全、实施公众保护措施的重要依据。即使在现场恢复阶段，也应当对现场和环境进行监测。

6.警戒与治安

为保障现场事故应急救援工作的顺利开展,在事故现场周围建立警戒区域,实施交通管制,维护现场治安秩序是十分必要的,其目的是防止与救援无关人员进入事故现场,保障救援队伍、物资运输和人群疏散等的交通畅通,并避免发生不必要的伤亡。

7.人群疏散与安置

人群疏散是防止人员伤亡扩大的关键,也是最彻底的应急响应。应当对疏散的紧急情况和决策、预防性疏散准备、疏散区域、疏散距离、疏散路线、疏散运输工具、避难场所以及回迁等作出细致的规定和准备,应考虑疏散人群的数量、所需要的时间、风向等环境变化以及老弱病残等特殊人群的疏散等问题。对已实施临时疏散的人群,要做好临时生活安置,保障必要的水、电、卫生等基本条件。

8.医疗与卫生

对受伤人员采取及时、有效的现场急救,合理转送医院进行治疗,是减少事故现场人员伤亡的关键。医疗人员必须了解城市主要的危险并经过培训,掌握对受伤人员进行正确消毒和治疗方法。

9.公共关系

事故发生后,不可避免地引起新闻媒体和公众的关注。应将有关事故的信息、影响、救援工作的进展等情况及时向媒体和公众公布,以消除公众的恐慌心理,避免公众的猜疑和不满。应保证事故和救援信息的统一发布,明确事故应急救援过程中对媒体和公众的发言人和信息批准、发布的程序,避免信息的不一致性。同时,还应处理好公众的有关咨询,接待和安抚受害者家属。

10.应急人员安全

水利水电工程施工安全事故的应急救援工作危险性极大,必须对应急人员自身的安全问题进行周密的考虑,包括安全预防措施、个体防护设备、现场安全监测等,明确紧急撤离应急人员的条件和程序,保证应急人员免受事故的伤害。

11.抢险与救援

抢险与救援是事故应急救援工作的核心内容之一，其目的是尽快控制事故的发展，防止事故的蔓延和进一步扩大，从而最终控制事故，并积极营救事故现场的受害人员。尤其是涉及危险物质的泄漏、火灾事故，其消防和抢险工作的难度和危险性巨大，应对消防和抢险的器材和物资、人员的培训、方法和策略以及现场指挥等做好周密的安排和准备。

12.危险物质控制

危险物质的泄漏或失控，将可能引发火灾、爆炸或中毒事故，对工人和设备等造成严重危险。而且，泄漏的危险物质以及夹带了有毒物质的灭火用水，都可能对环境造成重大影响，同时也会给现场救援工作带来更大的危险。因此，必须对危险物质进行及时有效的控制，如对泄漏物的围堵、收容和洗消，并进行妥善处置。

（五）恢复程序

恢复程序是说明事故现场应急行动结束后所需采取的清除和恢复行动。现场恢复是在事故被控制住后进行的短期恢复，从应急过程来说意味着事故应急救援工作的结束，并进入另一个工作阶段，即将现场恢复到一个基本稳定的状态。经验教训表明，在现场恢复过程中往往仍存在潜在的危险，如余烬复燃、受损建筑物倒塌等，所以，应充分考虑现场恢复过程中的危险，制定恢复程序，防止事故再次发生。

（六）预案管理与评审改进

事故应急预案是事故应急救援工作的指导文件。应当对预案的制定、修改、更新、批准和发布作出明确的管理规定，保证定期或在应急演习、事故应急救援后对事故应急预案进行评审，针对各种变化的情况以及预案中所暴露出的缺陷，不断地完善事故应急预案体系。

四、应急预案的内容

综合应急预案是应急预案体系的总纲，主要从总体上阐述事故的应急工作原则，包括应急组织机构及职责、应急预案体系、事故风险描述、预警及信息报告、应急响应、保障措施、应急预案管理等内容。

专项应急预案是为应对某一类型或某几种类型事故，或者针对重要生产设施、重大危险源、重大活动等内容而制定的应急预案。专项应急预案主要包括事故风险分析、应急指挥机构及职责、处置程序和措施等内容。

现场处置方案是根据不同事故类别，针对具体的场所、装置或设施所制定的应急处置措施，主要包括事故风险分析、应急工作职责、应急处置和注意事项等内容。水利水电工程建设参建各方应根据风险评估、岗位操作规程以及危险性控制措施，组织本单位现场作业人员及相关专业人员共同编制现场处置方案。

应急预案应形成体系，针对各级各类可能发生的事故和所有危险源制定专项应急预案和现场处置方案，并明确事前、事发、事中、事后各个过程中相关单位、部门和有关人员的职责。水利水电工程建设项目应根据现场情况，详细分析现场具体风险（如某处易发生滑坡事故），编制现场处置方案，主要由施工企业编制，监理单位审核，项目法人备案；分析工程现场的风险类型（如人身伤亡），编写专项应急预案，由监理单位与项目法人起草，相关领导审核，向各施工企业发布；综合分析现场风险，应急行动、措施和保障等基本要求和程序，编写综合应急预案，由项目法人编写，项目法人领导审批，向监理单位、施工企业发布。

由于综合应急预案是综述性文件，因此需要要素全面，而专项应急预案和现场处置方案要素重点在于制定具体救援措施，因此对单位概况等基本要素不做内容要求。

五、应急预案的编制步骤

（一）成立预案编制工作组

水利水电工程建设参建各方应结合本单位实际情况，成立以主要负责人为组长的应急预案编制工作组，明确编制任务、职责分工，制订工作计划，组织开展应急预案编制工作。应急预案编制需要安全、工程技术、组织管理、医疗急救等各方面的知识，因此应急预案编制工作组是由各方面的专业人员或专家、预案制定和实施过程中所涉及或受影响的部门负责人及具体执行人员组成。必要时，编制工作组也可以邀请地方政府相关部门、水行政主管部门或流域管理机构代表作为成员。

（二）收集相关资料

收集应急预案编制所需的各种资料是一项非常重要的基础工作。掌握相关资料的多少、资料内容的详细程度和资料的可靠性将直接关系应急预案编制工作是否能够顺利进行，以及能否编制出质量较高的事故应急预案。

需要收集的资料一般包括以下几个方面：

（1）适用的法律、法规和标准。

（2）本水利水电工程建设项目与国内外同类工程建设项目的事故资料及事故案例分析。

（3）施工区域布局，工艺流程布置，主要装置、设备、设施布置，施工区域主要建（构）筑物布置等。

（4）原材料、中间体、中间和最终产品的理化性质及危险特性。

（5）施工区域周边情况及地理、地质、水文、环境、自然灾害、气象资料。

（6）事故应急所需的各种资源情况。

（7）同类工程建设项目的应急预案。

（8）政府的相关应急预案。

（9）其他相关资料。

（三）风险评估

风险评估是编制应急预案的关键，所有应急预案都建立在风险分析基础之上。在危险因素分析、危险源辨识及事故隐患排查、治理的基础上，确定本水利水电工程建设项目的危险源、可能发生的事故类型和后果，进行事故风险分析，并指出事故可能产生的次生、衍生事故及后果，形成分析报告，分析结果将作为事故应急预案的编制依据。

（四）应急能力评估

应急能力评估就是依据危险分析的结果，对应急资源准备状况的充分性和从事应急救援活动所具备的能力评估，以明确应急救援的需求和不足，为应急预案的编制奠定基础。水利水电工程建设项目应针对可能发生的事故及事故抢险的需要，实事求是地评估本工程的应急装备、应急队伍等应急能力。对于事故应急所需但本工程尚不具备的应急能力，应采取切实有效措施予以弥补。

事故应急能力一般包括以下内容：

（1）应急人力资源（各级指挥员、应急队伍、应急专家等）。

（2）应急通信与信息能力。

（3）人员防护设备（呼吸器、防毒面具、防酸服、便携式一氧化碳报警器等）。

（4）消灭或控制事故发展的设备（消防器材等）。

（5）防止污染的设备、材料（中和剂等）。

（6）检测、监测设备。

（7）医疗救护机构与救护设备。

（8）应急运输与治安能力。

（9）其他应急能力。

（五）应急预案编制

在以上工作的基础上，针对本水利水电工程建设项目可能发生的事故，按照有关规定和要求，充分借鉴国内外同行业事故应急工作经验，编制应急预案。在应急预案编制过程中，应注重编制人员的参与和培训，充分发挥他们各自的专业优势，告知其风险评估和应急能力评估结果，明确应急预案的框架、应急过程行动重点以及应急衔接、联系要点等。同时，应急预案应充分考虑和利用社会应急资源，并与地方政府、流域管理机构、水行政主管部门以及相关部门的应急预案相衔接。

（六）应急预案评审

《生产经营单位生产安全事故应急预案编制导则》《生产安全事故应急预案管理办法》等提出了对应急预案评审的要求，即应急预案编制完成后，应进行评审或者论证。内部评审由本单位主要负责人组织有关部门和人员进行；外部评审由本单位组织外部有关专家进行，并可邀请地方政府有关部门、水行政主管部门或流域管理机构有关人员参加。应急评审合格后，由本单位主要负责人签署发布，并按规定报有关部门备案。

水利水电工程建设项目应参照《生产经营单位生产安全事故应急预案评审指南（试行）》组织对应急预案进行评审。该指南给出了评审方法、评审程序和评审要点，附有应急预案形式评审表、综合应急预案要素评审表、专项应急预案要素评审表、现场处置方案要素评审表和应急预案附件要素评审表5个附件。

1.评审方法

应急预案评审分为形式评审和要素评审，评审可采取符合、基本符合、不符合3种方式来简单判定。对于基本符合和不符合的项目，应指出指导性意见或建议。

（1）形式评审

依据有关规定和要求，对应急预案的层次结构、内容格式、语言文字和制定过程等内容进行审查。形式评审的重点是应急预案的规范性和可读性。

（2）要素评审

依据有关规定和标准，从符合性、适用性、针对性、完整性、科学性、规范性和衔接性等方面对应急预案进行评审。要素评审包括关键要素和一般要素。为细化评审，可采用列表方式分别对应急预案的要素进行评审。评审应急预案时，将应急预案的要素内容与表中的评审内容及要求进行对应分析，判断是否符合表中的要求，发现存在的问题及不足。

关键要素指应急预案构成要素中必须规范的内容。这些要素内容涉及水利水电工程建设项目参建各方日常应急管理及应急救援时的关键环节，如应急预案中的危险源与风险分析、组织机构及职责、信息报告与处置、应急响应程序与处置技术等要素。

一般要素指应急预案构成要素中简写或可省略的内容。这些要素内容不涉及参建各方日常应急管理及应急救援时的关键环节，而是预案构成的基本要素，如应急预案中的编制目的、编制依据、适用范围、工作原则、单位概况等要素。

2.评审程序

应急预案编制完成后，应在广泛征求意见的基础上，采取会议评审的方式进行审查，会议审查规模和参加人员根据应急预案涉及范围和重要程度确定。

（1）评审准备

应急预案评审应做好下列准备工作。

①成立应急预案评审组，明确参加评审的单位或人员。

②通知参加评审的单位或人员具体评审时间。

③将被评审的应急预案在评审前送达参加评审的单位或人员。

（2）会议评审

会议评审可按照下列程序进行。

①介绍应急预案评审人员构成，推选会议评审组组长。

②应急预案编制单位或部门向评审人员介绍应急预案编制或修订情况。

③评审人员对应急预案进行讨论，提出修改和建设性意见。

④应急预案评审组根据会议讨论情况，提出会议评审意见。

⑤讨论通过会议评审意见，参加会议评审人员签字。

（3）意见处理

评审组组长负责对各位评审人员的意见进行协调和归纳，综合提出预案评审的结论性意见。按照评审意见，对应急预案存在的问题以及不合格项进行分析研究，并对应急预案进行修订或完善。反馈意见要求重新审查的，应按照要求重新组织审查。

3.评审要点

应急预案评审应包括下列内容。

（1）符合性

应急预案的内容是否符合有关法规、标准和规范的要求。

（2）适用性

应急预案的内容及要求是否符合单位实际情况。

（3）完整性

应急预案的要素是否符合评审表规定的要素。

（4）针对性

应急预案是否针对可能发生的事故类别、重大危险源、重点岗位部位。

（5）科学性

应急预案的组织体系、预防预警、信息报送、响应程序和处置方案是否合理。

（6）规范性

应急预案的层次结构、内容格式、语言文字等是否简洁明了，便于阅读和理解。

（7）衔接性

综合应急预案、专项应急预案、现场处置方案以及其他部门或单位预案是否衔接。

六、应急预案管理

（一）应急预案备案

依照《生产安全事故应急预案管理办法》，对已报批准的应急预案备案。中央管理的企业综合应急预案和专项应急预案，报国务院国有资产监督管理部门、国务院安全生产监督管理部门和国务院有关主管部门备案；其所属单位的应急预案分别抄送所在地的省、自治区、直辖市或设区的市人民政府安全生产监督管理部门和有关主管部门备案。

水利水电工程建设项目参建各方申请应急预案备案，应当提交下列材料：

（1）应急预案备案申请表；

（2）应急预案评审或者论证意见；

（3）应急预案文本及电子文档。

受理备案登记的安全生产监督管理部门及有关主管部门应当对应急预案进行形式审查，经审查符合要求的，予以备案并出具应急预案备案登记表；不符合要求的，不予备案并说明理由。

（二）应急预案宣传与培训

应急预案宣传和培训工作是保证预案贯彻实施的重要手段，是增强参建人员应急意识，提高事故防范能力的重要途径。

水利水电工程建设参建各方应采取不同方式开展安全生产应急管理知识和应急预案的宣传和培训工作。对本单位负责应急管理工作的人员以及专职或兼职应急救援人员进行相应的知识和专业技能培训，同时，加强对安全生产关键责任岗位员工的应急培训，使其掌握生产安全事故的紧急处置方法，增强自救互救和第一时间处置事故的能力。在此基础上，确保所有从业人员具备基本的应急技能，熟悉本单位应急预案，掌握本岗位事故防范与处置措施和应急处置程序，提高应急水平。

（三）应急预案演练

应急预案演练是应急准备的一个重要环节。通过演练，可以检验应急预案的可行性和应急反应的准备情况；通过演练，可以发现应急预案存在的问题，完善应急工作机制，提高应急反应能力；通过演练，可以锻炼队伍，提高应急队伍的作战能力，熟悉操作技能；通过演练，可以教育参建人员，增强其危机意识，提高安全生产工作的自觉性。为此，预案管理和相关规章中都应有对应急预案演练的要求。

（四）应急预案修订与更新

应急预案必须与工程规模、机构设置、人员安排、危险等级、管理效率及应急资源等状况相一致。随着时间推移，应急预案中包含的信息可能会发生变化。因此，为了不断完善和改进应急预案并保持预案的时效性，水利水电工程建设参建各方应根据本单位实际情况，及时更新和修订应急预案。

应就下列情况对应急预案进行定期和不定期的修改或修订。

（1）日常应急管理中发现预案的缺陷。

（2）训练或演练过程中发现预案的缺陷。

（3）实际应急过程中发现预案的缺陷。

（4）组织机构发生变化。

（5）原材料、生产工艺的危险性发生变化。

（6）施工区域范围的变化。

（7）布局、消防设施等发生变化。

（8）人员及通信方式发生变化。

（9）有关法律、法规标准发生变化。

（10）其他情况。

应急预案修订前，应组织对应急预案进行评估，以确定是否需要进行修订及哪些内容需要修订。通过对应急预案更新与修订，可以保证应急预案的持续适应性。同时，更新的应急预案内容应通过有关负责人认可，并及时通告相关单位、部门和人员；修订的预案版本应经过相应的审批程序，并及时发布和备案。

第四节　安全健康管理体系认证

职业健康安全管理的目标使企业的职业伤害事故、职业病持续减少。实现这一目标的重要组织保证体系，是企业建立持续有效并不断改进的职业健康安全管理体系（Occupational safety and health management systems，OSHMS）。其核心是要求企业采用现代化的管理模式、使包括安全生产管理在内的所有生产经营活动科学、规范并有效，通过建立安全健康风险的预测、评价、定期审核和持续改进完善机制，从而预防事故发生和控制职业危害。

一、OSHMS简介

OSHMS具有系统性、动态性、预防性、全员性和全过程控制的特征。

OSHMS以"系统安全"思想为核心，将企业的各个生产要素组合起来作为一个系统，通过危险辨识、风险评价和控制等手段来达到控制事故发生的目的；OSHMS将管理重点放在对事故的预防上，在管理过程中持续不断地根据预先确定的程序和目标，定期审核和完善系统的不安全因素，使系统达到最佳的安全状态。

（一）标准的主要内涵

职业健康安全管理体系结构包括5个一级要素，即职业健康安全方针、策划、实施和运行、检查和纠正措施、管理评审。显然，这5个一级要素中的策划、实施和运行、检查和纠正措施三个要素来自PDCA循环，其余两个要素即职业健康安全方针和管理评审，一个是总方针和总目标的明确，另一个是为了实现持续改进的管理措施。也即，其中心仍是PDCA循环的基本要素。

这5个一级要素，包括17个二级要素，即职业健康安全方针，对危险源辨识、风险评价和风险控制的策划，法规和其他要求，目标，职业健康安全管理方案，结构和职责，培训、意识和能力，协商和沟通，文件，文件和资料控制，运行控制，应急准备和响应，绩效测量和监视，事故、事件、不符合、纠正和预防措施，记录和记录管理，审核，管理评审。这17个二级要素中一部分是体现体系主体框架和基本功能的核心要素，包括职业健康安全方针，对危险源辨识、风险评价和风险控制的策划，法规和其他要求，目标，职业健康安全管理方案，结构和职责，运行控制，绩效测量和监视，审核和管理评审；另一部分是支持体系主体框架和保证实现基本功能的辅助要素，包括培训、意识和能力，协商和沟通，文件，文件和资料控制，应急准备和响应，事故、事件、不符合、纠正和预防措施，记录和记录管理。

职业健康安全管理体系的17个要素的目标和意图如下。

1.职业健康安全方针

（1）确定职业健康安全管理的总方向和总原则及职责和绩效目标。

（2）表明组织对职业健康安全管理的承诺，特别是最高管理者的承诺。

2.危险源辨识、风险评价和控制措施的确定

（1）对危险源辨识和风险评价，组织对其管理范围内的重大职业健康安全危险源获得一个清晰的认识和总体评价，并使组织明确应控制的职业健康安全风险。

（2）建立危险源辨识、风险评价和风险控制与其他要素之间的联系，为组织的整体职业健康安全体系奠定基础。

3.法律法规和其他要求

（1）促进组织认识和了解其所应履行的法律义务，并对其影响有一个清醒的认识，并就此信息与员工进行沟通。

（2）识别对职业健康安全法规和其他要求的需求和获取途径。

4.目标和方案

（1）使组织的职业健康安全方针能够得到真正落实。

（2）保证组织内部对职业健康安全方针的各方面建立可测量的目标。

（3）寻求实现职业健康安全方针和目标的途径和方法。

（4）制订适宜的战略和行动计划，并实现组织所确定的各项目标。

5.资源、作用、职责和权限

建立适宜于职业健康安全管理体系的组织结构。确定管理体系实施和运行过程中有关人员的作用、职责和权限；确定实施、控制和改进管理体系的各种资源。

（1）建立、实施、控制和改进职业健康安全管理体系所需要的资源。

（2）对作用、职责和权限作出明确规定，形成文件并沟通。

（3）按照OSHMS标准建立、实施和保持职业健康安全管理体系。

（4）向最高管理者报告职业健康安全管理体系运行的绩效，以供评审，并作为改进职业健康安全管理体系的依据。

6.培训、意识和能力

（1）增强员工的职业健康安全意识。

（2）确保员工有能力履行相应的职责，完成影响工作场所内职业健康安全的任务。

7.沟通、参与和协商

（1）确保与员工和其他相关方就有关职业健康安全的信息进行相互沟通。

（2）鼓励所有受组织运行影响的人员参与职业健康安全事务，对组织的职业健康安全方针和目标予以支持。

8.文件

（1）确保组织的职业健康安全管理体系得到充分理解并有效运行。

（2）按有效性和效率要求，设计并尽量减少文件的数量。

9.文件控制

（1）建立并保持文件和资料的控制程序。

（2）识别和控制体系运行与职业健康安全的关键文件和资料。

10.运行控制

（1）制订计划和安排，确定控制和预防措施的有效实施。

（2）根据实现职业健康安全的方针、目标、遵守法规和其他要求的需要，使与危险有关的运行和活动均处于受控状态。

11.应急准备和响应

（1）主动评价潜在的事故和紧急情况，识别应急响应要求。

（2）制订应急准备和响应计划，以减少和预防可能引发的病症和突发事件造成的伤害。

12.绩效测量和监视

持续不断地对组织的职业健康安全绩效进行监测和测量，以识别体系的运行状态，保证体系的有效运行。

13.合规性评价

（1）组织建立、实施并保持一个或多个程序，以定期评价对适用法律法规的遵守情况。

（2）评价对组织同意遵守的其他要求的遵守情况。

14.事件调查、不符合、纠正措施和预防措施

组织应建立、实施并保持一个或多个程序，用于记录、调查及分析事件，以便确定可能造成或引发事件的潜在的职业健康安全管理的缺陷或其他原因；识别采取纠正措施的需求；识别采取预防措施的机会；识别持续改进的机会；沟通事件的调查结果。事件调查应及时进行。任何识别的纠正措施需求或预防措施的机会都应该按照相关规定处理。

不符合、纠正措施和预防措施。组织应建立、实施并保持一个或多个程序，用来处理实际或潜在的不符合，并采取纠正措施或预防措施。程序中应规定下列要求：

（1）识别并纠正不符合，并采取措施以减少对职业健康安全的影响；

（2）调查不符合情况，确定其原因，并采取措施以防止再次发生；

（3）评价采取预防措施的需求，实施所制定的适当预防措施，以预防不符合的发生；

（4）记录并沟通所采取纠正措施和预防措施的结果；

（5）评价所采取纠正措施和预防措施的有效性。

15.记录控制

（1）组织应根据需要，建立并保持所必需的记录，用以证实其职业健康安全管理体系达到OSHMS标准各项要求结果的符合性。

（2）组织应建立、实施并保持一个或多个程序，用于对记录的标识、存放、保护、检索、留存和处置。记录应保持字迹清楚、标识明确、易读，并具有可追溯性。

16.内部审核

（1）持续评估组织的职业健康安全管理体系的有效性。

（2）组织通过内部审核，自我评审本组织建立的职业健康安全体系与标准要求的符合性。

（3）确定对形成文件的程序的符合程度。

（4）评价管理体系是否有效满足组织的职业健康安全目标。

17.管理评审

（1）评价管理体系是否完全实施和是否持续保持。

（2）评价组织的职业健康安全方针是否继续合适。

（3）为了组织的未来发展要求，重新制定组织的职业健康安全目标或修改现有的职业健康安全目标，并考虑为此是否需要修改有关的职业健康安全管理体系的要素。

（二）安全体系基本特点

建筑企业在建立与实施自身职业健康安全管理体系时，应注意充分体现建筑业的基本特点。

1.危害辨识、风险评价和风险控制策划的动态管理

建筑企业在实施职业健康安全管理体系时，应根据客观状况的变化，及时对危害辨识、风险评价和风险控制过程进行评审，并注意在发生变化前即采取适当的预防性措施。

2.强化承包方的教育与管理

建筑企业在实施职业健康安全管理体系时，应特别注意通过适当的培训与教育形式来提高承包方人员的职业安全健康意识与知识，并建立相应的程序与规定，确保他们遵守企业的各项安全健康规定与要求，并促进他们积极地参与体系实施和以高度责任感完成其相应的职责。

3.加强与各相关方的信息交流

建筑企业在施工过程中往往涉及多个相关方，如承包方、业主、监理方和供货方等。为了确保职业健康安全管理体系的有效实施与不断改进，必须依据相应的程序与规定，通过各种形式加强与各相关方的信息交流。

4.强化施工组织设计等设计活动的管理

必须通过体系的实施，建立和完善对施工组织设计或施工方案以及单项安全技术措施方案的管理，确保每一项设计中的安全技术措施都根据工程的特点、施工方法、劳动组织和作业环境等提出有针对性的具体要求，从而促进建筑施工的本质安全。

5.强化生活区安全健康管理

每一承包项目的施工活动中都要涉及现场临建设施及施工人员住宿与餐饮等管理问题，这也是建筑施工队伍容易出现安全与中毒事故的关键环节。实施职业安全健康管理体系时，必须控制现场临建设施及施工人员住宿与餐饮管理中的风险，建立与保持相应的程序和规定。

6.融合

建筑企业应将职业安全健康管理体系作为其全面管理的一个重要组成部分，它的建立与运行应融合于整个企业的价值取向，包括体系内各要素、程序和功能与其他管理体系的融合。

（三）建筑业建立OSHMS的作用和意义

1.有助于提高企业的职业安全健康管理水平

OSHMS概括了发达国家多年的管理经验。同时，体系本身具有相当的弹性，容许企业根据自身特点加以发挥和运用，结合企业自身的管理实践进行管理创新。OSHMS通过开展周而复始的策划、实施、检查和评审改进等活动，保持体系的持续改进与不断完善，这种持续改进、螺旋式上升的运行模式，将不断地提高企业的职业安全健康管理水平。

2.有助于推动职业安全健康法规的贯彻落实

OSHMS将政府的宏观管理和企业自身的微观管理结合起来，使职业安全健康管理成为组织全面管理的一个重要组成部分，突破了以强制性政府指令为主要手段的单一管理模式，使企业由消极、被动地接受监督转变为主动地参与的市场行为，有助于国家有关法律法规的贯彻落实。

3.有助于降低经营成本，提高企业经济效益

OSHMS要求企业对各个部门的员工进行相应的培训，使他们了解职业安全健康方针及各自岗位的操作规程，提高全体职工的安全意识，预防及减少安全事故的发生，降低安全事故的经济损失和经营成本。同时，OSHMS还要求企业不断改善劳动者的作业条件，保障劳动者的身心健康，这有助于提高企业职工的劳动效率，并进而提高企业的经济效益。

4.有助于提高企业的形象和社会效益

为建立OSHMS，企业必须对员工和相关方的安全健康提供有力的保证。这个过程体现了企业对员工生命和劳动的尊重，有利于改善企业的公共关系，提升社会形象，增强凝聚力，提高企业在金融、保险业中的信誉度和美誉度，从而增加获得贷款、降低保险成本的机会，增强其市场竞争力。

5.有助于促进我国建筑企业进入国际市场

建筑业属于劳动密集型产业。我国建筑业由于具有低劳动力成本的特点，在国际市场中比较有优势。但当前不少发达国家为保护其传统产业采用了一些非关税壁垒（如安全健康环保等准入标准）来阻止发展中国家的产品与劳务进入本国市场。因此，我国企业要进入国际市场，就必须按照国际惯例规范自身的管理，冲破发达国家设置的种种准入限制。OSHMS作为第三张标准化管理的国际通行证，它的实施将有助于我国建筑企业进入国际市场，并提高其在国际市场上的竞争力。

二、管理体系认证程序

建立OSHMS的步骤如下：领导决策→成立工作组→人员培训→危害辨识及风险评价→初始状态评审→职业安全健康管理体系策划与设计→体系文件编制→体系试运行→内部审核→管理评审→第三方审核及认证注册等。

建筑企业可参考如下步骤来制订建立与实施职业安全健康管理体系的推进计划。

（一）学习与培训

职业安全健康管理体系的建立和完善的过程，既是始于教育、终于教育的过程，也是提高认识和统一认识的过程。教育培训要分层次、循序渐进地进行，需要企业所有人员的参与和支持。在全员培训基础上，要有针对性地抓好管理层和内审员的培训。

（二）初始评审

初始评审的目的是为职业安全健康管理体系建立和实施提供基础，为职业安全健康管理体系的持续改进建立绩效基准。

初始评审主要包括以下内容：

（1）收集相关的职业安全健康法律、法规和其他要求，对其适用性及需遵守的内容进行确认，并对遵守情况进行调查和评价；（2）对现有的或计划的建筑施工相关活动进行危害辨识和风险评价；（3）确定现有措施或计划采取的措施是否能够消除危害或控制风险；（4）对所有现行职业安全健康管理的规定、过程和程序等进行检查，并评价其对管理体系要求的有效性和适用性；（5）分析以往建筑安全事故情况及员工健康监护数据等相关资料，包括人员伤亡、职业病、财产损失的统计、防护记录和趋势分析；（6）对现行组织机构、资源配备和职责分工等进行评价，初始评审的结果应形成文件，并作为建立职业安全健康管理体系的基础。

（三）体系策划

根据初始评审的结果和本企业的资源，进行职业安全健康管理体系的策划。策划工作主要包括：

（1）确立职业安全健康方针；（2）制定职业安全健康体系目标及其管理方案；（3）结合职业安全健康管理体系要求进行职能分配和机构职责分工；（4）确定职业安全健康管理体系文件结构和各层次文件清单；（5）为建立和实施职业安全健康管理体系准备必要的资源；（6）文件编写。

（四）体系试运行

各个部门和所有人员都按照职业安全健康管理体系的要求开展相应的安全健康管理和建筑施工活动，对职业安全健康管理体系进行试运行，以检验体系策划与文件化规定的充分性、有效性和适宜性。

（五）评审完善

通过职业安全健康管理体系的试运行，尤其是依据绩效监测和测量、审核以及管理评审的结果，检查与确认职业安全健康管理体系各要素是否按照计划安排有效运行，是否达到了预期的目标，并采取相应的改进措施，使所建立的职业安全健康管理体系得到进一步完善。

三、管理体系认证的重点

（一）建立健全组织体系

建筑企业的最高管理者应对保护企业员工的安全与健康负全面责任，并应在企业内设立各级职业安全健康管理的领导岗位，针对那些对其施工活动、设施（设备）和管理过程的职业安全健康风险有一定影响的从事管理、执行和监督的各级管理人员，规定其作用、职责和权限，以确保职业安全健康管理体系的有效建立、实施与运行并实现职业安全健康目标。

（二）全员参与及培训

建筑企业为了有效地开展体系的策划、实施、检查与改进工作，必须基于相应的培训来确保所有相关人员均具备必要的职业安全健康知识，熟悉有关安全生产规章制度和安全操作规程，正确使用和维护安全和职业病防护设备及个体防护用品，具备本岗位的安全健康操作技能，及时发现和报告事故隐患或者其他安全健康危险因素。

（三）协商与交流

建筑企业应通过建立有效的协商与交流机制，确保员工及其代表在职业安全健康方面的权利，并鼓励他们参与职业安全健康活动，促进各职能部门之间的职业安全健康信息交流和及时接收处理相关方关于职业安全健康方面的意见和建议，为实现建筑企业职业安全健康方针和目标提供支持。

（四）应急预案与响应

建筑企业应依据危害辨识体系文件的层次关系识、风险评价和风险控制的结果、法律法规等的要求，以往事故、事件和紧急状况的经历以及应急响应演练及改进措施效果的评审结果，针对施工安全事故、火灾、安全控制设备失灵、特殊气候、突然停电等潜在事故或紧急情况从预案与响应的角度建立并保持应急计划。

（五）评价

评价的目的是要求建筑企业定期或及时发现其职业安全健康管理体系的运行过程或体系自身所存在的问题，并确定问题产生的根源或需要持续改进的地方。体系评价主要包括绩效测量与监测、事故和事件以及不符合的调查、审核、管理评审。

（六）改进措施

改进措施的目的是要求建筑企业针对组织职业安全健康管理体系绩效测

量与监测、事故和事件，以及不符合的调查、审核以及管理评审活动所提出的纠正与预防措施的要求，制定具体的实施方案并予以保持，确保体系的自我完善功能，并依据管理评审等评价的结果，不断寻求方法持续改进建筑企业自身职业安全健康管理体系及其职业安全健康绩效，从而不断消除、降低或控制各类职业安全健康存在的危害和风险。职业安全健康管理体系的改进措施主要包括纠正与预防措施和持续改进两个方面。

结束语

在实际工作中，必须把水文水利应用服务当作一项系统工程认真抓好、抓实，通过各级水文水利部门的科学谋划、精心组织、保障投入、完善制度等措施，进一步提升水文水利应用服务的规范化，充分体现水文水利在应用服务中的作用，以优质高效的水文水利信息资源，为我国水文水利事业和经济社会可持续发展，提供更加有力的技术服务支撑。加强水文水利建设不仅是法律规定的意义所在，更是做好自身工作的保障和关系整个水文水利事业发展、完善的需要。

参考文献

[1]刘璐琦，刘登新，张旭波.工程地质与水文地质研究[M].长春：吉林科学技术出版社，2022.

[2]褚峰，刘罡，傅正.水文与水利工程运行管理研究[M].长春：吉林科学技术出版社，2022.

[3]沈英朋，杨喜顺，孙燕飞.水文与水利水电工程的规划研究[M].长春：吉林科学技术出版社，2022.

[4]杨林林，韩晋国.水利工程特色高水平骨干专业群建设系列教材水力水文应用[M].北京：中国水利水电出版社，2022.

[5]门宝辉，孙述海.水文随机分析[M].北京：科学出版社，2022.

[6]李宗权，苗勇，陈忠.水利工程施工与项目管理[M].长春：吉林科学技术出版社，2022.

[7]赵黎霞，许晓春，黄辉.水利工程与施工管理研究[M].长春：吉林科学技术出版社，2022.

[8]田茂志，周红霞，于树霞.水利工程施工技术与管理研究[M].长春：吉林科学技术出版社，2022.

[9]王科新，李玉仲，史秀惠.水利工程施工技术的应用探究[M].长春：吉林科学技术出版社，2022.

[10]张晓涛，高国芳，陈道宇.水利工程与施工管理应用实践[M].长春：吉林科学技术出版社，2022.

[11]谢金忠，郑星，刘桂莲.水利工程施工与水环境监督治理[M].汕头：汕

头大学出版社，2022.

[12]朱卫东，刘晓芳，孙塘根.工程建设理论与实践丛书水利工程施工与管理[M].武汉：华中科学技术大学出版社，2022.

[13]屈凤臣，王安，赵树.水利工程设计与施工[M].长春：吉林科学技术出版社，2022.

[14]曹刚，刘应雷，刘斌.现代水利工程施工与管理研究[M].长春：吉林科学技术出版社，2021.

[15]赵静，盖海英，杨琳.水利工程施工与生态环境[M].长春：吉林科学技术出版社，2021.

[16]张燕明.水利工程施工与安全管理研究[M].长春：吉林科学技术出版社，2021.

[17]万玉辉，张清海.水利工程施工安全生产指导手册[M].北京：中国水利水电出版社，2021.

[18]韩世亮.水利工程施工设计优化研究[M].长春：吉林科学技术出版社，2021.

[19]刘军，刘家文.水利工程施工安全生产标准化工作指南[M].南京：河海大学出版社，2021.

[20]王宇，唐春安.普通高等教育十四五规划教材工程水文地质学基础[M].北京：冶金工业出版社，2021.

[21]马建军，黄林冲，陈万祥.工程地质与水文地质[M].广州：广州中山大学出版社，2021.

[22]梁耀平.工程水文地质条件分析与防治水技术应用[M].北京：北京工业大学出版社，2021.

[23]木林隆，赵程.面向可持续发展的土建类工程教育丛书基坑工程[M].北京：机械工业出版社，2021.

[24]李明东，张京伍.土木工程毕业设计指导书基坑工程方向[M].南京：河海大学出版社，2021.

[25]史志鹏，何婷婷.工程水文与水利计算[M].北京：中国水利水电出版

社，2020.

[26]房世龙，戴雨，周春煦.工程水文水力学[M].大连：大连海事大学出版社，2020.

[27]周金龙，刘传孝.工程地质及水文地质[M].郑州：黄河水利出版社，2020.

[28]王栋，吴吉春.水文与水资源工程专业实践育人综合指导书[M].北京：中国水利水电出版社，2020.

[29]罗建林.基坑工程水文地质勘察设计与应用[M].北京：中国大地出版社，2019.

[30]李建林.水文统计学[M].北京：应急管理出版社，2019.

[31]王文斌.水利水文过程与生态环境[M].长春：吉林科学技术出版社，2019.

[32]张世殊，许模.水电水利工程典型水文地质问题研究[M].北京：中国水利水电出版社，2018.

[33]张人权，梁杏，靳孟贵，万力，于青春.水文地质学基础（第7版）[M].北京：地质出版社，2018.